兩岸軍事安全互信機制研究

史曉東 著

崧燁文化

目　　錄

序／００１

導論／００３

　　一、問題的提出／００３

　　二、研究意義／００６

　　三、研究現狀／０１５

　　四、研究方法與結構安排／０２２

第一章 兩岸軍事安全互信機制議題的由來與發展／０２９

第一節 大陸以政治互信為基礎的兩岸軍事安全互信機制構想／０２９

　　一、1979年1月—1995年1月：提出結束兩岸軍事對峙／０２９

　　二、1995年1月—2004年5月：審視、排斥與批駁／０３１

　　三、2004年5月—2008年12月：強調政治前提的軍事互信機制／０３５

　　四、2008年12月以後：「軍事安全互信機制」的提出與推動／０４０

第二節 臺灣以建立信任措施CBMs為基本內容的

兩岸軍事安全互信機制構想／０４５

　　一、李登輝時期：

　　　　以機制化方式緩解兩岸軍事敵對構想的醞釀與提出／０４５

　　二、陳水扁時期：臺獨基礎上兩岸軍事互信機制的主要版本／０４９

　　三、馬英九時期：建立兩岸軍事互信機制的主張與作為／０５４

第三節 美國以「中程協議」為基本內容的兩岸軍事安全互信機制構想／０６１

　　一、克林頓時期：「第二管道」與「中程協議」／０６１

　　二、小布希時期：「改良式的中程協議」／０６７

　　三、歐巴馬時期：維持現狀的「信心建立機制」（CBMs）／０７１

第二章 兩岸軍事安全互信機制的相關理論 / ０８７

第一節 結束戰爭理論 [1] / ０８８

　　一、結束戰爭狀態的主要方法 / ０８９

　　二、停止戰爭行動的主要方法 / ０９２

　　三、停戰協定的效力及實現途徑 / ０９６

第二節 信任與軍事安全機制理論 / １０２

　　一、軍事安全領域中的信任 / １０２

　　二、軍事安全機制的概念 / １０６

　　三、信任與軍事安全機制的建立 / １１２

第三節 建立信任措施（CBMs）理論 / １１８

　　一、建立信任措施概述 / １１８

　　二、國際間建立信任措施的歷史實踐及啟示 / １２３

　　三、建立信任措施在兩岸軍事安全關係研究中的侷限性 / １２９

第三章 兩岸軍事安全互信機制的「既有成果」及啟示 / １４７

第一節 兩岸軍事安全互信機制的「既有成果」 / １４８

　　一、「單日打雙日不打」 / １４８

　　二、雙方軍用艦機不越「海峽中線」 / １４９

　　三、臺灣不發展核武、不發展地對地飛彈 / １５２

　　四、大陸嚴格限制對臺動武時機 / １５５

　　五、公佈國防白皮書增加軍事透明 / １５７

　　六、軍事演習預告及規模調整 / １５８

　　七、退役將領互訪 / １５９

　　八、兩岸聯手人道救援 / １６１

第二節 兩岸軍事安全互信機制「既有成果」的特點 / １６４

　　一、涉及內容廣泛，但難以深入具體 / １６４

　　二、形式以單邊宣示為主 / １６５

　　三、約束力較強，但止於單邊自我約束 / １６６

第三節 兩岸在軍事安全領域謀求和平的歷史啟示 / １６７

　　一、堅持一個中國原則 / １６７

　　二、善於擱置爭議，千方百計創造和平 / １７０

　　三、嚴格限定軍事行動的目標 / １７４

　　四、加強對軍事要素的有效控制 / １７７

　　五、保持溝通渠道，避免相互隔絕 / １７９

第四章 兩岸軍事安全互信機制的重大議題分析 / １８７

第一節 政治類議題 / １８８

　　一、政治條件的有無問題 / １８８

　　二、兩岸軍事安全互信機制的歷史地位 / １９３

　　三、兩岸軍事安全互信機制的政治意義 / １９７

第二節 軍事類議題 / ２０１

　　一、「海峽中線」及「軍事緩衝區」問題 / ２０２

　　二、「放棄對臺動武」問題 / ２０６

　　三、「撤除飛彈」問題 / ２０９

　　四、臺灣武器採購問題 / ２１３

　　五、機制執行情況的監察與監督問題 / ２２２

第五章 兩岸軍事安全互信機制的總體構想 / 233

第一節 對學界提出構想的評析 / 233

　　一、大陸學界提出的構想 / 233

　　二、臺灣學界提出的構想 / 235

　　三、美國學界提出的構想 / 242

　　四、對學界提出構想的評析 / 246

第二節 兩岸軍事安全互信機制的總體構想 / 249

　　一、未來兩岸軍事安全互信機制的內容體系 / 249

　　二、建立兩岸軍事安全互信機制的路徑選擇 / 259

第六章 兩岸軍事安全互信機制的未來前景 / 265

第一節 影響兩岸軍事安全互信機制未來前景的主要因素 / 266

　　一、兩岸政治互信 / 266

　　二、臺灣政治 / 269

　　三、美國因素 / 271

　　四、大陸的政策創新 / 273

第二節 軍事對抗與兩岸軍事安全互信機制未來前景 / 276

　　一、建立軍事安全互信機制的目的是結束兩岸軍事對抗 / 276

　　二、科學實施軍事對抗對建立和鞏固軍事安全互信機制具有積極作用 / 279

　　三、積極倡導有益於臺海和平的新型軍事安全戰略 / 282

第三節 兩岸軍事安全互信機制未來的三種可能 / 285

　　一、僵持下去 / 285

　　二、談起來 / 288

　　三、名亡實存 / 289

　　四、哪種可能性更大 / 291

附錄一／299
附錄二／301
參考文獻／355

序

　　曉東潛心研究七年多完成的《兩岸軍事安全互信機制研究》要出版了，請我作序，我很樂於從命。然而寫些什麼呢？就從我與曉東及這本書的淵源說起吧。

　　2011年，「兩岸關係和平發展架構研究」課題以內部報告的形式順利結項，其中很多內容受到臺辦領導和學界同行好評，包括由曉東撰寫初稿的「兩岸軍事安全互信機制研究」分報告。而在撰寫分報告的過程中，曉東也漸漸把博士論文磨礪成型。同年5月，曉東的博士學位論文《兩岸軍事安全互信機制研究》提交匿名評審，五名校內外匿名評審專家都給出高分，在當年國際關係學院送審的所有博士學位論文中，曉東的論文名列榜首，並在答辯中獲得一致好評。此後的三年多時間，曉東又對論文進行修改完善，加寫了新的篇章和「大事記」，最終完成本書。

　　作為曉東的指導教師和本書的第一讀者，個人感到這本書的最大特色有三：第一，這是第一本系統研究兩岸軍事安全互信機制問題的學術專著，至少在大陸是第一本。在海外，偶見學者寫的時論或基金會贊助的研究報告討論同樣議題，但如此大篇幅的學術專著似還未見；即使有，因彼此立場不同，從曉東是為大陸發聲的角度論，其著作仍堪稱獨樹一幟。第二，本書沒有停留在「互信」或「信心建構」的層次上就事論事，而是創造性地引入結束戰爭理論，把建立兩岸軍事安全互信機制議題置於結束60多年來兩岸政治與軍事敵對、謀求國家和平統一的歷史進程之中來考察，對古今中外人類社會各種政治力量，包括國際間化解敵對、謀求和平的經驗與做法，特別是兩岸從二十世紀五十年代就開始摸索並形成某種默

契而創造的和平「經驗」，在重新發掘整理的基礎上大膽吸收，使之成為建立兩岸軍事安全互信機制的有益成分，從而增強了學術研究的厚度，拉大了歷史的縱深。第三，由於本書討論的問題具有高度爭議性，臺海雙方乃至美日外部勢力，對同一個問題有不同的解讀，各方學者在論及相關問題時也都有不同的答案。本書則在關照乃至甄辨不同觀點的基礎上，逐一回答了兩岸為什麼要建立軍事安全互信機制、建立什麼樣的軍事安全互信機制以及如何建立軍事安全互信機制等一系列涉及兩岸軍事安全互信機制性質、地位、作用和前景的基本問題。對兩岸謀求緩和軍事敵對的歷史經驗、當前建立軍事安全互信機製麵臨的障礙與阻力、建構兩岸軍事互信機制的動力與可能性、未來兩岸軍事互信機制可能採取的措施等問題，作者也都儘量予以理性深入的探討和解答，這就建構了一個較為系統的分析框架，或曰完成了對於這項議題的一種有代表性的論述體系。以後各方學者再來討論這個問題，至少有了一個對於各方都有重大參考價值的「臺階」。——這是本書對兩岸軍事關係研究的重要建樹，也是曉東七年多辛勤付出的真正價值所在。

　　黃嘉樹

導論

一、問題的提出

兩岸軍事敵對是困擾兩岸關係深入發展的結構性障礙之一。商談建立兩岸軍事安全互信機制，是近年來兩岸以及國際社會公認的緩和乃至結束兩岸軍事敵對的基本方法，也是中共十八大提出的重要主張。近年來關於臺海安全問題的戰略研究，主要集中在兩岸軍事安全互信機制問題上。2008年兩岸關係發生重大積極性轉變以來更是如此。

作為一個指稱兩岸和平機制的專有名詞，軍事安全互信機制最早由時任中共中央總書記胡錦濤提出。2008年12月31日，在紀念《告臺灣同胞書》發表30週年座談會上，胡錦濤指出：「為有利於穩定臺海局勢，減輕軍事安全顧慮，兩岸可以適時就軍事問題進行接觸交流，探討建立軍事安全互信機制問題。」[1]此前一個時期，在談及兩岸和平機制時，大陸無論官方與學界都和臺灣方面一樣，使用「軍事互信機制」一詞。此後，大陸方面一律改稱軍事安全互信機制。

作為一個現實存在的議題，軍事安全互信機制是指在國家統一前，臺海兩岸公權力機關及其領導下的軍隊，能否以及如何在一個中國框架之下，透過和平談判，建立某種制度化措施，緩和乃至結束兩岸當前存在著的軍事敵對問題。由於建立軍事安全互信機制問題錯綜複雜、高度敏感，且與兩岸政治分歧、國際勢力介入密切相關，至今兩岸仍未能展開正式談判。因此，兩岸軍事安全互信機制是一個正在討論中的議題，也是一個正在建構中的概念。大陸、臺

灣以及以美國為代表的國際社會對該議題的提法不同,見解和主張也不同,但議題指向則是相同的。

透過兩岸和平談判結束兩岸軍事敵對的提議,最早見之於1979年1月1日中華人民共和國全國人大常委會發佈的《告臺灣同胞書》。《告臺灣同胞書》指出:「臺灣海峽目前仍然存在著雙方的軍事對峙,這只能製造人為的緊張。我們認為,首先應當透過中華人民共和國政府和臺灣當局之間的商談結束這種軍事對峙狀態,以便為雙方任何一種範圍的交往接觸創造必要的前提和安全的環境。」[2] 由於當時臺灣當局奉行「不接觸、不談判、不妥協」的僵硬政策,大陸倡議的兩岸和平談判並沒有發生。

上個世紀九十年代初期,隨著兩岸關係的緩和、民間交流開放的擴大,兩岸高層曾以各種形式談到結束兩岸軍事敵對問題。1995—1996年臺海危機結束後,出於對危機的反思,美國一些學者借鑑冷戰時期美蘇以及北約和華約之間建立信任措施(Confidence Building Measures,CBMs)的做法,提出了在兩岸達成「中程協議」(interim agreements)、「臨時性協議」(modus vivendi)等主張,認為兩岸軍方應將建立信任措施作為當務之急,建立溝通管道,建議美國應該利用第二管道對話的方式鼓勵兩岸軍方接觸及發展建立信任措施。美國方面的這一倡議雖一定程度上得到兩岸官方回應,但由於兩岸政治分歧巨大,特別是李登輝以及隨後上臺的陳水扁執意推行「臺獨」路線,導致至少在2008年以前,兩岸軍事安全互信機制不可能取得任何進展。

2008年,以馬英九為首的國民黨泛藍集團重新上臺,臺海和平希望重現。正是在臺海和平曙光乍現的大好形勢下,2008年12月31日,胡錦濤代表共產黨和大陸政府,在紀念《告臺灣同胞書》發表30週年座談會上,發表了《攜手推動兩岸關係和平發展,同心實現中華民族偉大復興》的重要講話,全面提出了開創兩岸關係和平發

展新局面的六點意見（外界簡稱「胡六點」），建立軍事安全互信機制是其中重要內容。四年之後，中共把建立軍事安全互信機制提議寫入2012年11月召開的中共十八大報告，再次呼籲：「希望雙方共同努力，探討國家尚未統一特殊情況下的兩岸政治關係，作出合情合理安排；商談建立兩岸軍事安全互信機制，穩定臺海局勢；協商達成和平協議，開創兩岸關係和平發展新前景。」[3]把建立軍事安全互信機制寫入黨代表大會報告，顯示中共對此政策的重視。考慮到中共領導集體換屆的背景，也可以看出中共政策的連續性。

馬英九執政初期，臺灣當局確實對建立兩岸軍事安全互信機製表現出積極態度，多次提出將建立兩岸軍事互信機制與簽署和平協議作為重要施政目標。臺軍方表示將配合當局政策推動，並成立智庫從事相關議題研究。但是隨著形勢發展，臺灣當局對軍事互信機制議題逐漸由積極變為消極。一方面不斷提高要價，另一方面強調時間不成熟，沒有時間表，實際是迴避該議題。一些政要甚至公開表示，軍事互信機制不是臺國防部的政策，臺灣沒有要推動軍事互信機制。

由此導致的結果是，雖然2008年以來兩岸關係和平發展不斷取得重大突破、政治互信持續深化，但是兩岸軍事安全互信機制至今仍然「只聽樓梯響，不見人下來」。

兩岸軍事安全互信機制步履維艱的曲折歷程，一方面說明軍事安全互信機制本身的複雜程度可能遠超當初人們的想像，另一方面也說明，建立這樣一個機制，僅靠某一政治集團，甚或海峽兩岸任何一方單方面的願望和努力都是不夠的，必須使之成為各方政策的最大公約數。考慮到兩岸關係複雜的國際背景，以美國為代表的國際社會的認可接受也是一個重要條件。特別需要指出的是，安全既是一種客觀狀態，也是一種主觀體驗。作為一種主觀體驗，安全因主體不同而差異極大。因此，要破解建立兩岸軍事安全互信機制這

一難題,就不僅需要充分考慮各方需求、實力、壓力、訊息的不對稱,還必須解決各方認知不對稱的問題。換句話說,建立兩岸軍事安全互信機制,不僅需要處理兩岸客觀存在著的軍事敵對行為,還要摒棄敵對的心態,消除因認知不對稱而長期存在的各種誤解誤判和政策盲區。

祛除單邊心態,緊貼兩岸實際,對兩岸軍事安全互信機制進行全面、客觀、理性的研究,是建立兩岸軍事安全互信機制的基礎和前提。

二、研究意義

（一）理論意義

許多學者認為,軍事安全互信機制與冷戰期間美蘇以及北約和華約之間的建立信任措施（Confidence Building Measures,CBMs）有密切聯繫。1996年臺海危機以後,美國學者率先將這一概念引入兩岸軍事關係研究,後來兩岸一些學者也參與其中。2004年5月17日,中共中央臺灣工作辦公室發表聲明,正式提出兩岸可以在一個中國原則基礎上恢復兩岸對話與談判,平等協商,正式結束敵對狀態,建立軍事互信機制,共同構造兩岸關係和平發展框架。特別是2008年3月,主張在「九二共識」基礎上務實發展兩岸關係的泛藍陣營在臺灣「大選」中獲勝,兩岸關係出現新的發展機遇。在兩岸關係迅速回暖,兩岸交流不斷發展的新形勢下,透過建立軍事安全互信機制緩解兩岸軍事對峙,已成為學界研究的熱點問題。總體上看,美、臺學界研究成果比較多、起步比較早,大陸方面的研究相對起步晚、成果少;各方應用型的對策研究比較多,基礎性的理論研究比較少;研究報告或論文有一些,系統研究的專著還沒見到。綜觀這些研究成果,主要存在以下不足:

第一，概念的簡單化。

多數學者簡單地把冷戰期間美蘇以及北約和華約之間的建立信任措施應用於兩岸軍事安全關係研究，臺灣方面甚至把兩岸軍事安全互信機制等同於兩岸建立信任措施。大陸許多學者對此雖不認同，但在研究思路和方法上仍擺脫不了建立信任措施的窠臼。基本概念和理論的簡單化阻礙了各方對兩岸軍事安全問題的正確把握，也導致了概念使用的混亂，甚至出現了表面看各方使用同一概念，實際上是各說各話卻渾然不知的現象。

第二，理論背景單一。

相當多的研究成果只注重從國際間建立信任措施的理論中尋找理論依據，但是，對於像結束戰爭理論、國際間建立信任與軍事安全機制理論等可能對建構兩岸軍事安全互信機制具有重要啟示的理論卻無人問津，也不注重汲取歷史上敵對國家和政治集團特別是二戰後一些國家和地區結束戰爭、締造和平的經驗教訓。

第三，缺乏對兩岸60多年來謀求軍事安全互信歷史經驗的總結和借鑑。

60多年來兩岸雖然在政治法律上處於敵對狀態，但事實上大部分時間卻保持著相對和平狀態。這不僅是所謂「力量均衡」的產物，也是各個歷史時期兩岸領導者出於民族大義，為防止同室操戈節制妥協、刻意操作的結果。然而，大部分研究成果對於這些歷史經驗卻缺乏必要的梳理與總結，一方面不能充分汲取兩岸歷史上保持和平的經驗與教訓，另一方面也對當前建立兩岸軍事安全互信機製面臨的形勢與任務、問題與出路、機遇與挑戰缺乏細緻入微的分析研判。

第四，對兩岸軍事安全互信機制的重大議題、基本構想，以及未來前景缺少深入細緻的研究。由於一些研究成果既缺乏充分的理

論支撐，又缺乏足夠的歷史觀照，在剖析現實問題、分析未來前景時往往找不到適當的切入點，要麼不能充分體現兩岸實際，要麼就事論事流於一般。

作為中國大陸、臺灣以及美國等三方第一本專門研究兩岸軍事安全互信機制問題的個人學術專著，本書在吸收學界研究成果的基礎上，力求從更寬廣的理論視野和歷史縱深，對兩岸軍事安全互信機制的相關理論、歷史演變、重大問題、基本構想、未來前景等基本問題作出全面深入檢視，構建出符合兩岸實際的理論分析框架。從彌補多年來學界研究上述缺失角度看，本書的努力方向無疑是正確的。至於本書在這一努力方向上走出多遠，應由讀者評定。

作為一名軍事理論研究者，筆者在此要特別強調，深入研究兩岸軍事安全互信機制，也是兩岸關係和平發展條件下大陸豐富和發展反臺獨軍事戰略思想的需要。戰爭是政治的繼續，軍事必須服從政治。關於政治對軍事的這種決定作用，克勞塞維茨曾經有一段名言：「政治家和統帥應該首先作出的最重大的和最有決定意義的判斷，是根據這種觀點正確地認識他所從事的戰爭，他不應該把那種不符合當時情況的戰爭看作是他應該從事的戰爭，也不應該想使他所從事的戰爭成為那樣的戰爭。這是所有戰略問題中首要的、涉及面最廣的問題」[4]。在臺灣問題上，政治就是兩岸關係的大局、大趨勢，以及中國共產黨對國家統一形勢的基本判斷、戰略決策和工作目標。兩岸關係的大局變化發展了，客觀上要求反臺獨軍事戰略必須有所調整和發展。

當前，臺獨威脅仍未消除，兩岸關係和平發展仍存在逆轉的可能。但也應該承認，2008年以來兩岸關係和平發展的新形勢與二十世紀九十年代中期至2008年緊張動盪的臺海形勢相比，確實有著重大區別。正是在反臺獨鬥爭取得重大勝利、兩岸關係和平發展呈現光明前景的新形勢下，胡錦濤先後在2008年12月1日召開的紀念

《告臺灣同胞書》發表30週年座談會上，以及2012年11月8日所作的中共十八大報告中，都提出了「實現和平統一首先要確保兩岸關係和平發展」的論斷，強調把鞏固和深化兩岸關係和平發展作為今後一個時期對臺工作的主要任務，並呼籲建立兩岸軍事安全互信機制。兩岸關係和平發展新形勢對反臺獨軍事鬥爭準備帶來什麼新影響？提出什麼新要求？大陸提出的建立軍事安全互信機制與反臺獨軍事鬥爭準備究竟有沒有關係？是什麼關係？軍隊為確保兩岸關係和平發展應發揮什麼作用？如何發揮作用？在兩岸關係和平發展新形勢下，軍隊除了完成好持續推進反臺獨軍事鬥爭準備、不斷提高部隊戰鬥力這項根本任務以外，面對兩岸可能發生的有條件的軍事和解，特別是在建立兩岸軍事安全互信機制這個新議題上，軍隊能否發揮作用？如何發揮作用？上述這些問題，固然並非全軍每一名官兵都需要思考，但戰略決策者、戰略設計者和戰略研究者卻不能不予以關注和認真思考。

在此，筆者嘗試用下面一段話，說明大陸提出建立軍事安全互信機制主張與反臺獨軍事戰略思想之間的關係：在兩岸關係和平發展的新形勢下，大陸鄭重提出建立軍事安全互信機制主張，進一步豐富和發展了大陸反臺獨軍事鬥爭戰略思想，標誌著大陸對反臺獨軍事鬥爭準備規律的認識提高到一個新層次，為中國軍隊在和平發展條件下全面推進反臺獨軍事鬥爭準備提出了新任務、新要求。如果上述表述成立，那麼，建立軍事安全互信機制主張對反臺獨軍事戰略思想的豐富和發展表現在何處？在兩岸關係和平發展新形勢下，反臺獨軍事鬥爭準備規律發生了什麼新變化？新任務、新要求具體指什麼？當然，上述問題可能已經超出了本書研究的範圍。但是，深入系統地研究兩岸軍事安全互信機制，卻是正確回答上述問題的基礎和前提。

反過來也一樣，研究兩岸軍事安全互信機制，只有把它與反臺獨軍事鬥爭準備聯繫起來，置於反臺獨軍事戰略思想指導之下，才

能保證研究的正確方向，否則一定會南轅北轍。

（二）實踐意義

第一，有利於正確認識和解決兩岸軍事安全領域中影響兩岸關係和平發展的結構性問題。

兩岸關係和平發展是兩岸同胞的共同願望，是兩岸在全球化競爭的新時代，汲取兩岸關係風雨坎坷的經驗教訓，為共同創造中華民族美好未來而做出的重大戰略選擇。推動兩岸關係和平發展有許多工作要做，其中很重要的就是結束兩岸軍事敵對狀態。隨著兩岸民間交流深入發展，兩岸軍事安全領域的敵對不僅越來越顯得不合時宜，也制約了兩岸民間各項交流的深化和擴大。如果不能妥善處理和解決兩岸軍事敵對的問題，兩岸關係和平發展就是不充分的和脆弱的。建立兩岸軍事安全互信機制，就是希望能夠在國家統一前，兩岸能夠擱置政治分歧，建立相互磋商合作的機制，透過協商談判共同解決兩岸在軍事安全領域關心的各種問題，掃除兩岸關係和平發展的安全障礙，進一步築牢兩岸關係和平發展的基礎。研究兩岸軍事安全互信機制這一課題，可以幫助我們從理論和實踐的角度，深入思考軍事安全領域中影響兩岸關係和平發展的各種問題，提出解決問題的思路與對策，從而為促進兩岸關係和平發展盡綿薄之力。

第二，有利於促進兩岸和平統一。

推進並實現兩岸和平統一，是中國大陸始終不渝的奮鬥目標，也是海內外絕大多數中華兒女的共同心願。「和平統一不是大陸去吞併臺灣，也不是臺灣來吞併大陸，而是透過不間斷的交流合作，透過平等的協商逐步找到一種兩岸都能接受的方式，最終和平地實現大陸和臺灣的統一。」[5]和平統一最符合兩岸同胞的長遠利益，也最符合中華民族的根本利益，但是，和平統一也為大陸對臺工作提出了更高的標準和要求。作為兩岸關係中「大」的一方，大陸一

方面必須充分體認到臺灣對於軍事安全的擔心,表現出真誠理解臺灣同胞,結束兩岸軍事對峙,維護兩岸關係和平發展大局的真誠態度;另一方面又必須拿出實實在在的政策和作為,在保證國家主權和領土完整不分裂的情況下,儘可能滿足臺灣同胞在軍事安全方面的合理關切。做到這一點,僅停留於一般的表態是不夠的,必須對兩岸軍事安全領域的結構性問題進行深入細緻的研究,在正確理解對方關切的基礎上,切實搞清楚哪些是需要主動作為的,實施的策略是什麼;哪些是可以讓步的,讓步的條件是什麼;哪些是必須堅守的,堅守的代價是什麼;等等。只有這樣才能既堅持原則,又能贏得臺灣同胞和國際社會的充分理解,更好地推動兩岸關係和平發展,最終實現兩岸和平統一。

第三,有利於增強大陸在兩岸軍事安全領域中的話語權。

兩岸軍事安全領域中的話語權,是指對兩岸軍事安全領域中各種現實問題的解釋權、論述權以及對破壞兩岸和平行徑的控訴權、錯誤觀點的批判權等。在各方普遍把建立兩岸軍事安全互信機製作為化解兩岸軍事對峙有效途徑的形勢下,與美國、臺灣方面相比,大陸對兩岸軍事安全互信機制的學術研究起步較晚,成果較少,影響也不夠大。這種情況如果不改變,就不能為對臺政策創新提供理論借鑑,就會削弱大陸在謀求兩岸和平、結束兩岸軍事敵對中的話語權。本世紀以來以陳水扁為代表的急進臺獨勢力,以「兩岸和平」為幌子大搞臺獨分裂活動,卻一定程度上得到島內外一些善良民眾的同情。反觀中國大陸,雖然為維護兩岸和平、避免同室操戈作出極大克制,但以武止「獨」的主張仍在一定程度和範圍內飽受攻擊、不被理解,甚至被汙蔑為「企圖以武力改變臺海現狀」。造成這種情況的原因是複雜多樣的,其中,臺灣學界基於多年來對和平問題的深入研究,為其提供了較強的「和平」論述能力是重要原因。這從反面說明了大陸進一步加強兩岸和平基礎理論研究的必要性和緊迫性。在兩岸關係步入和平發展的新形勢下,胡錦濤提出的

兩岸軍事安全互信機制不是一個一般的概念，它是黨和政府現階段處理兩岸軍事安全領域各種問題的一系列原則、路徑、方法的代名詞，體現了黨和政府解決兩岸軍事安全問題的最新思考和基本政策主張，是黨和政府處理兩岸軍事安全關係的「和平路線圖」。研究兩岸軍事安全互信機制，就是研究兩岸和平的具體條件、建構路徑、表現形式等基本問題。只有把這些問題研究清楚了，大陸才能更加鮮明地亮出令人信服的具體主張，黨和政府的和平願望才能被更多的人理解和接受，才能進一步增強大陸在兩岸軍事安全問題上的話語權。

軍事安全領域中的話語權可以分為和平的話語權與戰爭的話語權。正如戰爭與和平在一定條件下可以相互轉化一樣，和平的話語權在一定條件下也可以轉化為戰爭的話語權。兩岸軍事安全互信機制展現的是兩岸和平的邏輯，它的建立、發展和有效運轉皆須以兩岸關係和平發展、兩岸矛盾和平化解為基本前提。然而，和平只是未來兩岸關係的可能性之一，儘管它符合絕大多數人的願望，但至少目前看，永久和平仍是兩岸努力爭取的目標，和平發展趨勢仍難以排除逆轉的可能，屆時和平的邏輯將會被暴力的邏輯所取代。儘管如此，我們仍須盡全力研究兩岸軍事安全機制這一重要問題。一方面，正如胡錦濤所言，「只要和平統一還有一線希望，我們就會進行百倍努力。」[6]對兩岸和平的執著追求促使我們在理論研究和實際工作中不放棄發掘兩岸和平的任何可能。另一方面，未來萬一出現上述人們都不願看到的情況，我們也有責任和能力向世人說明，和平的所有可能已蕩然無存，和平的每條道路已陷於絕境。屆時，和平的話語權就轉化為戰爭的話語權。

第四，有利於更好地發揮軍事手段在保證兩岸關係和平發展、實現祖國和平統一中的作用。

在我們黨已經把鞏固和深化兩岸關係和平發展作為今後一個時

期對臺工作的主要任務、作為國家發展戰略的重要組成部分,並且在實踐中已經取得重要成果的新形勢下,從戰略指導角度看,有兩種同根同源的錯誤傾向,分別從兩個相反的方向,影響和制約著軍事手段在保證兩岸關係和平發展、實現祖國和平統一中的作用發揮,從而也不利於反臺獨軍事鬥爭準備的全面推進:第一,隨著人們對兩岸和平預期的增長,再加上和平統一、和平發展戰略本身就包含著追求和平、慎用武力的政策指向,一些人可能會滋生安而忘戰、消極麻痹的思想;第二,一些人片面認為「軍隊只管打,不管和」,或者認為,大陸提出軍事安全互信機制倡議,只是一種對敵鬥爭的策略,而不是一項必須認真推動並長期堅持的政策,甚至認為此項政策與反臺獨軍事鬥爭準備無關。這兩種錯誤傾向的根源都在於:「只看到軍事力量對支撐戰爭的作用,而忽視其對保障和平的作用;只看到軍事力量以戰爭方式的運用,而忽視其以非戰爭方式的運用。」[7]這裡僅對後一種傾向作簡要分析。

軍隊當然要管打,而且要時刻做好打的準備。但問題是,軍隊要不要管和呢?換句話說,締造兩岸和平,需要不需要軍隊的參與呢?兩岸軍事安全問題紛繁複雜,在未來可能開啟的軍事談判中,和平的條件是什麼?限制使用武力的程度和方式是什麼?軍事分界線如何劃定?「飛彈問題」如何處理?兩岸軍隊如何交往?這些問題解決得如何,既關係到一個中國原則能否得到體現,也關係到國防安危大局。處理上述問題不簡單地是一個「打」字就能解決的,僅靠政府非軍事官員、民間學者也是不能勝任的。因此,所謂軍隊要管和,是從戰略指導角度看,軍隊不僅要努力提高實戰能力,以應對可能發生的臺獨重大事變,而且要善於規劃和創造兩岸和平,掌握在非戰爭條件下開展軍事博弈、維護國家主權與安全的本領。

不僅如此,戰爭能力與和平能力作為戰略能力的兩個邊際,也是相互聯繫、相互制約的。《孫子兵法》雲:「善守者,藏於九地之下;善攻者,動於九天之上」。[8]提高戰略規劃能力,就是要提

高不斷拓展戰略邊際的能力，和最大限度地靈活運用各種反應方式實現戰略目標的能力。作為戰略邊際的一端，和平手段的運用同樣是戰略規劃必須關注的重大問題，否則就可能人為壓縮戰略選擇的空間，導致戰略僵化。不僅如此，善攻與善守也是相互聯繫的，不善攻者，往往也不善守，反之亦然。從戰略規劃的角度看，不善戰者，談不上善和。因為，即使和平降臨，也是迦太基式的和平[9]。不善和者，也很難談得上善戰。因為，即使贏得戰爭，也未必能贏得和平。為達成政治目標，在無限戰爭與無條件永久和平之間靈活選擇、攻守自如，是軍事戰略決策與指導的最高境界。

在兩岸關係和平發展新形勢下，充分發揮軍事手段在保證兩岸關係和平發展、實現祖國和平統一中的作用，要求軍隊不僅要增強戰的能力，也必須增強和的能力。能戰方能言和，但能戰卻不一定善和。和平既需要以實力為後盾，也需要認真的規劃與設計。運用和平手段維護兩岸關係和平發展大局、促進國家統一也是需要學習的。關於兩岸軍事安全互信機制的研究，雖然本質上仍屬於對兩岸和平的研究，但卻是全面認識和推進反臺獨軍事鬥爭準備、充分發揮軍事手段在保證兩岸關係和平發展、實現祖國和平統一中作用所必需的。它不僅使我們更加深刻地認識到創造和平必須基於軍事實力的基本道理，更能幫助我們提高運用和平方式達成政治目的、服務政治大局的本領，從而極大地豐富和拓展反臺獨軍事鬥爭的戰略空間與樣式手段。掌握了這種本領，軍隊就能直接參與到設計與創造兩岸和平的歷史進程中，從而更好地服務於新形勢下黨和國家對臺工作的大局。

筆者是一名以軍事理論教學研究為志業的中國軍人。從2007年年初開始，筆者就把兩岸軍事安全互信機制問題作為主要研究課題，希望能夠以此為結束兩岸軍事敵對、締造兩岸永久和平、實現祖國完全統一，奉獻出作為一名軍事理論工作者的微薄心力。

三、研究現狀

軍事安全互信機制是兩岸關係研究的熱點，多年來大陸、臺灣與美國學界研究成果十分豐富。特別需要指出的是，各方領導者和相關公權力機關在各種文告、參訪交流、新聞訪談中對軍事安全互信機制問題多有涉及，這些同樣構成該課題研究的基本文獻，而且是最具政策意涵的文獻。

（一）大陸方面

1979年1月1日，全國人大常委會在《告臺灣同胞書》中就提出了「透過中華人民共和國政府和臺灣當局之間的商談結束這種軍事對峙狀態」的主張[10]。這是筆者發現的結束兩岸軍事敵對的最早提議。

改革開放之初，中共提出了「和平統一，一國兩制」基本方針，並建議兩岸就停止敵對狀態展開談判[11]。就其基本精神而論，大陸和平統一方針與開展和平談判的提議隱含著透過建立兩岸軍事互信推進國家和平統一進程的精神。特別是鄧小平1983年提出「臺灣還可以有自己的軍隊」[12]的設想，使如何處理一個中國內部兩支軍隊的關係成為兩岸遲早必須面對和解決的問題。20世紀90年代中期以來，由於臺灣島內政局變化，臺獨勢力猖獗，反臺獨軍事鬥爭任務變得緊迫而突出，但大陸並未停止對臺海和平問題的研究和倡議。1999年1月，大陸軍方學者王在希在紐約的學術研討會上明確表示，兩岸應進行結束敵對狀態的談判，在談判中，可協商設立軍事熱線，提前通知軍事演習之規模、內容、時間與軍力部署等相關8項訊息[13]。1999年4月，海協會會長汪道涵在接受《亞洲週刊》採訪時，專門談及兩岸軍方高層互訪問題。[14] 2001年李鵬發表的《兩岸建立軍事互信機制》是大陸較早專門討論這一議題的文獻。[15]

2004年5月以來，為適應臺海形勢發展需要，中央調整了對臺工作重心，對臺工作「軟的更軟」，「硬的更硬」，更加牢固地把握住兩岸關係發展的主導權。2004年5月17日，中共中央臺灣工作辦公室發表聲明，提出兩岸可以在一個中國原則基礎上恢復對話與談判，平等協商，正式結束軍事敵對狀態，建立軍事互信機制，共同構造兩岸關係和平穩定發展的框架。這是大陸官方首次就建立兩岸軍事互信機制問題進行正面回應。2005年，胡錦濤與中國國民黨、親民黨領導人在會談後發表的新聞公報中都提出了建立軍事互信機制的倡議，標誌著大陸對此問題研究進入一個新階段。此間，大陸學者劉紅、李義虎、陳舟先後就《反分裂國家法》《2004年中國的國防》白皮書中建立兩岸軍事互信機制問題接受訪談。[16] 2008年3月，主張在「九二共識」基礎上務實發展兩岸關係的泛藍陣營在臺灣地區選舉中獲勝，兩岸關係和平發展迎來新的一頁，大陸對於軍事安全互信機制的研究迅速升溫。周志懷、沈衛平、辛旗、李家泉、才家瑞等學者先後從不同側面談到與兩岸軍事互信機制相關的問題。2007年12月，時任軍事科學院臺海軍事研究中心主任的王衛星研究員在《瞭望新聞週刊》發表《兩岸軍人的共同職責》，在呼籲兩岸軍人共同反對臺獨的同時，提出在一個中國原則基礎上，推動兩岸建立軍事互信，共謀臺海長久和平，為改善兩岸軍事關係多辦實事。2009年1月5日，軍事科學院羅援研究員在《國際先驅導報》發表《兩岸建立軍事安全互信機不可失》。2009年2月3日，軍事科學院世界軍事研究部王衛星副部長在《中國評論》月刊二月號上發表了《兩岸軍人攜手共建軍事安全互信》，是這一時期大陸軍方研究這一問題的代表作。2009年3月，廈門大學臺灣研究院助理教授陳先才在《臺灣研究集刊》發表《兩岸軍事互信機制：理論建構與實現路徑》。2010年，廈門大學臺灣研究院召開「臺灣研究新跨越學術研討會」，會議論文集《增進兩岸軍事互信研究》彙集了兩岸眾多學者的最新研究成果。

（二）臺灣方面

1991年2月12日，臺行政院長郝柏村在年終記者會中指出，5月終止「動員戡亂時期」後，臺當局反共基本「國策」與立場不變。除非兩岸簽訂「停火協議」，否則兩岸還是處於交戰狀態。[17] 1991年2月23日，臺灣「國統會」透過的「國家統一綱領」提出了「以交流促進瞭解，以互惠化解敵意；在交流中不危及對方的安全與安定，在互惠中不否定對方為政治實體，以建立良性互動關係」；「建立兩岸交流秩序，制訂交流規範」等主張，其中隱含著臺灣當局以建立某些機制緩和兩岸關係的願望。但這一時期關於該問題的研究文獻筆者尚未發現。可以合理地推論，以機制化的方式緩和兩岸軍事安全關係還沒有成為當時臺灣方面的自覺意識和政策導向。

1995年至1996年臺海危機之後，臺灣一些軍政人士、專家學者開始提出在兩岸建立熱線，結束敵對狀態等軍事互信方案。1996年12月，臺灣當局召集的「國家發展會議」的研究報告指出，兩岸架設熱線並互派代表，是結束兩岸敵對狀態並簽署和平協議的要件之一。1998年，臺灣「行政院院長」蕭萬長表示，就兩岸整體關係的現狀和未來發展而言，臺灣贊同與大陸交換軍事演習訊息，建立互信機制以避免因誤判而引發戰爭。一般認為，這是臺灣當局高層對軍事互信機制的首次表態。1998年臺灣「國防報告書」首次把建立兩岸軍事互信機製作為「國防政策」中的重要軍事政策提出。陳水扁上臺後，逐步提出「建構臺海軍事安全互信諮詢機制、建立兩岸軍事緩衝區」等建議。陳水扁時期公佈的歷次「國防報告書」都把建立兩岸軍事互信作為一項重要內容。2008年馬英九當選臺灣地區領導人以後，透過公佈「國防報告書」、「四年期國防總檢討」等政府文告，以及發佈競選綱領、接受媒體訪談等形式，多次表達對兩岸軍事安全互信機制問題的主張。

在臺灣學界，學者張中勇於1996年5月發表的《以信心建立為主導的兩岸關係》[18]一文是目前查到的臺方最早討論兩岸軍事互信問題的文章。十餘年來，這一問題已成為臺灣戰略學界最熱門的研究課題。筆者所見主要論著和文章有：翁明賢、吳建德主編的《兩岸關係與信心建立措施》（華立圖書股份有限公司，2005年9月），淡江大學國際事務與戰略研究所在職專班王裕民撰寫的碩士學位論文《兩岸建立軍事信任措施之研究》（2008年1月），淡江大學國際事務與戰略研究所在職專班余進發撰寫的學位論文《兩岸軍事機構互訪可行性之研究》（2005年6月），陳國銘《另類國防——信心建立措施》（載《軍事家》2000年8月第192期），王振軒《兩岸建立軍事互信機制之研究》（載《國防雜誌》2000年第15卷7期），陳華凱《全民國防與軍事互信機制——矛與盾的辯論》（載《復興崗學報》2008年92期），湯紹成《略論兩岸軍事互信機制》（載《海峽評論》2009年3月第219期），蘇進強《從「全民國防」看兩岸軍事互信機制之可行性》（載《尖端科技》1999年第7期），楊永明、唐欣偉《信心建立措施與亞太安全》（載《問題與研究》1999年6月），莫大華《中共對建立「軍事互信機制」之立場：分析與檢視》（載《中國大陸研究》1999年第1期），陳子平《從CBMs看兩岸建立「軍事互信機制」》（載《中華戰略學刊》2007年秋季刊），謝臺喜《兩岸建立軍事互信機制之研究》（載《中華戰略學刊》2009年夏季刊），李啟明《淺論兩岸和平發展中的國防問題》（載《中華戰略學刊》2009年夏季刊），王安國《兩岸信心建立措施之評析》（載《遠景基金會季刊》2009年7月），等等。

臺灣方面對兩岸軍事互信問題的研究有以下特點：第一，研究人數多，成果豐富。從研究人員看，主要參與者既包括那些長期從事兩岸關係研究的學者，也包括許多從事國際關係與國際戰略研究的專家學者，還包括一些軍方學者和一些碩博研究生。從成果形式

看，既有大量期刊文章，也有專門著述，還有一些碩博論文。第二，受國際建立信任措施（CBMs）理論與實踐的影響較重，重視國際經驗而忽視兩岸歷史和政治特點。有的學者直接將歐洲建立信任措施模式套用到兩岸，將兩岸軍事互信機制等同於兩岸CBMs，更多地從危機管理的角度去建構兩岸軍事互信機制的概念，迴避了兩岸主權爭議。第三，對兩岸之間是否能夠建立軍事互信看法不一，分歧較大。一派認為兩岸軍事互信有可行性，應盡快建立；另一派認為兩岸不可能；第三派認為有必要但條件不成熟。2008年10月，中國評論通訊社、《中國評論》月刊舉辦了「兩岸軍事互信機制的構建與問題」專題研討，邀請淡江大學大陸研究所所長張五嶽，退役「海軍中將」、前「海軍總部副參謀長」蘭寧利，政治大學國際關係研究中心研究員丁樹範，臺灣戰略學會秘書長、教授王昆義，中山大學教授、「中華民國」高等政策研究協會秘書長楊念祖，前民進黨「立委」、前「立法院國防委員會」召集委員李文忠，退役「空軍少將」、中華港澳之友協會監事長劉以善，「國安會」前研究員蘇紫雲等人參加，反映了臺灣學者在馬英九執政後對這一問題的看法。

（三）美國方面

1995年—1996年的臺海危機使美國認識到在臺海地區管理軍事危機、防止軍事誤判與衝突的必要性。一批美國戰略研究學者和中國問題專家首先開始了針對這一問題的研究。[19]美國對兩岸軍事互信問題的研究主要有以下特點：第一，目的明確，即維護美國在臺海地區的利益。美國政府官員在多種場合明確提出臺海兩岸應建立軍事互信的主張，雖然大多籠統而不具體，但卻反映了美國政府的態度和政策傾向。同時，研究兩岸軍事安全互信機制的美國學者大多具有政府背景，他們經常以研究報告的形式向美國政府及兩岸建言，既能影響兩岸關係發展，又可使美國政府免於在臺海「下指導棋」或充當「調解人」的義務和困境。2008年以來，美國學者對

兩岸軍事安全互信機制的研究，經歷了一個從極度熱心到消極以對的轉變，其中固然有對兩岸軍事安全互信機制複雜性估計不足的原因，但更多的則反映了美國政府對兩岸關係迅速升溫可能衝擊美國臺海利益的考量。第二，思路單一，目標有限。美國學者普遍希望把冷戰時期以美蘇為首的北約和華約在歐洲建立信任措施（Confidence Building Measures，CBMs），以及1973年第四次中東戰爭後埃及與以色列在西奈半島建立信任措施的做法推廣到兩岸，希望兩岸能擱置政治爭議，甚至「無條件地」[20]先行建立信任措施。從政策目標看，美國學者提出的構想都不是謀求兩岸問題的最終解決，而只是部分和暫時解決，比如防止誤判、防止擦槍走火等。因此，就連他們自己也常稱之為「中程協議」（interim agreements）、「臨時性協議」（modus vivendi）。也有學者認為美國學者的政策目標是希望兩岸「不戰不和」或「和而不解」。第三，參與人數不多，但影響很大。主要是在一些重要戰略研究機構和大學任職的中國問題專家學者，他們大部分擁有在美國國務院、國防部和「美國在臺協會」等部門任職的經歷，對美國政府出臺對華政策有較大影響。如美國戰略與國際研究中心（CSIS）太平洋論壇主任拉爾夫·科薩（Ralph Cossa）、高級研究員波尼·葛來儀（Bonnie Glaser）和佈雷德·葛洛瑟曼（Brad Glosserman），現執教密西根大學的李侃如（Kenneth Liberthal），曾在史汀生研究中心的艾倫（Kenneth Allen）和華盛頓大學的沈大偉（David Shambaugh），哈佛大學肯尼迪學院院長、前美國助理國防部長約瑟夫·奈（Joseph S.Nye）等，他們都屬於美國研究中國問題的領軍人物。早在1998年2月，李侃如就提出兩岸應先達成一個可能維持五十年的「中程協議」，引起各方的高度重視。1998年3月，約瑟夫·奈在《華盛頓郵報》發表文章，公開提出所謂「一國三制」的主張，基本要素仍是「大陸不武、臺灣不獨」的兩岸相互保證。2000年9月，拉爾夫·科薩在亞太安全論壇圓桌會議上發表《臺灣海

峽危機管理：建立信任措施的作用》。2002年9月，波尼·葛來儀在亞太安全環境圓桌會議上提交論文《尋找擺脫海峽僵局的辦法》（Cross-Strait Stalemate： Searching for a Way Out），後來，又發表《建立軍事信任措施：避免意外衝突和建立兩岸信任》（Military Confidence-Building Measures： Averting Accidents and Building Trust in the Taiwan Strait）、《中華人民共和國對兩岸建立信任措施的看法》（PRC Perspectives on Cross-Strait Confidence-Building Measures）等文章。2008年9月，美國戰略與國際研究中心又出版了波尼·葛來儀和佈雷德·葛洛瑟曼合著的《促進臺灣海峽信心建立》（Promoting Confidence Building across the Taiwan Strait）研究報告，體現了他們在臺灣政局變化後關於建立兩岸軍事互信的最新觀點。這些研究成果大多以研究報告形式呈現，包含大量明確、具體的政策建議，對美國政府、兩岸特別是臺灣當局決策都有較大影響。

另外需要注意的是，一些歐洲學者也關注和研究兩岸軍事互信問題。比較有代表性的文獻是瑞典防務研究所東亞研究中心主任英·基佐（Ingolf Kiesow）的文章《建立信任措施：歐洲經驗及其對亞洲的啟示》[21]，以及「絲綢之路研究項目研討會」（Silk Road Studies Program Workshop）發佈的政策報告《建立信任措施在臺海兩岸關係中的作用》[22]。

總體而言，兩岸及美國的學者對軍事互信機制的研究做了大量工作，取得了較大進展，形成了一大批有影響的成果。但問題也是明顯的，最突出的表現在，在建構兩岸軍事互信機制概念時深受歐洲建立信任措施（CBMs）理論與實踐的影響，甚至出現把兩岸軍事互信機制簡單等同於兩岸建立信任措施的情況，從而大大削弱了「軍事互信機制」這一概念對兩岸特殊形勢和要求的反映程度。2008年12月31日，胡錦濤在紀念《告臺灣同胞書》發表30週年座談會上的講話中首次使用了「軍事安全互信機制」以示區別。但如何理解和把握這一概念，如何從兩岸實際出發建立兩岸軍事安全互信

機制,仍是一個未解的問題。

四、研究方法與結構安排

(一)研究方法

1.議題研究法

議題研究法也稱問題研究法,是研究重大現實問題的常用方法。兩岸軍事安全互信機制是兩岸關係發展到特定時期而提出的一個重要議題,是一個正在建構中的事物。關於兩岸軍事安全互信機制的基本內涵、理論基礎、未來構想以及建立的條件、路徑及方法,各方立場觀點差異很大,甚至未來這一機制能否建立仍是未知。為保持對各方學術觀點的開放性,本書把兩岸軍事安全互信機製作為一個討論中的議題來對待,在此基礎上理清各方面觀點、建構基本理論、梳理歷史經驗、解析具體政治軍事議題,最後提出作者的總體構想,預測其未來前景結束全文。議題研究法既可以做到兼收並蓄,也便於作者把自己的學術觀點體現於本書的各個篇章之中,是體現本書研究思路的基本方法。

2.歸納分析法

歸納分析法是從個別前提得出一般結論的方法,是社會科學的基本研究方法。本文在揭示兩岸軍事互信的本質和一般規律時,會大量使用這種方法。為防止歸納分析法本身具有的材料不完備性可能造成的謬誤,在研究中將力求儘可能地多占有事實和材料,以便能夠選取具有典型意義的文獻標本,並進行適當驗證,使結論更具說服力。

3.歷史分析法

歷史分析法的要旨在於在把同一事物放在不同的時間緯度上進

行因果關係的縱向考察。考察歷史的目的在於理解現實。本論文在研究兩岸軍事安全互信機制基本概念時，會比較多地運用歷史分析法，目的在於從更長的歷史縱深把握兩岸軍事互信的本質。對於各方關於軍事安全互信機制的主張，也會歷史地加以考察和分析。

4.比較分析法

比較分析法就是將不同類別但有關聯的事物放在一起進行對比，以辨析事物特徵與本質的研究方法。本書在對各方關於兩岸軍事安全互信機制的主張進行研究時，將大量使用比較分析法；在研究概念、分析案例時，也會把兩岸軍事安全互信機制與二戰後世界其他國家和地區締造和平的理論背景與措施進行對比，目的在於查找異同，為作出研究結論提供依據。

（二）結構安排

本書系統研究分析了兩岸軍事安全互信機制議題的發展演變、相關理論、歷史經驗、涉及的主要政治與軍事問題、未來前景與基本構想。全書分為導言及正文兩大部分。

導言簡要交代了問題的由來、研究意義及現狀，以及研究方法與結構安排。

第一章：兩岸軍事安全互信機制議題的由來與發展

透過整理和分析近二十年來大陸、臺灣及美國討論兩岸軍事安全互信機制過程中提出的各種建議和方案，理清各方圍繞這一話題主要談及哪些內容、使用過什麼稱謂、表現出何種基本態度等基本問題，從總體上建構出兩岸軍事安全互信機制這一議題形成發展的歷史脈絡，為進一步深入研究兩岸軍事安全互信機制提供素材與鋪墊。

第二章：兩岸軍事安全機制的互信相關理論

為正確認識和把握兩岸軍事安全互信機制的涵義，本書提出三種可能具有重要啟示的工具性理論：結束戰爭理論、信任與軍事安全機制理論、建立信任措施（CBMs）理論，為理解和把握兩岸軍事安全互信機制問題提供較為全面系統的理論支持和分析框架，結束了學術界長期以來單純運用建立信任措施理論研究化解兩岸軍事敵對的歷史。同時，對學術界運用建立信任措施（CBMs）理論研究兩岸軍事安全問題中存在的誤區進行了反思與批判。

第三章：兩岸軍事安全互信機制的「既有成果」及啟示

梳理60年來兩岸為謀求建立軍事安全互信作出的各種努力和探索，總結了兩岸謀求建立軍事安全互信的歷史經驗，找出長期以來影響兩岸結束敵對的結構性原因，明確在新的歷史起點上從理論和實踐兩個方面建構兩岸軍事安全互信機制的出發點和努力方向。

第四章：兩岸軍事安全互信機制的重大議題分析

運用本書構建的基本理論，對當前和今後建構兩岸軍事安全互信機制過程中各方關心的重大政治、軍事議題進行深入分析，具體討論兩岸軍事安全互信機制建立的政治條件、地位作用等政治議題，以及「海峽中線」及「軍事緩衝區」、「放棄對臺動武」、「撤除飛彈」、臺灣武器採購、機制執行情況的監察與監督等軍事議題。

第五章：兩岸軍事安全互信機制的總體構想

運用本書構建的基本理論，在分析兩岸及美國方面提出的各種構想的基礎上，設計未來兩岸軍事安全互信機制應當具有的內容體系，依據各組成部分之間的邏輯關係，指出未來建立兩岸軍事安全互信機制可能選取的路徑。

第六章：兩岸軍事安全互信機制的未來前景

分析描述兩岸政治互信、島內政治、美國因素、大陸政策創新

等四種因素及其作用機理,指出未來兩岸建立軍事安全互信機制的三種可能前景,透過探討軍事對抗與兩岸建立軍事安全互信機制的關係,提出各方應積極倡導有益於臺海和平的新型軍事安全戰略。

注　釋

[1].胡錦濤:《攜手推動兩岸關係和平發展　同心實現中華民族偉大復興——在紀念〈告臺灣同胞書〉發表30週年座談會上的講話（2008年12月31日）》,新華社北京2008年12月31日電。

[2].《中華人民共和國全國人大常委會告臺灣同胞書》,《人民日報》,1979年1月1日,第1版。

[3].胡錦濤:《堅定不移沿著中國特色社會主義道路前進　為全面建成小康社會而奮鬥》,《十八大報告輔導讀本》,人民出版社2012年版,第46頁。

[4].[德]　克勞塞維茨:《戰爭論》（上卷）,中國人民解放軍軍事科學院譯,北京:解放軍出版社,1964年版,第31頁。

[5].王毅:《在第九屆兩岸關係研討會招待會上的致辭》,中國評論新聞網,2011年1月19日。

[6].《胡錦濤提出新形勢下發展兩岸關係四點意見（2005年3月4日）》,《人民日報》海外版,2005年3月5日。

[7].馬德寶:《現代戰爭與和平基本問題研究》,北京:國防大學出版社,2002年版,第292頁。

[8].《孫子兵法·形篇》。

[9].迦太基是公元前8世紀—公元前13世紀地中海地區的海上殖民強國,在與羅馬進行的第二次匿布戰爭中戰敗,公元前201年被迫與羅馬簽訂了條款苛刻的和約。後人以迦太基式的和平指強加在弱者身上的不平等的、屈辱的,通常也是短暫的和平。

[10].《中華人民共和國全國人大常委會告臺灣同胞書》,《人民日報》,1979年1月1日,第1版。

[11].1981年9月30日,葉劍英在其提出的關於臺灣回歸祖國、實現和平統一的九條方針政策中勾畫了「一國兩制」的雛形;1982年1月11日,鄧小平第一次提出了「一個國家,兩種制度」的概念;1995年1月30日,江澤民在春節講話中創造性提出了和平統一談判可以分步驟進行的思想,其第一步就是「雙方現就『在一個中國原則下,正是結束敵對狀態,並達成協議』進行談判」。參見張春英主編:《海峽兩岸關係史》,福州:福建人民出版社,2004年版,第906—907頁,第1025—1026頁。

[12].鄧小平:《中國大陸和臺灣和平統一的設想（1983年6月26日）》,《鄧小平文選》第3卷,北京:人民出版社,1993年版,第30頁。

[13].傅依杰:《兩岸設軍事熱線北京回應》,《聯合晚報》（臺北）,1999年1月19日,第7版。

[14].邱立本、江迅:《獨家專訪:海峽兩岸關係協會會長汪道涵　兩岸和平的最新機遇》,《亞洲週刊》,香港:亞洲週刊有限公司,第13卷第16期,1999年4月25日。

[15].李鵬:《兩岸建立軍事互信機制》,http：//twri.xmu.edu.cn/Article/introduction/teachure/lagx/2005-06-06/294.html.

[16].參見《專家:建軍事互信機制並不意味大陸放棄武力統一》,華夏經緯網,2004年5月19日;《中國國防報》,2005年1月4日。

[17].洪陸訓:《兩岸建立軍事信任措施可行性之探討》,《共黨問題研究》（臺北）第28期第7卷,2002年7月。

[18].張中勇:《以信心建立為主導的兩岸關係》,《國策》(臺北),1996年5月25日,第139期。

[19].美國最早在1996年初提出這一主張,參見:Paul H.B.Godwin and Alfred D.Wilhelm, Jr.(eds.), Taiwan 2020:Development in Taiwan to 2020:Implications for Cross-Strait Relations and U.S.Policy(Washington, DC:The Atlantic Council of the United States, 1996), p.52; U.S.Congress,「Crisis in the Taiwan Strait:Implications for U.S.Foreign Policy」, hearing before the Subcommittee on Asia and the Pacific Committee on International Relations, House of Representatives, 104th Congress, 2nd Session, March 14, 1996(Washington, D.C.:Government Printing Office, 1996), p.65.

[20].這裡借用美國學者的說法。其實無論華約與北約,還是埃及與以色列建立信任措施都並非無條件,但許多美國學者就是這麼認為的,筆者與美方學者座談時多次聽到他們這樣表述。詳細論述參見本書第二章第三節「國際間建立信任措施的歷史實踐及啟示」部分。

[21].此文中譯文發表於《現代國際關係》2005年第12期。

[22].參見:http://www.silkroadstudies.org/new/docs/publications/2006/CMBs in Cross-Strait Relations policy report.pdf。

第一章 兩岸軍事安全互信機制議題的由來與發展

　　以建立某種機制的方法降低兩岸軍事對抗、防止兩岸戰爭乃至結束兩岸軍事敵對的想法,最早產生於1979年大陸宣布和平統一方針以後所面臨的新形勢。此後,在不同的歷史時期,大陸、臺灣和美國三方對這種構想曾冠以不同稱謂,如「中程協議」、兩岸信心建立措施、兩岸建立信任措施、兩岸軍事互信機制、兩岸軍事安全互信機制,等等。這些稱謂叫法不同,蘊含的政策立場、戰略思維、語言文化也有很大區別,但有一點是共通的,即它們都是各方為緩解兩岸軍事對峙、防止兩岸軍事誤判乃至結束兩岸軍事敵對而提出的戰略構想。本章暫不考察這些稱謂背後的政策立場差異,而是透過梳理1979年以來各方討論這一話題時提出的各種建議和方案,釐清各方圍繞這一話題主要談及哪些內容、使用過什麼稱謂、表達的基本主張、基本態度等問題,以此呈現兩岸軍事安全互信機制議題的主要輪廓及發展脈絡。

第一節 大陸以政治互信為基礎的兩岸軍事安全互信機制構想

一、1979年1月—1995年1月:提出結束兩岸軍事對峙

　　一些學者認為,1995年—1996年的臺海危機使人們認識到兩岸和平的重要與互信的脆弱,由此萌生試圖以機制化方式解決兩岸衝

突與矛盾的想法。[1]其實，早在1979年大陸宣布和平統一方針後，以建立機制結束兩岸軍事敵對的需求與最初想法就出現了。雖然那時兩岸關於這一議題的討論沒有冠以「機制」的名分，但實際是圍繞著以建立機制結束兩岸軍事敵對問題而展開的。

1979年中美建交以後，中國國家統一面臨著新的形勢。大陸確立了和平統一的大政方針，但不承諾放棄使用武力。1979年1月1日，國防部長徐向前發佈聲明，宣布停止對金門等島嶼的象徵性炮擊。為結束兩岸軍事對峙，同日發表的中華人民共和國全國人大常委會《告臺灣同胞書》指出：「臺灣海峽目前仍然存在著雙方的軍事對峙，這只能製造人為的緊張。我們認為，首先應當透過中華人民共和國政府和臺灣當局之間的商談結束這種軍事對峙狀態，以便為雙方任何一種範圍的交往接觸創造必要的前提和安全的環境。」[2]

需要指出的是，在中共確立「和平統一、一國兩制」方針的新環境下，上述提議已經顯示出大陸希望透過建立某種機制或者制度化安排結束兩岸軍事對峙狀態的意願。當時兩岸都認為，兩岸敵對狀態是中國內戰的歷史遺留問題，中國內戰尚未正式結束。根據結束戰爭理論，結束兩岸敵對狀態應分兩步走，一是簽訂停戰協定以結束軍事敵對行為，二是簽訂和平協議以解決引起戰爭的政治分歧。大陸提出的結束軍事對峙狀態屬於其中的第一步。如果當時大陸的提議付諸實施，雙方透過協商就約束和停止兩岸軍事敵對行為達成一些制度化安排，即簽訂一個類似停戰協定的文件，就可為協商解決兩岸面臨的其他問題創造良好條件。

1983年6月26日，鄧小平在會見美國新澤西州西東大學教授楊力宇時，詳細闡述了按照「一國兩制」統一的設想。其中涉及軍事安全方面的內容主要包括兩個方面：（1）臺灣問題的核心是祖國統一。和平統一已經成為國共兩黨的共同語言。但不是我吃掉你，

也不是你吃掉我。（2）祖國統一後，臺灣可以有自己的軍隊，只是不能構成對大陸的威脅。大陸不派人駐臺，不僅軍隊不去，行政人員也不去。臺灣的黨、政、軍等系統，都由臺灣自己來管。[3]既然統一不是我吃掉你，也不是你吃掉我，統一後的臺灣仍可以保留自己的軍隊，就必然會提出兩支軍隊如何相處、雙方安全如何保障的問題。既然統一後的臺灣可以有相當的獨立性，大陸不派人駐臺，臺灣的黨、政、軍等系統都由自己來管，解決兩岸軍事安全問題、兩支軍隊如何相處問題最可能的途徑就是在雙方同意的基礎上建立某種機制，以規範雙方軍事安全領域的行為。

但是，這種機制化的解決方式當時並沒有被明確提出，甚至在此後很長一個時期被大陸所排斥，主要原因是，按照當時中共中央領導集體對臺戰略的設想，即使上述機制能夠建立，也是在國家統一之後才有可能發生的事情。在毛、鄧兩代中央領導集體的對臺戰略中，與臺灣當局的談判模式都被設計成「畢其功於一役」型，即雙方不談則已，要談就談統一問題。[4]在這種戰略指導下，假如上述機制能夠建立，只能存在於如下兩種情況：一種是在國家統一之後，這是調節兩支軍隊關係所必需。一種是在國家統一談判開始前，即作為一種軍事上的臨時安排，為開啟兩岸政治談判、實現國家統一創造必要的安全環境。也就是說，出於對兩岸分裂長期化和「兩個中國」的擔心防範，在國家統一前建立並長期維持該機制，是當時中共所不可能接受的。

二、1995年1月—2004年5月：審視、排斥與批駁

二十世紀九十年代，臺灣內部政治環境和國際格局都發生了重大變化，臺灣問題的長期性、複雜性進一步顯現，以江澤民為核心的中共第三代領導集體相應提出了「分步走」和「過渡階段」的對臺戰略新構想。1995年1月30日，江澤民在《為促進祖國統一大業

的完成而繼續奮鬥》的講話中指出：「我們曾經多次建議雙方就『正式結束兩岸敵對狀態、逐步實現和平統一』進行談判。在此，我再次鄭重建議舉行這項談判，並且提議，作為第一步，雙方可先就『在一個中國的原則下，正式結束兩岸敵對狀態』進行談判，並達成協議。在此基礎上，共同承擔義務，維護中國的主權和領土完整，並對今後兩岸關係的發展進行規劃。」[5]

有資料證實，江澤民1995年1月30日講話以後，大陸以多種形式釋放出改善兩岸軍事關係的善意。按照大陸的想法，實現「分步走」戰略構想的第一步，即「雙方『在一個中國的原則下，正式結束敵對狀態』進行談判，並達成協議」，可以解決臺灣方面關心的防止誤判、擦槍走火等問題。1995年3月5日，在北京召開的八屆全國人大第三次會議中，解放軍人大代表郭玉祥表示，兩岸統一工作首重彼此先瞭解，並建立互信共信。他認為，在開展兩岸學術、文化、體育交流之際，適時開展兩岸軍事交流也可以考慮。至於如何開展兩岸軍事交流，他認為，可從軍事人員互訪問做起。[6]1995年3月28日，大陸軍方學者王在希在《人民日報》海外版發表文章稱：「兩岸就結束敵對狀態問題達成協議後，不僅可以避免因各種誤會和某些軍事行動導致海峽兩岸局勢緊張乃至武裝衝突事件，而且可以在發生偶發事件時透過正常渠道及時妥善進行處置。更重要的是在此問題上達成協議後，由於它具有高度權威性，對雙方同時具有約束力，海峽兩岸將根據一個中國的原則，共同承擔義務確保國家領土的完整和主權不被分割。」[7]值得一提的是，上述兩個事件發生的時間比後來發生的臺海危機早了三個多月，這顯示中共對臺戰略調整的前瞻與務實，也說明中共關於結束兩岸軍事敵對的提議是認真的。

1995年—1996年臺海危機對建立兩岸軍事安全互信機制議題產生了多重影響。首先，強烈凸顯了建立軍事安全互信機制的必要性。其次，使該機制的主題發生了某種變異，即從結束兩岸軍事敵

對轉變到帶有危機管理性質的「防止誤判」、「擦槍走火」等功能上，並在相當程度上以後者代替和掩蓋了前者。第三，美國學者成為該議題的積極推動者。美國學者主張兩岸軍方應將建立信任措施（Confidence-Building Measures，CBMs）作為當務之急，要建立溝通管道，建議美國應該利用第二軌道對話的方式鼓勵兩岸軍方接觸及發展建立信任措施。美國的建議與此時臺灣一些人的想法不謀而合，美、臺方面掀起了一輪鼓吹建立兩岸軍事互信機制的熱潮。

臺海危機之後，中國大陸繼續按照江澤民1995年1月八項主張的要求全面推進兩岸關係。在兩岸及中美互信遭到損害的情況下，大陸在軍事安全領域也釋放了一些善意訊息。1997年9月召開的中共十五大再次重申了「分步走」戰略。1998年5月召開的中央對臺工作會議進一步強調，當前首先是進行政治談判的程序性商談，以解決正式談判的議題、名義、地點等問題。[8]

對於美國、臺灣提出以兩岸以建立信任措施（CBMs）降低軍事緊張、避免危機及誤判的提議，大陸也多有回應。1999年1月，解放軍少將王在希在紐約的學術研討會上明確表示，兩岸應進行結束敵對狀態的談判，在談判中，可協商設立軍事熱線，提前通知軍事演習之規模、內容、時間與軍力部署等相關訊息。[9]

1999年4月，海協會會長汪道涵接受亞洲週刊訪問，在回答兩岸是否可以推動軍方高層互訪問題時表示：「在一定的條件下，我想是可以的，為甚麼這麼說呢？如果說我們大家協商或者談判的時候，既然是一個統一的中國，軍隊當然可以互訪。鄧小平已經說得很清楚，允許臺灣保留軍隊，那時的軍隊，兩岸是國防的友軍，既然是友軍，為甚麼不能互訪？我想到那時是可能的。」[10]

2000年陳水扁上臺以後，一方面拒絕接受反映一個中國原則的「九二共識」，大搞臺獨分裂活動，另一方面大談兩岸和平，不斷提出有關兩岸軍事互信的各種版本。大陸對於陳水扁的兩面手法進

行了揭露和批判。2004年1月13日，陳水扁在競選連任臺灣地區領導人期間出版新書《相信臺灣：阿扁「總統」向人民報告》，提出兩岸未來應該排除一個中國和「一邊一國」爭議，建立「溝通互信機制」（CBMs），並互派代表，揚棄透過美國傳話的方式，能夠直接溝通。1月14日國臺辦舉行新聞發佈會，當被問及對上述主張有何評論時，新聞發言人表示，我們注意到陳水扁又出了本新書。我想大家都會根據陳水扁實際上的所作所為作出結論。在接下來2月11日、2月25日以及4月14日的新聞發佈會中，國臺辦新聞發言人連續指出，陳水扁一方面一意孤行地推行挑動兩岸同胞對立、破壞兩岸關係、危及臺海和平的「公投」，另一方面卻宣稱建立所謂「兩岸和平穩定互動架構」，這顯然是在欺騙臺灣民眾和國際輿論；如果陳水扁真有誠意，就應該承認「九二共識」，為兩岸對話與協商得以恢復創造條件，否則，那只是在欺騙臺灣民眾和國際輿論；他明明在做著破壞兩岸和平與穩定的事情，卻想以所謂「兩岸和平穩定互動架構」來欺騙輿論，結果是欲蓋彌彰，人們反而更清楚地認清了他的真實用心。[11]從這些回應可以看出，大陸對於陳水扁各種版本的和平提議明顯持負面態度，並且高度警惕。

　　2003年4月，《兵器知識》雜誌發表的論文《沒有互信何談機制——臺海兩岸軍事互信機制芻議》，是這一時期大陸學界系統研究和批駁陳水扁當局軍事互信機制主張、全面闡述大陸立場觀點的代表性文章。文章揭示了軍事互信機制的內涵，梳理並分析了陳水扁當局關於兩岸軍事互信機制的基本主張及目的，闡述了大陸對該問題的基本態度。文章認為，臺灣當局的如意算盤是雙管齊下遏制大陸動武，一方面大力提升臺軍作戰能力特別是進攻作戰能力，另一方面配以軍事互信機制，削弱大陸動武決心，限制大陸動武的條件。即便互信搞不成，也能達到安撫民心，塑造和平形象，並汙衊大陸「好戰」的效果。至於陳水扁提出的「主動式軍事互信機制」，說白了，就是不管大陸態度如何，臺灣方面都要推銷，同時

還要拉上臺海周圍國家一起搞多邊軍事互信機制，孤立大陸，最後迫使大陸也加入進來。於是就有了2002年版「國防報告書」之「不預設立場，擱置政治議題之爭議，尋求突破僵局之契機」的說法。文章明確指出，軍事服從政治，軍事互信必須建立在政治互信基礎之上。大陸方面為維護國家統一不懈努力，陳水扁當局不僅拒絕一個中國原則，甚至不承認自己是中國人。在這樣的氛圍下，談軍事互信有什麼意義？中國人要進行現代化建設，要實現國家完全統一，完全沒有必要在這樣的問題上浪費時間。針對臺灣方面「有的認為兩岸的學者可先就軍事互信問題談起來」，文章提出了一連串的質疑：政府搞不清的，學者怎能越俎代庖？清談誤國，脫離實際去搞學術交流沒有意義。進一步分析，軍事互信機制必然包含建立雙方高層溝通管道，這又要觸及政治層面、政治機構，怎麼解決？雙方要建立軍事互信機制，必須進行談判。如果沒有政治層面互信，這一談判的主體問題就難以解決。沒有政治機構的談判，何來軍方談判？軍事互信機制不能靠兩岸軍方私相授受。政治上的問題解決了，軍方專家才能討論具體問題。最後，且看今日的臺灣，當局高層不承認自己是中國人，一大批臺獨分子執掌著「政府」大權，社會上臺獨勢力趾高氣揚，「朝野」爭鬥空前激烈。這樣一個動盪不已的臺灣，哪有與大陸談互信的氛圍？此外，文章最後還指出，在臺灣有的人的研究中，明顯帶有兩岸軍事互信機制「國與國」化的色彩。文章認為，他們把國際上的軍事互信機制套用到兩岸問題上，引入外國勢力，引入國際組織與集團干預，其實質是推進兩岸軍事關係「國與國軍事關係化」，這更不能接受，也不可能得逞。[12]

三、2004年5月—2008年12月：強調政治前提的軍事互信機制

在揭露和批判陳水扁以兩岸和平為幌子大搞臺獨做法的同時，大陸也開始認真嚴肅地思考和回應以建立某種機制降低兩岸軍事對峙的問題，並逐漸形成了一套新的思路和對策。2004年5月17日，中共中央臺灣工作辦公室、國務院臺灣事務辦公室授權就當前兩岸關係發表聲明。這篇措辭強硬的聲明指出：當前，兩岸關係形勢嚴峻。堅決制止旨在分裂中國的「臺灣獨立」活動，維護臺灣和平穩定，是兩岸同胞當前最緊迫的任務。聲明強調，臺獨沒有和平，分裂沒有穩定。我們堅持一個中國原則的立場決不妥協，爭取和平談判的努力決不放棄，與臺灣同胞共謀兩岸和平發展的誠意決不改變，堅決捍衛國家主權和領土完整的意志決不動搖，對臺獨決不容忍。

　　然而就在這篇措辭極為強硬的聲明中，大陸明確提出，未來4年，無論什麼人在臺灣當權，只要他們承認世界上只有一個中國，大陸和臺灣同屬一個中國，摒棄臺獨主張，停止臺獨活動，兩岸關係即可展現和平穩定發展的前景。聲明共提出七個方面的前景，其中第一項即為：恢復兩岸對話談判，平等協商，正式結束敵對狀態，建立軍事互信機制，共同構造兩岸關係和平穩定發展的框架。這是大陸官方第一次對兩岸軍事互信機制問題進行正面回應。

　　儘管在這篇聲明中大陸同樣使用了「軍事互信機制」這一稱謂，但是大陸對軍事互信機制的理解與臺灣方面有所不同。「5·17聲明」發佈以後，北京臺灣問題專家劉紅先後於5月18日、5月21日分別作客人民網「強國論壇」和海峽之聲廣播電臺「軍事在線」節目，闡述了大陸對於軍事互信的基本觀點。[13]

　　（1）正式結束敵對狀態，建立軍事互信機制，共同構造兩岸關係和平穩定發展的框架，是兩岸關係正常化、建立兩岸互信非常重要的內容。目前的兩岸關係，實質上是國共內戰的繼續，兩岸的敵對狀態還沒有結束，因而使得兩岸處於對峙之中，影響了兩岸交

流。兩岸關係要想正常發展，需要結束兩岸敵對狀態。結束兩岸敵對狀態一個很重要的內容就是建立兩岸軍事互信機制。由於兩岸軍事上缺乏互信，也給臺獨分子煽動對大陸的敵意提供了藉口。所以中國大陸在「5·17」聲明中明確提出「結束兩岸敵對狀態，建立軍事互信機制」。

（2）建立兩岸軍事互信機制的前提是臺灣當局必須堅持一個中國原則。軍事互信是建立在一個中國原則基礎上的，是兩岸政治談判的結果，是兩岸關係進入和平發展階段的表現。只要臺灣當局接受一個中國原則，承認「九二共識」，恢復啟動兩岸政治談判，很多問題包括軍事互信機制問題都可以解決。能否建立要看兩岸能否結束敵對狀態，能否結束敵對狀態要看兩岸能否啟動政治談判，啟動兩岸政治談判，臺灣當局必須回到一個中國原則立場上來。

（3）建立軍事互信機制並不意味著放棄了武力解決。建立軍事互信不是軍事上的讓步，也不是打擊分裂勢力、保衛主權和領土完整能力的減弱。即使在建立軍事互信以後，中國人民保持應有的國防能力、保持對任何分裂祖國勢力的打擊能力也是有必要的。

（4）從理論上說，軍事互信機制的內容可以包括軍事交流，比如說兩岸間的人員交流、軍事訓練等；軍事接觸地區基本軍事情況的交換；雙方軍事演習情況的交流，比如說軍事接觸區的軍事佈置情況、軍事演習情況、兩岸交流的情況等。這確實是臺灣同胞最關注的問題，體現了中國大陸推動兩岸關係的誠意。

儘管「5·17聲明」是大陸對建立兩岸軍事互信機制的第一次正面回應，但並沒引起太大輿論反響。2004年5月24日，在國務院臺灣事務辦公室舉行的「5·17聲明」發佈後的第一場新聞發佈會上，記者們圍繞聲明內容提出了許多問題，但沒有一人問到軍事互信，這似乎顯得有些不正常。但如果回顧當時陳水扁頑固堅持「一邊一國」、一意孤行搞臺獨的激烈言行以及由此造成的人們對兩岸關係

的悲觀預期，也許就不難理解——兩岸戰爭能否避免尚存疑問，遑論建立軍事互信。

但是，「5·17聲明」的確是大陸對軍事互信機制態度轉變的代表。首先，它首次確認了「反獨」階段建立軍事互信機制的可能性。進入二十世紀九十年代，雖然中國大陸進一步認識到臺灣問題的長期性、複雜性，主動調整戰略，提出了「分步走」和「過渡階段」的戰略構想，但九十年代中期以後，由於臺獨勢力逐漸坐大，臺灣「獨」的傾向也在加強，大陸促統的緊迫感也隨之增強，因而曾經有「臺灣問題不能久拖不決」和「統一時間表」的考慮。在這種情況下，大陸對美、臺提出的建立兩岸軍事互信倡議，始終保持審慎態度，特別是2000年陳水扁上臺以後，大陸認為建立兩岸軍事互信機制的前提已經完全喪失。2004年發佈的「5·17聲明」並沒有提到統一，提出的七個方面的光明前景，也沒有以實現統一為條件，表明大陸對臺戰略已經把「反獨」與「促統」作出明確區分，從而為國家統一前兩岸在一個中國原則基礎上建立軍事互信機制，維護兩岸關係和平發展提供了現實可能性。

其次，它是大陸反對臺獨策略運用更加成熟的重要代表。反對臺獨必須文武並用。大陸首次明確表示可以建立軍事互信機制傳遞出的政策意義在於，面對陳水扁以炒作軍事互信機制議題為幌子，大撈「和平」政治資本的欺騙性做法，大陸在加緊進行軍事鬥爭準備的同時，也更加主動地高舉兩岸和平的旗幟，自覺運用建立兩岸軍事安全互信機制這張「牌」，服務於促進兩岸關係和平發展和國家統一。

此後，不管兩岸形勢多麼嚴峻，大陸在制定政策、作出反應時都始終堅持把在一個中國原則基礎上建立兩岸軍事互信機製作為對臺政策的重要內容。2004年12月27日，國務院新聞辦公室發表《2004年中國的國防》白皮書，首次以政府公告的形式，將「惡性

發展的臺獨勢力」列入今後對國家安全造成影響的首要因素，強調將堅決徹底地粉碎臺獨分裂圖謀。然而白皮書同時指出，只要臺灣當局接受一個中國原則、停止臺獨分裂活動，兩岸隨時可以就正式結束敵對狀態，包括建立軍事互信機制進行談判。

2004年9月初，全國人大代表、時任武漢市教育局副局長的周宏宇正式提出建議制定《國家統一綱領》，若條件成熟，可啟動《國家統一法》的制定工作。同年10月底，全國臺聯起草了《關於盡快制定反對分裂、反對臺獨的法律》的報告，送呈中共中央有關人士。有關部門為此多次開會徵求意見，當時仍有人傾向於採用《國家統一法》的名稱，但也有人認為訂立《國家統一法》為時尚早，目前急需針對的是臺獨分裂活動。嗣後12月底，全國人大常委會委員長在十屆人大第十三次常委會閉幕會上正式宣布，《反分裂國家法（草案）》經一百六十三名常委全票支持，提交十屆全國人大三次全體會議表決。2005年3月14日，《反分裂國家法》由十屆全國人大三次會議以2896票贊成、0票反對表決透過，正式成為國家法律。該法提出了大陸以非和平方式解決臺灣問題的三項前提，但也表示出極大的善意。臺灣軍方學者認為，臺灣對該法的理解具有三項特色，其中之一就是「和平願景未受足夠重視」，「事實上，該法幾乎有四分之三篇幅在談兩岸關係和平與和緩的願景，包括了兩岸交流與兩岸談判的推展與建立。」[14]

但是，大陸對陳水扁改弦易轍放棄臺獨顯然不抱什麼希望。2005年2月24日「扁宋會」進行，會上陳水扁與宋楚瑜達成「十項結論」，其中提到「推動兩岸軍事緩衝區及建構臺海軍事安全互信機制」。2005年3月4日，《人民日報》海外版發表評論認為：「扁宋會」提出「積極推動建立兩岸軍事緩衝區及建構臺灣軍事安全互信諮詢機構」，不是什麼新創造，兩岸民間已呼籲多年。大陸在去年發表的「5·17聲明」中也提出，只要承認世界上只有一個中國，摒棄臺獨主張，停止臺獨活動，就可恢復兩岸對話與談判，正式結

束敵對狀態，建立軍事互信機制，共同構造兩岸關係和平穩定發展框架。但在陳水扁主張「以戰止戰」、加大武器採購及美日臺軍事合作升級的背景下，兩岸在軍事領域不可能有任何互信機制與軍事緩衝區的建立，軍事對立狀態仍將持續。[15]

　　鑒於臺灣當局拒絕接受一個中國原則、不承認「九二共識」，大陸積極與臺灣在野黨領袖接觸，促成兩岸和平對話。2005年春季，國民黨主席連戰、親民黨主席宋楚瑜先後訪問北京，在時任中共中央總書記胡錦濤與兩黨主席的會談公報中，都提到建立兩岸軍事互信機制問題。此間，2005年5月3日，中共中央臺灣工作辦公室副主任王在希還指出，只要兩岸能夠在一個中國原則基礎上坐下來對話，什麼問題都可以談，包括導彈的問題。

　　2007年10月，中共十七大提出「在一個中國原則的基礎上，協商正式結束兩岸敵對狀態，達成和平協議，構建兩岸關係和平發展框架，開創兩岸關係和平發展新局面」的主張，值得注意的是，這裡並沒有強調「統一」。這再次表明，按照中共的對臺戰略設想，在未來相當長時期內，兩岸談判的議題不會是兩岸政權的整合問題，而是如何建構兩岸和平發展架構的問題，兩岸軍事互信機制則是兩岸和平發展框架的重要組成部分。

四、2008年12月以後：「軍事安全互信機制」的提出與推動

　　2008年，臺灣政局發生重大積極變化，兩岸關係了迎來重大轉機，進入和平發展軌道。馬英九執政後，兩岸協商在「九二共識」基礎上得到恢復並取得重要成果，兩岸全面直接雙向「三通」邁出歷史性步伐。兩岸關係發展的新形勢為建立兩岸軍事互信機制提供了前所未有的新機遇。

大陸堅持把建立軍事安全互信機製作為推動兩岸關係和平發展的重要政策。2008年12月31日，時任中共中央總書記胡錦濤在紀念《告臺灣同胞書》發表30週年座談會上發表了《攜手推動兩岸關係和平發展　同心實現中華民族偉大復興》的講話，提出六點建議，其中第六點為「結束敵對狀態，達成和平協議」。他指出，海峽兩岸中國人有責任共同終結兩岸敵對的歷史，竭力避免再出現骨肉同胞兵戎相見，讓子孫後代在和平環境中攜手創造美好生活。為有利於兩岸協商談判、對彼此往來作出安排，兩岸可以就在國家尚未統一的特殊情況下的政治關係展開務實探討。為有利於穩定臺海局勢，減輕軍事安全顧慮，兩岸可以適時就軍事問題進行接觸交流，探討建立軍事安全互信機制問題。胡錦濤再次呼籲，在一個中國原則的基礎上，協商正式結束兩岸敵對狀態，達成和平協議，構建兩岸關係和平發展框架。[16]

　　應該說，在兩岸關係出現重大轉機，軍事互信機制議題再次成為人們熱門話題之時，胡錦濤再次提出兩岸可以適時就軍事問題進行接觸交流，探討建立軍事安全互信機制問題，並不出乎人們的意料。值得關注的是，胡錦濤沒有沿用自「5·17聲明」以來大陸方面一直使用的「軍事互信機制」一詞，轉而採用「軍事安全互信機制」這一新提法。那麼，軍事安全互信機制與軍事互信機制有何區別？這種用語的調整傳遞出什麼樣的政策含義呢？我們先看一看大陸學者的解讀。

　　2009年1月5日，軍事科學院研究員羅援少將在《國際先驅導報》撰文，其中特別強調，「胡主席提出的『軍事安全互信機制』是根據海峽兩岸的特殊情況所做的特殊安排」。他指出，這裡有一個學術問題，有些人把「軍事安全互信機制」等同於「軍事互信機制」，這種理解過於狹窄，「軍事安全」的外延與內涵顯然要大於單純的「軍事」概念。他特別強調，還有些人認為，「軍事安全互信機制」就是國際上通稱的「CBMs」，其實，這裡是有很大差別

的,「CBMs」是國與國之間的一種信任措施,而胡錦濤提出的「軍事安全互信機制」是根據海峽兩岸的特殊情況所做的特殊安排。他還指出,還有些人把「CBMs」誤譯為「信心建立措施」,其實,「CBMs」的英文全稱是「Confidence-Building Measures」,在這裡,「Confidence」應該翻譯為「信任」,也就是說「CBMs」就是「建立信任措施」。建立信任是第一位的,安全應當依靠相互之間的信任和共同利益的聯繫來維護。沒有相互之間的理解和信任,開列再多的「措施清單」也只能是一紙空文。信任的基礎是兩岸軍人對「兩岸同屬一個中國原則」的認同。但是,措施的提出和執行又有利於增信釋疑,會造成增進和鞏固兩岸「軍事安全互信」的作用。因此說,它們是相輔相成的。[17]

2010年8月29日,中華文化發展促進會秘書長鄭劍研究員在《中國評論》月刊八月號發表專文《透過戰略合作達成兩岸軍事互信》。鄭劍指出,兩岸關係,包括軍事安全互信機制,有太多的特殊性,以至於海峽兩岸的中國人必須用特殊的辦法來處理,必須創造特殊的模式來解決。特別是不能照搬、套用國際關係中的軍事互信機制經驗。胡錦濤在講話中之所以用「軍事安全互信機制」,而沒有用「軍事互信機制」這個提法,也是為了表明不能用處理國際軍事關係的辦法來處理兩岸軍事關係。[18]

2010年10月,廈門大學臺灣研究院李鵬教授對「兩岸軍事安全互信機制」與「信心建立措施」的含義進行對比指出,大陸所強調的「兩岸軍事安全互信機制」是一個全方位解決兩岸軍事安全問題的綜合性概念,是一種比「信心建立措施」有著更高的高度、更長遠的目標和更務實思路的主張,它的外延和內涵都比「信心建立措施」更廣更深。這就決定了兩岸軍事安全互信機制不是從軍事到軍事,不是「頭痛醫頭、腳痛醫腳」的治標之策,而是尋求從根本上解決與臺海安全形勢、臺灣安全顧慮相關的一系列問題,包括兩岸政治互信、結束敵對狀態、和平協議,以及應對外部勢力的干預等

等問題。因此，兩岸軍事安全互信機制不僅應該包括信心建立措施的相關內容，借鑑信心建立措施的相關經驗，更應該立足於兩岸的政治和安全現實，從「既要治標、也要治本」的角度，來思考發展兩岸軍事關係和維護臺海和平安全問題。[19]

對於這種用語的差異，臺灣學者也有所關注。2009年1月1日，臺海網曾引用臺灣媒體報導指出，臺灣前國防部副部長林中斌認為，胡錦濤所提的建立軍事安全互信機制，內涵恐怕與臺灣所謂的建立兩岸軍事互信機制不同。林中斌說，臺灣所提的軍事互信機制，是過去美蘇建立的信心建立措施（CBMs），是以對等地位所建立的軍事互信機制，但大陸這次所提的是軍事安全互信機制。據他瞭解，其內涵不同於臺灣認知的CBMs，名稱上的些許差異，某部分就是顯現這項機制並非過去國際上國與國間的軍事互信機制，不過對於名稱上的不同，馬政府應該也能接受。[20]2009年1月16日，《國際先驅導報》在採訪臺灣知名軍事專家、《亞太防務》雜誌主編鄭繼文先生時，專門提出過類似問題：臺灣方面如何理解胡錦濤主席提出的「兩岸軍事安全互信機制」？是否在意大陸提出的「軍事安全互信」與臺灣提出的「軍事互信」在提法上的不同？臺灣所說的「兩岸軍事互信機制」內涵又是什麼？目的與大陸是否相同等問題？但對方沒有直接回答。[21]

更多相關文獻筆者未見，但是一個顯而易見的事實是，胡錦濤2008年12月31日講話後，在大陸官方人士以及主流學者的正式用語中，再沒有出現過「軍事互信機制」，「軍事安全互信機制」成為標準說法。對於用詞十分謹慎的大陸官方來講，其中的政策寓意當然值得關注。依筆者之見，用語的變化並非顯示出大陸政策的調整，但也蘊含深意。長期以來，儘管兩岸都使用「軍事互信機制」這一用語，但對其理解卻大相逕庭，臺灣認為軍事互信機制就是國際間的CBMs，是一系列僅限於調節軍事關係措施的組合，而大陸卻強調政治軍事不可分的原則，認為必須包含基本的政治條件。考

慮到上述背景因素，可以認為，大陸以「軍事安全互信機制」替換過去曾經使用的「軍事互信機制」，目的並不在於傳遞政策調整的信號，而是彰顯既有差異，以示區隔。

2012年11月召開的中共十八大，在總結過去對臺工作理論和實踐創新的基礎上，提出了今後一個時期對臺工作的指導思想和基本要求。十八大報告提出，希望雙方共同努力，探討國家尚未統一特殊情況下的兩岸政治關係，作出合情合理安排；商談建立兩岸軍事安全互信機制，穩定臺海局勢；協商達成和平協議，開創兩岸關係和平發展新前景。把建立軍事安全互信機制寫入黨代表大會報告，這是第一次，顯示中共對此政策的重視。考慮到中共領導集體換屆的背景，也可以看出中共對臺政策的連續性。

鑒於馬英九執政後不久，臺灣當局便不斷提高建立兩岸軍事安全互信機制要價，實則推諉迴避的一系列做法，大陸採取了積極推動、務實處理的態度。首先，針對各種具體議題持續表達善意。除不斷提出協商建立軍事互信機制呼籲外，大陸領導人還對導彈問題的解決表示樂觀，國臺辦、國防部發言人多次表示，對於臺灣方面關心的軍事安全方面的具體問題，可以在兩岸探討建立軍事安全互信機制的時候進行討論。其次，大陸領導人和臺辦負責人在各種場合向臺灣方面表明，兩岸要為解決政治軍事問題創造條件，以雙方都能接受的方式來逐步探討政治和軍事等敏感問題。最後，同樣十分重要的是，面對臺灣在政治軍事議題上的退縮，大陸沒有表現出硬逼臺灣上談判桌的意思。大陸多次表示，要遵循先經後政、先易後難、循序漸進的思路構建兩岸和平發展框架，即使馬英九第二任期依然如此。

第二節 臺灣以建立信任措施CBMs為基本內容的兩岸軍事安全互信機制構想

一、李登輝時期：以機制化方式緩解兩岸軍事敵對構想的醞釀與提出

　　自1979年1月1日大陸人大常委會發表《告臺灣同胞書》到八十年代末，對於大陸在和平統一大政方針指導下，逐步提出的一系列透過和平談判實現國家統一構想，臺灣當局以「不接觸、不談判、不妥協」的「三不」政策加以回絕。《告臺灣同胞書》發表當天，臺灣當局就宣稱：「我們在任何情況下都絕不會同中國共產黨進行任何形式的談判。」1月3日，蔣經國在國民黨中常會上稱大陸的行為是「故作姿態」、「統戰伎倆」。1980年6月9日蔣經國提出了「以三民主義統一中國」的主張，以抗衡大陸提出的「和平統一、一國兩制」方針。1987年臺灣當局迫於壓力開放大陸探親，同時又宣布「反共復國與光復國土目標不變；確保國家安全，防止中共統戰」，並重申「三不」立場。[22]

　　後人對蔣經國提出的「三不」立場多不理解，特別是在大陸，一些人認為既然蔣經國堅持「一個中國」立場，大陸又主動提出和平統一的優厚條件，蔣經國就應順應時勢，共促統一，奈何嚴辭拒絕，使兩岸同胞與統一失之交臂呢？然而，如果我們認真分析臺灣當局上層人士對「三不」政策的辯解，就不難看出其中的道理。1980年7月15日，行政院長孫運璿在「國家建設研究會」開幕詞中說：臺灣「不是不與中共談判，而是一旦談判中共必然提出許多條件，而這些條件我們絕對不能接受」。23日，他又表示之所以不能談，是要堅持「我們的先決條件」。1982年7月22日，蔣經國在接

見「國建會」成員時宣稱，臺灣拒絕與中共談判、接觸，是因為只要稱有表示與中共試試談談，臺灣軍民民心就會動搖，所以這是萬萬試不得的事情，不管人家如何批評，臺灣的基本立場決不能改變。同年10月15日，孫運璿還聲稱：臺灣絕不能與大陸談判，和談是另一種戰爭。透過臺灣當局上層人士的上述辯解不難看出：蔣氏父子堅持「一個中國」是有條件的，就是必須「以三民主義統一中國」；如果不能「以三民主義統一中國」，他們絕不會捨棄「中華民國」來追求中國的統一。和平談判同樣需要信心和實力，臺灣當局既不願犧牲「中華民國」，又無統一國家的信心和實力，最後走向偏安自保、抗拒統一幾乎是不可避免的。

1988年1月蔣經國去世，臺灣迎來李登輝時代。當時，兩岸關係面臨這樣一種情勢：一方面，兩岸在政治、軍事方面的敵對與僵持仍在繼續，自1949年以後四十多年乃至中國近代以來兩岸積累起來的各種矛盾短期內難以化解；另一方面，繼1979年大陸提出和平統一方針後，臺灣當局於1987年開放大陸探親，兩岸經濟社會交流的大門已經打開，結束兩岸中國人之間的敵對與僵持、實現國家和平統一，成為海內外大多數中國人的共同心願。兩岸形勢的發展使臺灣當局呈現出一種矛盾心態，既要堅持「中華民國」的「法統」地位，又不能無視中華人民共和國在國際間存在並日益強大的事實；既要竭力維持兩岸政治法律上互不隸屬的局面，又不能斷然拂逆海內外中國人實現國家統一的熱切願望而必須在國家統一問題上有所表示；既無力化解兩岸政治上的敵對狀態，又試圖在軍事安全方面採取一些降低對抗的措施，期望為臺灣長期「獨立」於大陸之外生存發展創造一個可以預期的安全環境。在這種複雜心態作用下，臺灣當局逐步提出了以建立某種機制規範兩岸經常性交流、解決兩岸各種分歧特別是臺灣安全顧慮的戰略構想。

1991年2月13日，臺行政院長郝柏村在年終記者會中指出，除非兩岸簽訂「停火協議」，否則兩岸還是處於交戰狀態。郝柏村表

示，隨著兩岸關係的變化，兩岸應共同逐步由現階段雙方隨時可能發動戰爭的交戰狀態，轉變為雙方正式簽訂「停火協議」，終止敵對狀態。[23]郝柏村的談話反映出臺灣當局試圖緩解兩岸軍事敵對、減輕軍事安全壓力的願望。

1991年2月23日，臺灣「國統會」透過的「國家統一綱領」強調：「海峽兩岸應在理性、和平、對等、互惠的前提下，經過適當時期的坦誠交流、合作、協商，建立民主、自由、均富的共識，共同重建一個統一的中國。」該綱領把兩岸統一進程區分三個階段：近程——交流互惠階段、中程——互信合作階段、遠程——協商統一階段。其中交流互惠階段提出了「以交流促進瞭解，以互惠化解敵意；在交流中不危及對方的安全與安定，在互惠中不否定對方為政治實體，以建立良性互動關係」；「建立兩岸交流秩序，制訂交流規範」；「兩岸應摒除敵對狀態，並在一個中國的原則下，以和平方式解決一切爭端」；等等。這些措施充分顯現出臺灣當局企圖以建立各種機制促進兩岸交流、降低兩岸軍事敵對的願望。但後來臺灣當局逐步將一個中國原則抽象化、空洞化，再加上國際因素的縱容干擾，終於導致1995年—1996年的臺海危機。

1996年以後，作為危機反思的一部分，臺國防部內部開始評估建立兩岸軍事互信的可行性，並逐步提出了建立兩岸軍事互信機制的若干想法。1996年12月7日，「國家發展會議」兩岸關係議題組，參照國際間結束敵對狀態的做法，提出簽署結束兩岸敵對狀態停戰協定的內容要件，其中包括宣布放棄以武力解決一切爭端、架設熱線並互派代表、軍事演習與軍事建制調動事先通報，以及設立監督委員會進行查證工作等。[24]1998年4月17日，臺行政院長蕭萬長在「立法院」答詢時提出，支持「與北京交換軍事演習資訊，建立互信機制以避免因誤判而引發戰爭」，「希望和中共交換演習資訊及演習透明化」，以「降低敵意」和「維持兩岸與亞太地區的和平穩定」[25]。這是臺灣當局高層首次明確提出建立兩岸軍事互信

機制的具體主張。1998年6月15日，李登輝在接受美國《時代》雜誌專訪時首度公開建議：兩岸應該建立某種機制，以便能在產生誤解時相互通知。[26]1998年底，臺「行政院大陸委員會」主委張京育再次提出：「軍事互信可說是終止敵對的一部分，用意在希望雙方不要相互猜忌，雖然不能說可以完全消弭敵意，但有一些是單方面就可以做的，比如軍事預算透明化、不以對方為演習對象等，以使兩岸之間減少猜忌」[27]。1999年4月9日，李登輝在「國家統一委員會」上提出「加強對話、恢復協商、擴大交流、縮小差距」四項主張，表示歡迎汪道涵來訪，接續上年的建設性對話，進而促成兩岸領導人會晤；兩岸應該盡速恢複製度化協商，以解決雙方交流所衍生的問題，逐步建立兩岸和平穩定的機制。[28] 1999年4月30日，海峽交流基金會董事長辜振甫，就預定當年秋天在臺北舉行的汪辜會談問題表示：如果大陸方面提出建議，那麼，臺灣方面也將同意就軍事問題進行磋商。另外，鑒於大陸增強導彈和臺灣配備戰區導彈防禦系統問題已經成為兩岸之間最大的對立因素，辜振甫董事長指出：「戰區導彈防禦系統始終是防禦性的，尚處於研究階段。」與此同時，該董事長指出：「如果汪道涵會長提出這一問題，則加以說明。」[29]後因李登輝發表「兩國論」，預定的兩會領導人會面未能實現。

總的看，這一時期臺灣當局關於在兩岸建立某種機制以緩和兩岸軍事緊張、化解軍事敵對的想法還處於醞釀與論證階段，臺灣方面提出了一些不甚具體的措施，帶有較強的試探色彩。1998年3月，臺國防部發佈「國防報告書」提出了「共同安全、預防戰爭」的軍事政策，指出「本著『以和弭戰』的精神拓展軍事外交，暢通溝通管道、升高互信，建立軍事行動規範，避免因誤解、誤判而發生戰爭」[30]。其中雖有建立軍事互信的內容，但表述十分隱晦籠統，僅把它作為軍事外交的重要內容，沒有直接針對大陸。

臺灣軍方對這一機制的態度更值得關注。此一時期，臺灣軍方

把該機制稱為「軍事預警制度」，認為它的約束範圍僅限於雙方軍事領域。1998年7月7日，臺國防部軍事發言人孔繁定針對「兩岸建立軍事預警制度」做出三項說明：第一，其目的是促使臺方與大陸軍事透明化，避免誤判而引發戰爭；第二，國防部將遵照政府既定政策，持續推動兩岸關係發展，因此目前採用「防衛固守、有效嚇阻」的軍事戰略；第三，國防部將在兼顧「國防安全」的原則下，除繼續透過軍事記者會和資訊網站主動公開防衛訊息外，現正在蒐集冷戰時期東西方敵對集團為避免戰爭而設立軍事預警制度的例子，加以研究，以作為參考。[31]

臺灣軍方深知該機制的建立需要兩岸共同合作，沒有政治條件配合很難實施，因而對該機制是否能夠建立並不抱多大希望。1998年7月15日，臺「國防部長」蔣仲苓表示：建立軍事預警制度，不是臺方一廂情願可以做的事情，固然可以開展研究，但這牽涉到兩岸態度，因此一切言之過早，只有等「國統綱領」進程進入中程階段之後才有可能。[32]1999年2月9日，臺「國防部長」唐飛在國防部召開記者招待會，表示贊成兩岸建立預警機制，但他認為須透過政治對話方能推動。[33]

二、陳水扁時期：臺獨基礎上兩岸軍事互信機制的主要版本

2000年3月，民進黨推出的候選人陳水扁在臺灣「大選」中獲勝。陳水扁執政的八年是臺灣當局鼓吹兩岸軍事互信最為猛烈的時期，提出的版本之多、建議之頻繁至今未被超越。但是，由於陳水扁拒絕接受一個中國原則和「九二共識」，並加緊利用「公投」、「憲改」等方式，大搞臺獨分裂活動，這些提議被普遍視為是欺騙臺灣民眾和國際輿論的幌子，不僅中國大陸這樣看，台灣大多數民眾和包括美國在內的國際社會也這麼看。

1999年11月，民進黨中央黨部發表「國防政策白皮書」，提出「主動信任建立、促進軍事互信」。白皮書稱要在現有兩岸關係的基礎上，以「主動式的信心建立措施」，增強兩岸的互信基礎，「以降低臺海緊張情勢，為亞太地區營造安全穩定環境，以利共同發展」。所謂「主動式的信心建立措施」，「就在以積極的態度傳達善意，且信心建立的對象包括周邊國家與地區，並不僅限於中國。」白皮書根據冷戰時歐洲實行「信心暨安全建立措施」（Confidence and Security Building Measure，CSBM）的經驗，提出了建立兩岸軍事互信的六項措施，包括宣示性措施、資訊性措施、溝通性措施、限制性措施、查證性措施、規範性措施，等等。[34]到2000年臺灣「大選」，建立兩岸軍事互信機製成為藍、綠競選人共同宣傳的熱門話題。

　　2000年臺灣「國防報告書」是陳水扁當選後公佈的第一部「國防白皮書」，有關兩岸軍事互信機制的主張體現在「現階段國防政策」之「國防軍事願景」的第四條，其中提出，「促進軍事交流與互信，建構國家安全環境。除主動與各國開展軍事交流，增強區域安全措施外，將視中共態度，循序漸進逐步推動兩岸間制度化的軍事互信機制，近程嘗試促進兩岸軍事透明化，以降低彼此緊張情勢；中、長程建立兩岸軍事互信機制，以追求臺海永久和平，共創繁榮與發展。」[35]與前述1998年「國防報告書」的表述相比，2000年「國防報告書」有兩個不同：一是目標針對性更強，明確提出了在兩岸間推動建立軍事互信機制；二是內容更加具體，區分出近、中、長程的目標。可見，經過此前一個時期的研擬，臺灣當局已經形成了比較穩定的看法和主張，推行兩岸軍事互信機制的意願更為明確。

　　不過，對於在兩岸政治立場差異巨大、政治敵對依舊的情況下，兩岸軍事互信機制是否能夠建立，軍方一些人感到沒有把握，他們甚至還擔心機制的建立會危及臺灣自身的安全。據2000年6月

23日「中央社」報導,「國防部常務次長」孫韜玉在「立院公聽會」中指出,在政治歧見未解決前,相關機制如果貿然先行成立,只會讓「國家安全」冒更大風險,因此國防部建議,相關機制最好配合政治談判的進程,循序漸進、逐步推行。[36]這顯示軍方仍堅持政治軍事不可分的原則,對建立兩岸軍事安全抱持十分慎重、相對悲觀的態度。

在那段時期,陳水扁為謀求「兩岸和平」擺出高姿態,不僅調子很高,步子也走在軍方前頭。2000年12月15日,陳水扁接見參加臺灣綜合研究院舉辦的「2000年臺灣安全——回顧與展望」學術研討會的外國學者時表示,兩岸關係的穩定是第一要務,希望兩岸關係能早日正常化。除加強與大陸的經貿關係外,為避免因彼此隔閡而導致對軍事資訊不必要的誤解和誤判,兩岸有必要建立軍事互信機制。陳水扁還認為,只要能走出第一步,就是好事。[37]2001年4月中美南海撞機事件發生後,陳水扁連續在多個場合,以撞機事件為例強調兩岸設立「信任建立措施」的重要性。2002年,經陳水扁授意,臺當局國防部設立專項研究該議題,並指定「中華戰略學會」提出項目報告,執筆人為該學會秘書長、前「作戰處長」謝臺喜。此前,謝臺喜於2001年7月曾隨前「總政戰部主任」許歷農一行四十多位退役臺軍將領訪問北京,受到高規格接待,並與大陸就兩岸戰爭與和平問題交換過意見,感到「解放軍並非不能溝通」。幾個月後,四萬多字的項目報告出爐,直接面呈「國防部長」湯曜明。但不久陳水扁提出「一邊一國」主張,兩岸關係再度緊繃。[38]

在陳水扁的授意下,臺灣國防部2002年、2004年「國防報告書」進一步闡述了臺灣方面關於兩岸軍事互信機制的具體構想。2002年報告書第三章「國家安全政策」提出七項政策,其中第一項即為「建構穩健兩岸政策,促進兩岸良性互動」,提出「擱置爭議,擴大合作,促進交流,增進互信,確保安定。秉持『善意和

解、積極合作、永久和平』原則,營造兩岸良性互動氣氛,以持續推動兩岸關係正常化;在既有基礎上,持續溝通交流,共謀處理雙方歧見,以建立雙方互信,尋求永久和平」。報告書第四章「國防政策與軍事戰略」的第三節「國防施政方針」指出,「為促進兩岸軍事透明化,避免誤判情勢而導致戰爭,全力支持政府透過安全對話與交流,建立兩岸軍事互信機制,以追求臺海永久和平」。在第六章「軍事交流」中,報告書首度以「兩岸軍事互信機制研究為題」,用一整節篇幅闡述臺灣當局關於兩岸軍事互信機制的主張,主要內容分為概述、現階段國防部對建立兩岸「軍事互信機制」之認知情形、兩岸建立軍事互信機制之展望三個部分。報告書指出了建立兩岸軍事互信機制的五個目的:(一)增進軍事活動的透明化。(二)降低因誤會、誤判、誤解而導致不必要之軍事衝突。(三)抑止以威嚇為目的之武力展示,並使奇襲行動更加困難。(四)加強兩岸間之溝通。(五)維持區域穩定與和平。報告書在闡述影響兩岸軍事互信機制的政治意願時,沒有指出兩岸政治分歧,只是以「雙方決策高層或民意上須一定程度的意願」一帶而過,因而把機制不能建立的原因歸咎於大陸,強調「中共因為不願於國際間造成其默認我為政治實體之事實,因此,現階段仍排斥與我建立軍事互信機制」。報告書把兩岸軍事互信機制區分為近程、中程、遠程三個階段規劃執行。(一)近程:1.一般性的國際資訊公開,逐漸增加軍備透明度。2.落實海上人道救援協議。3.軍事演習慎選區域、時機,軍事行動及演習事先告知。4.透過海基會與海協會建立溝通管道。5.增加溝通管道。(二)中程:1.不針對對方採取軍事行動。2.建立兩岸領導人熱線機制。3.中低階層軍事人員交流互訪。4.相互派員觀摩軍事演習及雙方軍事基地開放參觀。5.建立軍事高層人員安全對話機制、定期舉行軍事協商會議。6.海軍艦艇互相訪問。7.劃定兩岸非軍事區,建立軍事緩衝地帶。8.軍事資料交換。9.落實檢證性措施。(三)遠程:結束敵對狀態,簽訂

兩岸和平協定。

　　2004年「國防報告書」對軍事互信機制的論述有兩個特點：一是把兩岸軍事互信作為實現「預防戰爭」目標的重要手段。該報告書把預防戰爭作為「國防政策」的基本目標之一，指出為達此目的，必須採取「接觸」與「嚇阻」相輔相成的雙重戰略。一方面以交流促進瞭解，以互惠化解敵意，逐步建立軍事互信機制；另一方面則持續凝聚堅強國防意識，建立全民防衛戰力，並爭取亞太區域安全合作及國際社會支持，使敵不敢輕啟戰端。二是把兩岸軍事互信作為陳水扁提出的「兩岸和平穩定互動架構」的重要組成部分來論述。「和平穩定互動架構」由陳水扁於2003年元旦文告中首次提出，後逐步形成所謂「一個原則、四大議題」（如圖1-1所示）：一個原則是確立和平原則，四大議題包括建立協商機制、對等互惠交往、建構政治關係、防止軍事衝突。

```
                確立和平原則
        ┌───────┬───────┼───────┬───────┐
    建立協商機制  對等互惠交往  建構政治關係  防止軍事衝突
```

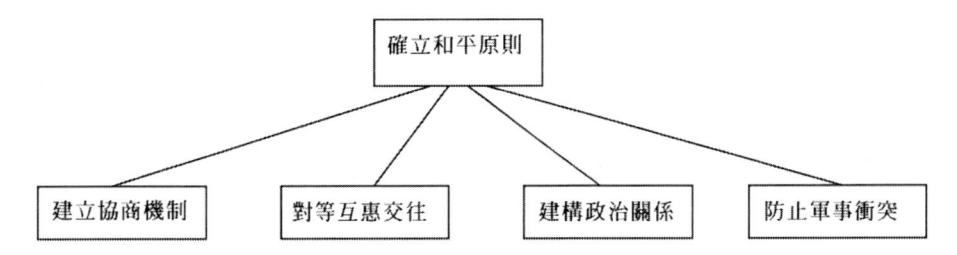

圖1-1 2003年陳水扁提出的「和平穩定互動架構」示意圖

　　2004年10月10日，陳水扁在「國慶」致辭中則進一步提出「兩岸正式結束敵對狀態」、「建立兩岸軍事互信機制」、「檢討兩岸軍備政策」及「形成海峽行為準則」等主張。基於這種定位，2004年「國防報告書」進一步對近程、中程、遠程階段進行了區分定位：近程階段——「互通善意，存異求同」；中程階段——「建立規範，穩固互信」；遠程階段——「終止敵對，確保和平」。同時，在2002年報告書的基礎上對各階段的具體任務進行了調整。為體現陳水扁簽訂《海峽行為準則》的提議，該報告書還第一次明確

提出七條具體措施，規範雙方航空器、船舶、潛艇在臺灣海峽的活動，要求雙方在金門、馬祖、東引、烏坵等外島及福建東南沿海實施演訓及火炮射擊應依國際規範公告通知。

　　2006年5月，臺灣當局公佈第一個「國家安全報告」，報告繼續鼓吹推動兩岸建立「和平穩定互動架構」，並提出了預防軍事衝突的具體措施：為降低臺海緊張，雙方應思考設立非軍事區，包括移除戰鬥人員、設備與部署的導彈，藉以創造時間和空間上的緩衝地帶；採取預防軍事衝突的措施，如軍機、軍艦近距離接觸的規則與程序；禁止施行軍事與經濟封鎖；訂定規範海上漁業活動的規則與公約，以預防情勢升高為軍事衝突；訂定雙方軍事演習的規則與公約，並將演習區域也納入指定範圍；以適當的形式進行軍事人員的交流；以及設立一個獨立的監督委員會。

　　如果僅從軍事角度分析，陳水扁提出的兩岸軍事互信機制主張可謂內容完備、考慮周詳。但是，由於陳水扁拒絕承認「一個中國」、「九二共識」，把兩岸關係定位於「一邊一國」，並一意孤行推動各種臺獨分裂活動，決定了其「和平藍圖」不論多麼宏偉，「和平口號」無論多麼誘人，都不可能取得真正的效果。2006年8月29日，臺公佈「國防報告書」，將未能建立兩岸軍事互信機制歸咎於「中共欠缺善意」和「頒布《反分裂國家法》」，代表著陳水扁「和平攻勢」的終結。此後，陳水扁撕下和平的偽裝，變本加厲地推動「公投」、「憲改」等法理臺獨措施，完全暴露出其真臺獨、假和平的本來面目。

三、馬英九時期：建立兩岸軍事互信機制的主張與作為

　　2008年3月，堅持一個中國原則、主張在「九二共識」基礎上

發展兩岸關係的馬英九在「大選」中獲勝，為國民黨泛藍集團推行其多年來形成的改善兩岸軍事安全關係的構想開闢了道路。

國民黨多年來一直是兩岸軍事互信機制的鼓吹者。2000年2月17日，國民黨「總統」候選人連戰正式提出「大陸政策主張」，其中包括協商建立兩岸軍事互信機制，推動軍事相關人員交流互訪，以及演習通報、查證與互派觀察員，並建立雙方領導人「熱線」，簽署兩岸和平協定，以正式結束敵對狀態，創建「臺海和平區」，確保兩岸繁榮發展及亞太安全等內容。[39]2005年4月，國民黨主席連戰訪問大陸，4月29日，「胡連會」新聞公報提出：「促進正式結束兩岸敵對狀態，達成和平協議，建構兩岸關係和平穩定發展的架構，包括建立軍事互信機制，避免兩岸軍事衝突。」2005年，馬英九當選國民黨主席後表示，將完成「胡連會」達成的五點願景發展兩岸關係。

與陳水扁提出的所謂「不預設前提」、「只要和平」的軍事互信機制不同，國民黨認為兩岸軍事互信機制必須建立在堅持「九二共識」、反對臺獨的基礎之上。因此，無論連戰還是馬英九都強調，國民黨提出軍事互信機制背後有政治的互信在維持，而且「機制是制度的建立，不僅是口頭的承諾」。一旦兩岸建立軍事互信制度，所有具體步驟上的要求，將逐步、甚至在整體上得到改善。[40]正是由於國民黨堅持這些主張，2008年選舉過後，人們把多年來積累的對和平的期待寄託在新當選的馬英九身上。

馬英九執政初期，隨著兩岸兩會在「九二共識」基礎上恢復協商談判並取得重要成果，臺灣當局對兩岸建立軍事互信機製表現出較為積極的態度，包括馬英九及臺行政部門也多次提出將建立兩岸軍事互信機制與簽署和平協議作為重要施政目標。

面對臺灣當局有關建立兩岸軍事互信機制的政策，臺軍方表示將配合當局政策推動，並成立智庫從事相關議題研究。2008年6月3

日,臺時任「國防部長」陳肇敏在「立法院」答詢時表示,關於建立兩岸軍事互信機制,國防部已訂出政策綱領草案,初期希望公佈「國防報告書」,預先公告演習活動,保證不率先攻擊,並遵守核武「五不政策」,同時主動公佈海峽行動準則。陳肇敏指出,軍事互信機制將分近程、中程、遠程三階段進行;近程上,推動非官方接觸,優先解決事務性議題;中程上,推動「官方」接觸,降低敵意,防止軍事誤判;遠程則是確保兩岸永久和平。2008年12月31日,胡錦濤發表「胡六點」重要講話以後,翌年1月7日,陳肇敏在「新聞局」舉行政策系列說明會上表示,國防部樂見胡錦濤提出建立兩岸軍事互信機制,會完全配合當局政策走向來做,有關兩岸軍事互信機制,國防部早就規劃,會依靠現狀及未來發展的預判,陸續修訂原來相關的實施計劃,以符合實際狀況。[41]11月12日,「國防部副部長」趙世璋又在「立法院」表示,國防部準備成立智庫研究兩岸軍事互信機制與兩岸情勢議題。[42]

但是,隨著執政條件的變化,臺灣方面對軍事互信機制的態度也發生了一些變化。對於兩岸軍事安全問題,馬英九原來一向比較務實和理性,不大提什麼「撤飛彈」問題。2005年7月,馬英九當選國民黨主席,當中國新聞社記者問他是否會把「胡連會」達成的願景作為未來兩岸關係的框架時,馬英九對五項願景表示完全肯定,他還專門把和平協議、軍事互信機制與民進黨提出的「撤飛彈」相比較,特別指出:「例如和平協議跟軍事互信機制,像這樣的承諾,其實就比民進黨主張的撤除飛彈要更有實質的意義,因為撤除飛彈是非常技術性的動作,它隨時可以恢復,但軍事互信機制背後有政治的互信在維持,效果很不一樣。」[43]當選「總統」以後,馬英九的態度似乎發生一些變化,2008年3月23日,馬英九對國際媒體談兩岸關係時表示,談和平協議沒有時間表,談判前會要求對岸撤除瞄準臺灣的飛彈。但他同時也強調大陸是威脅、也是機會,臺灣應該將威脅降到最低,把機會提到最高。[44]2009年秋季以

後，馬英九一再呼籲大陸要先撤除飛彈，才能談兩岸軍事互信機制問題。同時，臺灣軍政要員每當談及兩岸軍事互信機制，都堅持大陸首先要撤除對臺飛彈以展現誠意。2009年3月16日，陳肇敏在「立法院」就推動兩岸軍事交流接受質詢時首度提出，「國軍」與對岸進行軍事交流的前提，必須包括中共先放棄對臺動武、撤除對臺飛彈、去除「一中」框架等三要素。陳肇敏說，現在並非兩岸軍事交流最好時機，因為互信機制走出去就沒有回頭路，加上牽涉國家安全，必須很慎重，要國家安全先確保後，再一步一步走。[45]同一天，臺國防部公佈的臺灣首部「四年期國防總檢討」指責大陸「仍保留對臺使用武力的選項」、「軍事整備仍具對臺針對性」、「軍事現代化透明度仍然不足」，報告同時指出，臺海之間的「信心建立措施」至今仍進展有限，目前兩岸僅有各自片面的採取宣誓性、透明性或若干默契措施，例如公佈國防報告書、公佈重大演習計劃及機艦活動範圍自制等，而未能進一步推展至溝通性（如建立熱線）、規範性（如訂定海峽行為準則、雙方機艦遭遇行為協定等）或限制性措施（如限制特定兵力之部署與軍事活動、裁減兵力等），使得兩岸仍存在軍事意外和衝突的風險。「國防部戰略規劃司司長」李喜明在公佈第一個「四年期國防總檢討」的記者會上也強調，兩岸建立軍事互信機制是臺海穩定和平的手段之一，不過目前環境還不成熟，雙方必須先建立政治互信，臺灣也必須考慮國際和區域朋友，以及凝聚內部的共識。[46]10月20日，臺公佈2009年「國防報告書」，雖將軍事互信機制納入其中，聲稱將朝著建立溝通熱線、訂定海峽行為準則等規範、限制特定兵力部署和軍事活動等三個方面來著手進行，但又重彈「撤飛彈」前提，並聲稱推動期程沒有時間表。11月12日，「國防部副部長」趙世璋在「立法院」又強調，目前建立兩岸軍事互信機制，時機仍未成熟，當前的兩岸政策仍是「先易後難，先經後政」。[47]2010年5月26日，臺「國防部副部長」楊念祖在美甚至表示，軍事互信機制不是臺國防部的政

策、臺灣沒有要推動軍事互信機制。臺國防部隨即證實，軍事互信機制協商條件尚未成熟，臺灣當局未預設時間表，楊念祖發言與當局政策一致。[48] 2010年臺灣中止了有意推動建立兩岸軍事互信機制的兩岸退役軍人互訪活動。2011年5月，馬英九提出強化「國家安全」的「三道防線」，第一道就是「兩岸和解制度化」。按常理講，建立兩岸軍事安全互信機制應是「兩岸和平制度化」不可或缺的內容，但馬英九論述時卻未見著墨。

2011年10月17日，正當臺灣選舉進入白熱化時期，馬英九在「黃金十年，國家願景」記者會上表示，未來十年在循序漸進狀況下，將審慎斟酌是否洽簽「兩岸和平協議」。馬英九也提出洽簽「兩岸和平協議」三個前提：一是民意高度支持；二是「國家」確實需要；三是「國會」監督。對於未來4年任期內是否會推動兩岸政治對話？他強調要看時機是否成熟，但不會以時間表來決定推動時機，所謂的時機，就是指是否能達到三個前提條件。[49]三天之後，迫於反對黨壓力，馬又把「公民投票」作為條件是否成熟的標準，稱如果「公投」沒過，就不會簽署和平協議。[50]實際相當於放棄把該議題作為其競選政見。

馬英九連任後一直對兩岸和平協議避而不談。2012年11月2日，正值中共十八大召開前夕，馬英九接受《亞洲週刊》採訪，對記者提出的是否考慮與對岸簽署和平協議問題，馬英九作出這樣一番解釋。他說，一般來說，簽署和平協議一定是因為之前有戰爭，從停火、停戰到和平協議，對兩岸來說，這階段早就過去，1979年中共與美國建交時，也宣布不再炮轟金門；之後雙方有了接觸，也設立海基與海協兩會，到今年已20年，交流至今，兩岸直航飛機每週有558班次，因此，以現在的情況，如簽署兩岸和平協議，內容還能增加什麼？ 他還表示，目前兩岸已簽署的協議有18項，每一項的基礎都是和平。馬英九特別強調，去年將兩岸和平協議的想法放進「黃金十年」的規劃中，這是他4年前的政見，也是「連胡

會」的內容，但目前民眾對此還有許多疑慮。[51]

耐人尋味的是，「總統府」把公佈這次採訪「完整內容」的時間選擇在11月8日晚上。當晚發生的另一事件是，臺灣軍方發言人羅紹和表示，兩岸建立軍事互信機制的主客觀條件還不成熟，也還不到推動時機。[52]就在同一天上午，中共十八大報告再次提出建立軍事安全互信機制主張。

種種跡象顯示，在兩岸政治議題尚未啟動之前，臺灣軍方對推動建立兩岸軍事互信機制顧慮重重，目前仍處於政策口號多於實質行動的階段。對此，臺灣前「國防部副部長」、淡江大學國際事務與戰略研究所教授林中斌早就表示，馬政府並不希望那麼快與大陸建立軍事互信機制，北京方面倒是有這個意願推動。[53]

以上所述只是問題的一方面。另一方面也應實事求是地看到，馬英九上臺以後，兩岸軍事關係總體上更緩和了，馬英九在兩岸軍事安全互信機制問題上講得不多，但還是做了一些增進互信的實事。

一是將軍事戰略向「守勢防衛」轉變。馬英九多次強調，臺灣要以「不統、不獨、不武」為基本思想，以「守勢戰略」為指導，「止戰而不懼戰、備戰而不求戰」，全力打造一支「小而美、小而強」的精銳勁旅。在「守勢戰略」指導下，臺軍保證「不率先攻擊」大陸，遵守核武「五不」政策（即臺灣堅持不生產、不發展、不取得、不儲存、不使用核武器）。馬英九宣布停止研發射程在1000公里以上的「雄風－2E型」導彈。在2008年臺軍的「漢光24號」演習兵棋推演中，具有挑釁性的攻擊性武器都未在演習想定中出現。2009年推出的演訓改革中又將一年一度的「漢光」實兵演練改為兩年一次。

二是恢復臺軍效忠「中華民國」的傳統價值觀念。馬英九上臺後，全面調整臺軍政戰教育，淡化臺獨傾向，強化「傳統教育」和

「大中華」意識，恢復臺軍效忠「中華民國」的傳統價值觀念。馬英九就職當天，臺軍報紙《青年日報》中的宣傳口號由陳水扁時期帶有臺獨色彩的「為臺灣的國家生存而戰，為臺灣的自由民主而戰，為臺灣的安全福祉而戰」改為「為中華民國國家生存發展而戰、為臺澎金馬百姓安全福祉而戰」。馬英九還強調加強「黃埔精神」和「軍人武德」教育，帶頭高呼「發揚黃埔精神、中華民國萬歲」等口號，以「三軍統帥」身份帶頭讀訓。從總體看，這些措施雖體現了馬英九堅持把臺軍作為維持兩岸「和平分立」、抗衡大陸「和平統一」重要工具的思想，但客觀上也造成了強化軍隊「中華民國法統」意識、祛除臺獨思想影響的效果。

三是開放了一些具有政治軍事意義的兩岸交流合作活動。2008年5月以來，兩岸退役將領互訪十分密集，特別是2010年4月由前「總政戰部主任」許歷農率領的「新同盟會退役將領訪問團」訪問北京，高調表示要為兩岸軍事互信試水溫，受到大陸軍方高規格接待，引起外界注目。2009年11月，「兩岸一甲子」學術研討會在臺北舉行，討論議題涉及兩岸政治、軍事，大陸代表團成員中有軍事科學院原副院長李際均中將、國防大學戰略所原所長潘振強少將等退役將領。退役將領互訪雖沒有經過正式授權，但對於增進瞭解、積累互信、營造氛圍具有重要作用，以至於美國人都開始以美臺軍長期合作、恐將造成軍事計劃泄露為由「喊剎車」，其實是擔心兩岸交往過密使美國失去主導權。此外，馬英九上臺以來，適應兩岸直航需要，兩岸還進行了海上聯合搜救演習等準軍事部門的合作活動。

第三節 美國以「中程協議」為基本內容的兩岸軍事安全互信機制構想

臺灣問題是兩岸中國人之間的問題，兩岸的和平與統一，只能由兩岸中國人來決定。但毋庸諱言，兩岸長期敵對狀態的形成，與美國的強力幹涉有著密不可分的關係。出於對美國國家利益的維護，從二十世紀九十年代中後期開始，美國官方和智庫相繼提出一些在兩岸間建立某種機制以維持臺海和平穩定的設想。雖然美國不是也不應該成為兩岸各種交流對話的一方，美國自己也有「不做兩岸關係調解人」的承諾，但十幾年來美國各界的努力作為事實上對兩岸討論兩岸軍事互信機制話題產生了重要影響，考察美國各界提出的各種方案是梳理兩岸軍事安全互信機制來龍去脈的重要方面。

一、克林頓時期：「第二管道」與「中程協議」

1995年—1996年臺海危機的發生，促使美國重新思考其臺海政策。作為對這場危機反思的結果，自1998年開始，美國一些重量級學者開始提出「中程協議」（interim agreements）、「臨時性協議」（modus vivendi）等概念與主張，隨後克林頓政府的官員亦提出類似看法。這些協議從維護美國在臺海根本利益出發，試圖為臺海兩岸關係建立一套新的互動架構，以保持臺海地區的和平，避免類似1995年—1996年危機的發生，軍事安全問題是其中最重要的內容。

1998年1月初，美國一批不久前離職的高層官員相繼訪問北京和臺北，其中包括前國防部長佩里（William Perry）、前國家安全顧問雷克（Anthony Lake）、前助理國防部長約瑟夫·奈等。這被外

界稱為「第二管道」。1998年2月佩里在接受採訪時指出，開闢「第二管道」的目的是希望在體制外與中國高層領導人進行對話。美國跟中國有關臺灣問題的對話常不見功效，而高層官員又不能訪問臺灣，非正式對話因此可以彌補正式對話的不足。1998年7月13日，佩里在洛杉磯與臺「外交部長」胡志強見面時，討論了「第二管道」問題。佩里說，在有關臺灣問題上，「第二管道」對話可以扮演重要角色，而參與「第二管道」對話也可以做更多有利於兩岸的事情。與此同時，致力「第二管道」的建立，也是鼓勵海峽兩岸關係發展與建立互信的方法，並可增加海峽兩岸軍方的接觸。佩里稱，在美中關係全國委員會的支持下，他正在致力於「第二管道」的建立。

這一時期，美國重要的非官方組織——美國外交政策全國委員會推動並組織了以兩岸關係為議題，有大陸、臺灣及美國三方人士參加的圓桌會議，這一會議也被稱為「第二管道」。參加會議的成員既有各方的專家學者又有美國前政府官員或現任官員。1997年6月舉行了第一次圓桌會議，之後約每半年舉行一次，於1998年1月、1998年7月、1999年1月、1999年8月、2000年1月、2000年6月、2000年8月、2001年2月共舉行了9次圓桌會議。在第七次圓桌會議上，臺灣方面出席的人員有陳水扁的外交顧問蕭美琴、臺北市長馬英九和親民黨主席宋楚瑜的顧問吳瑞國；大陸方面參加的人員有社科院臺灣研究所所長許世詮、上海國際問題研究所所長楊潔勉、復旦大學美國研究中心主任倪世雄、前外交學院院長助理蘇格等。[54]

這些圓桌會議討論的主題非常廣泛，建立兩岸軍事互信機制是其中的重要內容。2000年10月，美國外交政策全國委員會在總結前八次圓桌會議的基礎上，由項目主任扎哥里亞執筆，發表了題為《海峽兩岸關係：打破僵局》的報告，指出當前兩岸僵局極其危險，嚴重威脅美國利益，建議大選後的美國新總統親自主導華盛頓

對兩岸政策，並與國會協同一致。報告建議，美國應維護其對一個中國的承諾，也要堅決反對大陸使用武力，聲明大陸若在臺灣未宣布「獨立」的情況下發動進攻，美國將會「做出反應」；美國應同時遵守中美三個聯合公報和《與臺灣關係法》，國會不應透過「加強臺灣安全法」，但可把它當作懸在大陸頭上的達摩克利斯之劍，以「嚇阻」大陸對臺灣採取軍事行動；繼續對臺供應防衛性武器，但不要直接把臺灣納入導彈防禦計劃；強調美國與中國保持積極關係的意願和好處，同時繼續保持與臺灣的經濟文化關係，包括中層官員的訪問；鼓勵雙方恢復政治對話，但不應向雙方提出任何解決問題的建言，不充當兩岸關係的調解人等等。[55]

　　2001年小布希政府上臺後，美國外交政策全國委員會一度受到冷落。但委員會仍透過與兩岸高層保持密切接觸，隨時向美國官方提供海峽兩岸的最新情勢以及兩岸高層的最新看法。一方面，委員會多次組團出訪大陸和臺灣，拜會兩岸高級官員；另一方面，它也經常在美國宴請來訪的兩岸客人，2002年以中國國家副主席身份訪美的胡錦濤、副總理錢其琛，以及2001年5月過境美國的陳水扁等都曾是委員會的座上客。另外，從2001年第9次圓桌會議結束至2004年底，委員會東北亞項目分別與大陸或臺灣進行過9次圓桌會議，儘管它已經不是兩岸三方共同參與的「第二管道」式的圓桌會議。

　　美國外交政策全國委員會的「第二管道」受到兩岸三方的高度讚揚。中華人民共和國前外交部長唐家璇在一次會見委員會代表團時說：「美國外交政策全國委員會是一個在中國外交界享有盛名的思想庫。它為促進中美關係作出了有益的貢獻。中國人民非常重視你們的到訪。」美國前國務卿科林·鮑威爾也曾說：「我因你們委員會圓桌會議上所產生的極具洞察、極為全面的分析而讚揚你們。你們的報告作出了有價值的、及時的貢獻，尤其是在對最近的中國副總理錢其琛的訪問上。美國外交政策全國委員會將持續獲得國際

事務圈內的高度尊敬。我們期望你們對這些困難但重要的問題持續作出努力。」[56]

美國外交政策委員會主持的「第二管道」對兩岸三方的政策決策產生了重要影響，其中最典型的就是提出了以「中程協議」為主要內容的維持兩岸和平構想。1998年2月，美國密歇根大學教授、後來出任白宮國家安全委員會亞太事務主任的李侃如在臺北的一個國際研討會上首次提出了大陸與臺灣簽訂一個「中程協議」的建議。其基本內容是：（1）雙方同意簽訂五十年的過渡協議，屆滿時雙方展開有關政治統一的正式談判。只有雙方皆出於自願時，才可將上述日期提前。（2）雙方同意，在此過渡時期內，臺灣和中華人民共和國皆存在於「一個中國」之內，彼此的關係既不屬於兩個排他的主權實體，也不屬於中央政府與地方省的關係，而是「臺灣海峽兩邊」的關係，任何一方都不能挑戰國家的統一。（3）臺灣方面明確表示它是中國的一部分，也不宣稱法理上的獨立。中華人民共和國則明確表示不使用武力解決臺灣問題。（4）在以上條件的基礎上雙方同意在過渡時期在國內事務與外交政策上保持自主權。（5）定期舉行高層次會議，以避免衝突並增進互信。（6）雙方以改國名來進一步降低緊張。中華人民共和國改名為「中國」，「中華民國」改名為「中國·臺灣」或類似稱謂。可以用「大中國」來統稱中國的兩個部分。（7）為確保協議的實施，雙方必須以立法進行具體化，兩岸並應成立某種形式的共同機構來監督或實施協議。[57]臺灣學者認為，李侃如所謂五十年過渡協議的說法，主要是以「一個中國」以及「統一為終局」作為前提，借此來安排兩岸之間在過渡時期的關係，其核心就是北京方面承諾不武，而臺灣承諾不「獨」。同時，在此架構之下雙方應展開政治談判，其議題可包括「三通」、臺灣軍購等各方面。[58]

1998年3月，哈佛大學甘迺迪學院院長、前美國助理國防部長約瑟夫·奈（Joseph S.Nye）在《華盛頓郵報》發表文章，公開提出

「一國三制」主張，其基本要素仍是「大陸不武、臺灣不獨」的兩岸相互保證。[59]

1998年7月11日，美前國防部長佩里在舊金山由美國人大會主辦的「美中關係：兩次高峰會後面向21世紀的目標」會議上，發表了《美中接觸之未來》（The Future of U.S.-China Engagement）一文，建議兩岸軍方發展建立信任措施（CBMs）。他主張：（1）兩岸軍方應將建立信任措施當作當務之急來處理，雙方要建立溝通管道；（2）兩岸軍方（即使在統一之後）應開始建立長期關係，為未來合作與協調打下基礎；（3）美國應該利用第二軌道對話的方式鼓勵兩岸軍方接觸及發展建立信任措施。[60]

1999年3月24日，美國主管亞太事務的助理國務卿羅思（Stanley Roth）在威爾遜中心與「美國在臺協會」聯合舉辦的《臺灣關係法》二十週年紀念會上的演講中，也提出了「中程協議」（interim agreements）的設想。他希望兩岸之間的對話，在結合「信心建立措施」（Confidence Building Measures）之下，能夠在一些困難議題上達成「中程協議」。他還表示美國一向堅持在兩岸和平解決分歧的情形下避免干預。這是美國政府官員首次公開提到「中程協議」。1999年4月，「美國在臺協會」臺北辦事處處長張戴佑（Darry Johnson）在中研院歐美所舉辦的《臺灣關係法》二十週年國際研討會上，特別引用羅思的談話，再度傳達美國政府希望兩岸達成「中程協議」的訊息。不過他當時也重申，美國無意扮演北京與臺北之間的調人；兩岸之間的問題，必須由雙方以相互可以接受的方法自行解決。

在同一場研討會中，另一位具有影響力的中國問題專家何漢理（Harry Harding）則提出另一種版本的「臨時協議」（modus vivendi）主張。在何漢理的這套「臨時協議」當中，兩岸應該相互保證，即只要臺灣不宣布「獨立」，中共就不以武力犯臺，而只

要中共不動武，臺灣也就不宣布「獨立」；此外，在此架構當中，也包括「三通」、臺灣「國際空間」、兩岸增加包括第二軌道的對話、發展信心建立措施、TMD等等議題。

「中程協議」的提出引起了臺灣方面對於美國可能對臺北施壓開啟政治談判的疑慮，迫使美國行政部門不斷予以澄清。1999年6月26日，「美國在臺協會」理事會主席卜睿哲（Richard Bush）在芝加哥對北美臺商會發表的演說中提出，美國無意迫使臺北和大陸達成「中程協議」，而只是提個想法，希望兩岸都能有新的創意。卜睿哲還認為羅思的「中程協議」是指「低於最終解決」、「低於全面解決」以及「低於全部解決」的協議。這些協議客觀上可以達成、具有意義以及可以顯著降低兩岸緊張局勢。6月29日，羅思在華盛頓國際經濟研究所的會議上進一步闡述自己的觀點時指出，基於常識來看，達成「中程協議」是對兩岸都有利的事，臺北與北京若僅就兩岸事務中的細節部分達成技術性協議，對兩岸關係的改善不會產生太大作用，而他提議兩岸簽訂「中程協議」的用意，就是嘗試使兩岸關係產生新動力。在缺乏信任和信心的情形下，要期待兩岸的問題能在一次會議中達成全部的解決，時機尚未成熟；雙方可以就兩岸重要的事務尋求過渡性的協議。而這種過渡性協議，是「高於技術性議題、低於全面性解決」之間的協議。[61]羅思的這一解釋反映了美國人對於兩岸軍事對抗源於政治分歧的深刻理解，體現了美國人的務實態度。

「中程協議」很大程度上照顧到了臺灣的利益，更多地站在臺灣的立場上說話。就連國民黨「大陸研究工作會」主任張榮恭也認為，美國官方所傾向的內容是跟臺北比較相近，跟北京比較遠的。[62]但是在當時條件下，即使是這種建議，臺灣方面一些執意主張臺獨的政治勢力也不接受。剛剛卸任臺北市長到美國訪問的陳水扁指出，「中程協議」中「不獨、不武」的內涵充滿不確定性，饒富爭議；而且「臺灣是主權獨立國家，要臺灣放棄主權或交出主

權，臺灣人民無法接受」。[63]李登輝更是如此。當李侃如等美國政學界人士熱議「中程協議」時，正是1999年上半年兩會就大陸海協會會長汪道涵秋天訪問臺灣一事取得共識、兩岸進行政治對話呈現新的希望的敏感時刻，這不能不使李登輝有「受壓」的感覺[64]。為因應大陸海協會會長汪道涵來訪，兩岸即將展開政治對話，李登輝認為臺灣有必要在此之前就兩岸關係定位作出釐清。[65]正是在這種背景下，1999年7月9日，李登輝悍然高調拋出「兩國論」，使兩岸政治對話成為泡影。而不久以後在大洋彼岸，隨著美國政府的更迭，對華奉行強硬政策的小布希政府2001年上臺，「中程協議」也在美國官方言論中銷聲匿跡。

二、小布希時期：「改良式的中程協議」

小布希政府上臺初期，放棄克林頓提出的對臺「三不政策」（即美國不支持「臺灣獨立」，不支持「一中一臺」、「兩個中國」，不支持臺灣加入任何必須由主權國家才能參加的國際組織），在執行「雙軌政策」中明顯偏向臺灣：一方面要求中國大陸不能對臺動武，另一方面告訴臺灣不能走向「獨立」；加大對臺軍售、強化美臺軍事關係。這種政策使陳水扁當局有恃無恐，在臺獨道路上越走越急。「9·11」事件後，由於美國全球戰略需要，開始更加重視將中國視為戰略合作者，並且與兩岸同步發展更為密切的關係，鼓勵臺灣問題和平解決。

小布希政府呼籲兩岸恢復對話，但是面對陳水扁當局否認一個中國原則，美國政府不是敦促臺灣方面回到一個中國原則立場，而是要求大陸方面不設前提地與臺灣當局對話。2001年6月12日，美國主管亞太事務的助理國務卿凱利（（James Andrew Kelly）在參議院外交委員會東亞和太平洋事務小組委員會的證詞中表示：「海峽兩岸的核心問題是雙方如何從著重於軍事平衡轉變到解決之間的分

歧。在我看來，問題的答案在於三個方面。中華人民共和國和臺灣的首要任務應當是恢復直接對話。但我們想看到的不僅僅是一個開端，而是海峽兩岸對話的真正成果。」凱利還說：「我們特別敦促中華人民共和國從試圖向臺灣施加壓力，甚至威脅臺灣，轉變成贏得臺灣人民的好感。北京需要向臺灣說明密切關係的好處，而不是只講關係疏遠的危險性。」他認為，如果要恢復海峽兩岸的對話並使其富有新的活力，中華人民共和國就不能忽視臺灣人民選出的代表，而是必須提出對以民主方式選出的領導人有吸引力的論點。[66]

2004年，當陳水扁再次當選後揚言要制定「憲法」時，美國政府開始認識到臺獨對臺海和平的現實威脅，明確表示美國不支持臺灣片面改變「美國定義的現狀」，臺灣不能把美國的支持「解讀成一張抗拒與中共進行政治互動與對話的『空頭支票』」。這種說法以往在美國學術界曾經有過，但美政府官員作這種公開表態還是首次。

但是，美國仍然更多地強調和平原則，同時在一個中國原則上的立場似乎有所鬆動。白宮國家安全委員會總統特別顧問及亞洲事務主任邁克爾·格林（Michael Green）在臺灣選舉後舉行的一次內部吹風中，首次提出「美國的一個中國政策是達到目的的手段」，這一說法值得關注。美國保守智庫傳統基金會中國問題學者譚慎格（John Tkacik）稱，布希政府官員曾親口告訴他，他們將一個中國政策視為一個過程，而非最終結果或現狀。按照史汀生中心高級研究員容安瀾（Alan D.Romberg）的解釋，美國最關心的是臺海和平穩定，兩岸關係最終會出現什麼結果並不是美國關心的問題。美國前駐華大使李潔明（James Lilley）也稱，只要是透過和平方式，兩岸間達成的任何解決方案，無論是合是分，美國都會接受。助理國務卿幫辦戴利（Matthew P.Daley）甚至說，美國已準備要接受臺海現狀的改變，但任何改變均必須是和平和兩岸協商一致的結果。應

該看到，臺灣的政治現實已或多或少對美政府一個中國的態度造成一定影響。有報導說，美國政府內部已逐步傾向於推動沒有「一中」前提的兩岸對話，以期達成一個建立在所謂「未來一中」概念基礎上的兩岸關係「中程協議」。[67]

這種「中程協議」被臺灣稱為「改良式的中程協議」，主要內容體現在2004年4月12日《華盛頓郵報》發表的李侃如與約翰斯·霍普金斯大學高級國際問題研究學院中國問題負責人戴維·蘭普頓（David Lampton）的文章中。文章指出，幾十年來支撐臺灣海峽和平的框架正在解體。除非迅速採用一個經過改良的框架，否則海峽兩岸爆發戰爭的可能性就會變得越來越大，而美國也很可能捲入其中。文章認為，事實上，在海峽兩岸問題上不存在一個雙方可能在未來幾十年內和平達成的最終解決方案。因此，當前主要工作應該轉移到在海峽兩岸建立一個可持續很長一段時期（不是以幾年而是以幾十年來計算）的穩定框架上。新框架的必要條件包括：第一，在協議涵蓋的數十年時間裡，臺灣可以繼續聲稱它是一個「獨立主權國家」，但它必須保證不再採取措施使這個全島範圍內的認識變成法律上的事實。北京可以繼續聲稱只有一個中國，臺灣是中國的一部分，但它必須放棄使用武力改變臺灣地位的威脅。在這個基礎上，北京與臺北將就擴大臺灣「國際空間」的條款達成一致，包括讓該島加入全球性和地區性國際組織。第二，北京與臺北必須同意採取在兩岸之間建立信任的舉措，以消除對潛在衝突的擔心，而美國及其他國家必須致力於發揮適當的輔助作用。一旦海峽兩岸的緊張局勢緩和，（根據美國的一項長期政策展開的）對臺軍售也應該相應地減少。第三，北京與臺北必須同意利用新框架存在的幾十年時間積極加強海峽兩岸關係，包括各種政治訪問，以便兩岸人民更好地瞭解對方。第四，至少美國、日本和歐盟必須保證它們在新框架存在期間不承認臺灣「獨立」，並保證它們全都將北京無端對臺灣使用武力視為最擔心最緊迫的問題。文章最後指出，即便是這樣

一個毫不過分的框架也是很難建立的。其中任何一項原則都必須在實施過程中得到充實完善，而它們所衍生的協議至少要在中國、臺灣和美國得到批準。但是現在，北京、臺北和華盛頓內部在海峽兩岸政策上都存在分歧。[68]從文本內容分析來看，臺灣所謂「改良式的中程協議」，雖淡化了「終極統一」的前景，但仍是一個以維持「不獨」現狀換取和平的構想，並非像臺灣所稱的沒有「一中」前提，只不過美國所認為的「一中」標準是以臺灣不推行「法理獨立」為主要內容，這有些類似於「一中各表」的含義。

　　蘭普頓的這種看法由來已久。2001年5月1日，當時正值中美撞機事件發生不久，小布希宣稱「竭盡所能，協防臺灣」之類的政策，蘭普頓在訪問臺灣時就提醒臺灣，這一政策未來仍有很大的修正或轉變空間。對於臺灣關切的對臺軍售，及維護臺灣安全議題，蘭普頓指出，如果臺灣「公投獨立」，引來中共武力犯臺，美國不一定會支持；美國沒有必要維護臺灣人民所做的任何決定，必須視事件發生前後的情況及美國國家安全利益等因素來因應。當時陳水扁借撞機事件猛烈鼓吹兩岸建立以信心建立措施（CBMs）為主要內容的軍事互信機制，在臺灣內部引起強烈反響。對此，蘭普頓指出，他樂於看到此事發生，但事實上有困難。他說，信心建立機制的目的在維持一個安全穩定的環境。信心建立措施與中共對臺基本戰略矛盾，除非臺灣在政治上讓中共有安全感，才可能有所謂信心建立措施。此外，他也指出，如果中共與臺灣展開軍事方面的交流或透明化的話，這將代表中共將臺灣視為一平等的基礎，而在政治上有其隱含意義，所以中共也不大可能這麼做。[69]可見，作為一個對兩岸問題有深入研究的著名學者，藍普頓一直堅持把臺海和平與兩岸政治立場的接近緊密聯繫。

　　2004年6月2日，助理國務卿凱利對大陸在「5·17聲明」中「兩岸建立軍事互信」的建議進行了正面回應。他在眾議院亞太小組委員會的聽證會時指出，雖然該聲明對陳水扁抨擊嚴厲，但該建議仍

有正面意義。他進一步詮釋美國對此的觀點是：認為兩岸借談判推動此事尚有差距，美國仍然強力支持兩岸進行二軌、半官方或非官方的接觸，但也認為接觸者「份量不夠」。

小布希時期美國學者提出的「改良式的中程協議」，是美國政學人士出於美國自身利益考慮對陳水扁以法理臺獨破壞臺海安全穩定形勢而採取的穩定措施，這與陳水扁追求臺獨的圖謀是相衝突的。雖然陳水扁在形式上有所回應，但臺獨的戰車已非「改良式的中程協議」所能阻攔。2005年以後，「中程協議」的說法已很少提及，美國對陳水扁的臺獨舉動不得不表達出更為明確的「制止」態度。小布希執政後期對臺獨表現出的嚴厲態度，是與上述「改良式的中程協議」包含的政治立場相一致的。

三、歐巴馬時期：維持現狀的「信心建立機制」（CBMs）

2009年1月歐巴馬入主白宮後，基本延續了布希第二任期的對臺政策，這一政策的基本內涵是，以保持臺海局勢的相對和平為直接目標，以反對兩岸「單方面改變臺海現狀」為基本目標，保持美國對兩岸關係的介入和影響。在建立兩岸軍事安全互信機制問題上，美國一度原則上表示鼓勵與樂見兩岸就這一問題展開探討。但是，隨著兩岸關係的迅速改善，美國對建立兩岸軍事安全互信機制問題表現出越來越多的疑慮，阻礙兩岸改善軍事關係的意圖日益明顯。

歐巴馬政府對2008年以來兩岸關係的改善表示歡迎。2008年3月22日臺灣選舉結果出爐後，在民主黨初選中聲勢領先的歐巴馬，立刻發表聲明祝賀馬英九當選，聲明中歐巴馬鼓勵兩岸在軍事安全領域建立互信機制。[70]歐巴馬上臺後，對內要應對金融海嘯、防

止演化為更大更持久的經濟危機，對外要結束曠日持久的伊拉克戰爭、阿富汗戰爭、處理棘手的伊朗核問題。因此美國樂見兩岸密切經濟關係、妥善處理各種敏感問題。2009年，希拉里國務卿在訪華前表示，她很高興看到近來臺灣海峽緊張情勢降低、且兩岸增加合作，而美國當然支持並促成這樣的發展。3月18日，「美國在臺協會」理事會主席薄瑞光表示，美國政府對馬英九一年來的兩岸政策有相當高的評價，因為這符合美臺雙方的利益。4月1日，歐巴馬在倫敦會見胡錦濤時表示，美國歡迎並支持兩岸改善關係，並希望取得更大進展。[71]2009年6月24日，美國常務副國務卿史坦伯格（James Stenberg）和白宮國安會亞洲事務高級主任貝德（Jeffrey Bader）在會見中共中央臺辦主任王毅時，讚賞兩岸關係取得的進展和兩岸為此作出的努力，表示美方將繼續堅持一個中國政策，支持兩岸進一步深化各領域合作，歡迎兩岸商簽經濟合作框架協議，樂見雙方探討建立軍事安全互信機制。[72]7月27日，美軍太平洋總部司令基廷參加「中美戰略與經濟對話」時表示，馬英九上臺後，兩岸都採取降低緊張的行動；今日沒有跡象顯示，美國應該比昨天更憂慮臺海情勢；只要臺灣一天不緊張，就離和平解決兩岸歧異更近一天；美國讚賞兩岸朝解決問題的方向前進，也鼓勵這些行動。[73]2009年9月26日，美國副國務卿史坦伯格在華府智庫演講時表示，臺海兩岸能正面對話，並進一步探討能為兩岸帶來更密切關係，以及更大穩定的「信心建立機制」（CBMs），讓美國受到鼓舞。「對於大陸和臺灣的正面對話，我們感到鼓舞，我們也鼓勵大陸和臺灣探討，逐步建立信心機制，以促成臺海更緊密、更穩定的關係。」2009年11月，歐巴馬訪華期間發表的《中美聯合聲明》指出：「美方歡迎臺灣海峽兩岸關係和平發展，期待兩岸加強經濟、政治及其他領域的對話與互動，建立更加積極、穩定的關係。」[74]2011年1月，希拉里國務卿在演講時稱，「美國希望看到兩岸更多的對話和交流，以降低兩岸緊張關係和軍事部署」。2011

年2月2日，美國亞太事務助理國務卿坎伯在胡錦濤訪問美國後的記者會上表示，美國支持任何有助增加臺海兩岸互信的發展，歡迎兩岸接觸，這符合美國及兩岸利益；但美國對於兩岸談判進程沒有特定看法，應由兩岸自行決定，「非常重要的是要雙方都能接受」。[75]

美方對兩岸軍事緩和的原則性支持一直持續到馬英九第二任期。2012年1月馬英九競選連任後，白宮在發表的祝賀聲明中強調，臺海在沒有脅迫的環境中保持和平、穩定和關係改善，對美國具有深遠的重要性。美國希望兩岸近年來已經採取的建立兩岸關係的令人印象深刻的努力得以繼續。這種聯繫和兩岸關係的穩定已經讓美臺關係獲益。[76]2012年6月2日，美國國防部長帕內塔（Leon Panetta）在新加坡舉行的亞洲安全會議（香格里拉對話）演講中，主動讚揚兩岸關係，表示美國肯定近年臺灣和大陸努力改善關係，並將持續支持臺灣海峽兩岸的和平及穩定。學者認為，帕內塔演講中的用語是美國向來的基調，並沒有改變，但特別提出了兩岸關係，是展示美方很支持兩岸關係和平發展。[77]

必須指出的是，美國對兩岸改善軍事關係的支持只是基於現實的考量，目的是維持臺海和平穩定的現狀，避免兩岸引發衝突而干擾美國的總體戰略。在用詞方面，美國支持的是「信心建立措施」（Confidence-Building Measures，CBMs），這些措施僅指純軍事領域的各種措施，並不包括政治內容。「信心建立措施」（CBMs）在臺灣翻譯成漢語時通常譯為「軍事互信機制」，表面看與大陸提出的「軍事安全互信機制」（Military Security Mutual Trust Mechanism）只少了「安全」二字，但是，它與大陸提出的以一個中國原則為前提、以國家統一為指向的「軍事安全互信機制」有著本質的區別。在美國官員的上述表態中，美國官員使用了「信心建立措施」（Confidence-Building Measures，CBMs），並且對大陸提出的政治條件矢口不提，顯示出美國對兩岸建立軍事安全互信機制

矛盾而曖昧的態度。而且，即使對於「信心建立措施」（CBMs）這類純軍事領域的措施，美國也表示由臺灣自己決定。2009年9月28日，美國防部主管亞太安全事務的助理部長葛瑞格森（Wallace Gregson）在「臺美國防工業會議」上指出，「美國當然鼓勵CBMs，但臺灣得自行決定何時落實任何CBMs最合適。我們不排斥，也不下指導棋」。雖然這與美國一直標榜的「不做調停人」立場相一致，但也顯示出，美國方面對兩岸緩和軍事敵對關係並不關心，更不急迫。

維持兩岸政治軍事平衡，在軍事安全上偏袒臺灣，是美國的一貫政策。在原則上支持兩岸建立軍事安全互信機制的同時，美國也進一步加大了對臺灣的軍事支持。

第一，加大對臺軍售力度。美國堅稱，對臺出售防禦性武器是美國基於《與臺灣關係法》和「六項保證」[78]，履行對臺灣「安全承諾」應盡的責任，不會因為兩岸關係的改善而受到影響。對於美國外交學界重估對臺軍售政策的呼籲，美國重量級學者紛紛予以駁斥，稱「棄臺論」[79]是「完全錯誤」的。歐巴馬政府先後於2010年、2011年向臺灣地區出售了價值123億美元的武器裝備。這樣，在馬英九就任三年多時間裡，就獲得美國183億美元的軍售案，超過了李登輝執政的12年與陳水扁執政的8年。在歐巴馬就任總統的兩年時間裡，已達到小布希執政八年期間八成的軍售額。美方一再解釋，對臺售武是為了滿足臺灣現有裝備汰舊換新的需要，有助於臺灣增強與大陸交流與談判的信心。[80]然而自相矛盾的是，關於未來的政治議題談判等問題，美方則表示，「如果要期望兩岸接近，就不要給雙方談判設定時間表，那樣會事與願違，只能使兩岸漸行漸遠」。[81]在兩岸關係改善的情況下美方一再凸顯對臺軍售作用，並且警告兩岸不要貿然進入政治議題，顯示出美方以軍售干擾兩岸改善軍事關係的真正意圖。

第二，鼓吹兩岸軍力失衡。美國智庫學者多次透過公佈研究報告和發表訪談宣稱，儘管兩岸關係出現緩和，但中國大陸對臺軍事部署不僅沒有減弱，還在持續增強，兩岸軍力對比繼續向有利於大陸的方向傾斜。臺灣應進一步加大軍備開支，升級武器裝備，進一步提升防衛作戰能力，否則大陸一旦動用武力，臺軍將不能在美軍到來之前有效阻止大陸進攻。

第三，密切美臺軍事關係。2009年「莫拉克」風災期間，美軍「丹佛號」兩棲船塢運輸艦抵達臺灣外海，艦上的軍用直升機參與運送救災物資，這是臺美「斷交」30年後，美軍人員及裝備首度進入臺灣。12月14日，臺國防部秘密邀請參與救災的美軍官兵代表來臺，向其頒發了約600枚救災紀念章，這也是臺美「斷交」30年後首度頒贈紀念章給美軍人員，具有重要的象徵意義。[82]2012年10月，「美國在臺協會」主席薄瑞光公開表示，美臺軍事關係熱絡，雙方高層官員現在可以直接在五角大廈會面，不需要像過去藉製造理由和場合會面。[83]在兩岸軍事關係出現緩和跡象之時，美方加大美臺軍事合作，主動公開美臺軍事互動層級，平衡大陸的意圖十分明顯。

以上只是美國挑撥矛盾、制衡大陸的慣用手法。2008年馬英九執政後，兩岸關係迅速升溫，交流互動和制度化協商快速發展。與此同時，美國的戰略疑慮也驟然加深，對兩岸建立軍事安全互信機制由樂見逐步轉變為防範。

據臺灣學者稱，自2009年5月上旬，美國戰略規劃圈人士正式啟動新一輪的「對臺政策檢討」，分別由國務院、國防部、中情局，以及國家情報總監辦公室，負責相關議題的研究討論，最終由白宮國安會亞洲部門資深主任貝德（Jeffrey Bader）綜合彙整，並於2009年9月下旬完成對臺政策檢討報告，作為美國總統歐巴馬於2009年11月中旬訪問中國，與胡錦濤溝通臺海議題的政策對話基

礎。臺灣學者指出，隨著臺海兩岸互動關係的質量俱進，以及美中之間建設性合作互動的議題日益深廣，美國將面對美、中、臺互動新形勢的重大議題包括：（一）如何促使中方對臺灣的要求做出更多折中讓步？（二）如何面對處理日益明顯的兩岸互動失衡趨勢？（三）萬一兩岸關係的融合程度超過美國所能接受的動態平衡程度，美國政府將如何向美國人民解釋這種情況？（四）倘若臺灣的主流民意傾向與中國大陸加強互動，甚至展開實質性的經濟與社會融合，並進一步朝向政治議題的協商談判時，美國將如何因應這種結構性轉變，並繼續維持美國在臺海地區的戰略經貿利益？[84]

美國一些長期研究中國問題學者的言論也從另一個側面反映出歐巴馬政府對兩岸建立軍事互信的態度的轉變。馬英九勝選後，許多具有深厚政府背景的美國智庫學者積極穿梭於兩岸，探討建立「信心建立措施」（CBMs）問題。2009年8月底，美國中國問題專家葛來儀、容安瀾與美國國防部負責亞太安全事務的前助理國防部長盛恩（Jim Shinn）等人士訪問臺灣，密集拜會「國安會秘書長」蘇起、「陸委會主委」賴幸媛和「國防部副部長」張良任等官員，引起臺媒的競相追訪。此間葛來儀對媒體有問必答，在臺灣高調表示願意協助兩岸簽訂軍事互信機制（CBMs）。不過事隔一月後，葛來儀向《國際先驅導報》坦言：自己想法被臺媒過度解讀，已不願再談CBMs。而另一位與葛來儀同行臺灣的美國學者容安瀾進一步表示，無論學者層面做何表態，相信美國政府目前尚無意介入兩岸軍事互信協商過程。但是，容安瀾也直言，「兩岸建立互信的各個步驟可能會觸及美國的利益。因此，我認為美國會繼續關注兩岸之間關於互信建立的計劃和實際進展情況」。[85]

2010年4月，曾任「總政戰部」主任的許歷農率「新同盟會退役將領訪問團」抵北京訪問時，公開表示此行目的之一即為促進兩岸軍事互信機制，引起美方高度警覺。多年來積極推動兩岸互信機制建立的華府智庫「戰略暨國際研究中心（CSIS）」，都懷疑兩岸

是否有意「繞過」華府，藉退役將領訪問大陸，展開軍事互信機制的安排。包括CSIS學者在內數度利用訪臺機會，就上述問題私下詢問國防部及外交部。相關人士透露，美方智庫的關切在於兩岸對話是否已經觸及軍事及安全議題，以及美方是否仍在其中扮演一定的居間折衝角色。[86]2010年12月8日，葛來儀在一個研討會透露，美國官員曾抱怨，兩岸間的諮商與談判情節和深度，並未被充分告知。[87] 2011年8月，美方學者葛來儀在北京舉行的第四次「中美關係中的臺灣問題」研討會上向筆者直言：大陸學者一談到兩岸建立軍事互信機制就提出合作保衛釣魚島、南海主權。同年，在南海問題和中日釣魚島爭端激化的背景下，美國向臺灣明確表示兩岸關係的改善不應針對第三方，直接給臺灣劃出了底線，不許兩岸聯手共保南海和釣魚島的中國主權。[88]還有的學者以停止對臺軍售相要挾，聲言「如果臺灣很快就成為中華人民共和國的一部分，那為什麼要出售武器？」[89]對於向來倚美求存的臺灣當局來說，這不啻為當頭棒喝。

注　釋

[1].參見蘇進強：《從「全民國防」看兩岸軍事互信機制之可行性》，《尖端科技》（臺北），1999年7月，第179期；高倚天：《臺海兩岸軍事互信問題研究》，國防大學碩士學位論文，2006年，未刊；陳華凱：《全軍國防與軍事互信機制——矛與盾的辯論》，《復興崗學報》（臺北），2008年92期。

[2].《中華人民共和國大陸人大常委會告臺灣同胞書》，《人民日報》，1979年1月1日，第1版。

[3].《鄧小平文選》第3卷，北京：人民出版社1993年版，第30—31頁。

[4].黃嘉樹：《兩岸對「和平發展」認知的「通」與「隔」》，中國評論新聞網，2009年12月31日。

[5].江澤民：《為促進祖國統一大業的完成而繼續奮鬥》，《人民日報》，1995年1月31日，第1版。

[6].白德華、康文炳：《中共人大會議上部分共軍代表稱盼兩岸進行軍事交流》，臺灣《中國時報》，1995年3月6日，第18版。

[7].王在希：《結束兩岸敵對狀態是實現祖國和平統一的重要一步》，《臺海形勢回顧》，北京：華藝出版社，1996年版，第185—186頁。

[8].《中央對臺工作會議強調，加強對臺工作領導，全面發展兩岸關係》，《人民日報》，1998年5月14日，第1版。

[9].傅依杰：《兩岸設軍事熱線北京回應》，《聯合晚報》（臺北），1999年1月19日，第7版。

[10].邱立本、江迅：《獨家專訪：海峽兩岸關係協會會長汪道涵　兩岸和平的最新機遇》，《亞洲週刊》，香港：亞洲週刊有限公司，第13卷第16期，1999年4月25日。

[11].國務院臺灣事務辦公室：《新聞發佈會集》（2004年度），九州出版社，第8、17、20、31、44頁。

[12].鄭劍：《沒有互信何談機制——臺海兩岸軍事互信機制芻議》，《兵器知識》2003年第4期，第11—13頁。

[13].《專家：建軍事互信機制並不意味大陸放棄武力統一》，中國新聞網，2004年5月19日；《專家點評：「5·17聲明」提出兩岸軍事互信必須是建立在一個中國原則基礎上》，http：//mil.fjii.fj.vnet.cn/2004-05-21/11884.html，2004年5月21日。

[14].王順合：《論中共「信心建立措施」之理念與實務》，《陸軍軍官學校八十二週年校慶暨第十三屆三軍官校基礎學術研討會論文集》，第115頁，2006年5月26日。

[15].吳南平：《台灣政局牽動兩岸關係微妙變化》，《人民日報》海外版，2005年3月4日。

[16].胡錦濤：《攜手推動兩岸關係和平發展 同心實現中華民族偉大復興——在紀念《告臺灣同胞書》發表30週年座談會上的講話（2008年12月31日）》，新華社，北京2008年12月31日電。

[17].《羅援少將：兩岸建立軍事互信，有九大好處》，中國評論新聞網，2009年1月5日。

[18].《兩岸軍事安全互信機制須創特殊模式》，中國評論新聞網，2010年8月29日。

[19].李鵬：《論「不針對第三方」原則對兩岸建立軍事安全互信機制之適用》，《臺灣研究集刊》2010年第5期。

[20].《胡錦濤提軍事互信機制 臺灣已有談判準備》，2009年1月1日，臺海網。

[21].田劍威：《訪臺著名軍事專家：臺灣軍隊不會「為獨而死」》，2009年1月17日，新華網。

[22].張春英：《海峽兩岸關係史》（第四卷），福州：福建人民出版社，2004年版，第938—954頁。

[23].王美玉：《郝揆年終記者會強調 兩岸要終止交戰狀態、起碼要停火或簽訂停火協議 馬英九：應視為促中共武力犯臺的政策宣示》，《中國時報》（臺北），1991年2月14日，第2版。

[24].王銘義：《兩岸關係專題研究報告提出建議 兩岸互設熱線互派代表》，《中國時報》（臺北），1996年12月7日，第4版。

[25].《蕭萬長表示贊同兩岸建立軍事互信機制》，《參考消息》，1998年4月18日，第8版。

[26].何振忠：《「李總統」：不希望人民幣貶值》，《聯合

報》（臺北），1998年6月16日，第1版。

[27].陳邦鈺：《張京育籲兩岸：建立軍事互信機制》，《中央日報》（臺北），1999年1月1日，第8版。

[28].《兩岸共同塑造和平民主願景——李「總統」主持「國統會」發表大陸政策談話全文》，《中央日報》，1999年4月9日，第2版。

[29].岡田充：《辜振甫說不拒絕兩岸軍事磋商》，《參考消息》，1999年5月3日，第8版。

[30].臺灣國防部「國防報告書」編纂小組：《中華民國八十七年國防報告書》，臺北：黎明文化事業股份有限公司，1998年3月第1版，第51—52頁。

[31].呂照隆：《兩岸軍事預警 目前不宜建立》，《中國時報》（臺北），1998年7月8日，第4版。

[32].李建榮：《兩岸維持現狀最符美方利益》，《中國時報》（臺北），1998年7月16日，第2版。

[33].王炯華：《精實建軍，強化效能，鞏固優勢——唐飛在國防部例行記者會談話內容紀要》，臺灣《中央日報》，1999年2月10日，第2版。

[34].鄭劍：《沒有互信何談機制——臺海兩岸軍事互信機制芻議》，《兵器知識》2003年第4期；王裕民：《兩岸建立軍事互信機制之研究》，淡江大學國際事務與戰略研究所碩士在職專班碩士論文，第104頁。

[35].臺灣國防部「國防報告書」編纂小組：《中華民國八十七年國防報告書》，臺北：黎明文化事業股份有限公司，2000年版，第66頁。

[36].《參考消息》，2000年6月26日，第8版。

[37].李季光：《陳「總統」：兩岸應設軍事互信機制》，《自由時報》（臺北），2000年12月16日，第2版。

[38].《兩岸軍事互信　陳水扁七年前就授意研究》，臺海網，2009年3月5日。

[39].《連戰提出十項大陸政策主張》，《參考消息》，2000年2月19日，第8版。

[40].報系採訪團：《連：和平協議　軍事互信機制是配套》，《聯合報》（臺北），2005年5月3日，A3版；邢新研：《專訪馬英九：防獨甚於促統》，《中國新聞週刊》，2005年7月25日。

[41].康子仁：《陳肇敏：大陸的善意 我們會有因應》，中國評論新聞網，2009年1月8日。

[42].《臺國防部設智庫 推兩岸軍事互信機制》，臺海網，2009年3月8日。

[43].邢新研：《專訪馬英九：防獨甚於促統》，《中國新聞週刊》，2005年7月25日。

[44].範凌嘉：《馬：對岸撤彈 再談和平協議》，聯合新聞網，2008年3月24日。

[45].《兩岸軍事交流，陳肇敏首提3要素》，聯合早報網，2009年3月16日。

[46].《臺國防部：兩岸設軍事互信機制 環境還不成熟》，聯合早報網，2009年3月17日。

[47].《臺國防部將成立智庫研究兩岸軍事互信機制》，臺海網，2009年11月13日。

[48].《臺軍方：兩岸軍事互信未成熟》，中國評論新聞網，2010年5月26日。

[49].倪鴻祥：《馬：三前提未來十年簽兩岸和平協議》，中國評論新聞網，2011年10月17日。

[50].倪鴻祥：《馬宣稱：「公投」沒過，就不會簽和平協議》，中國評論新聞網，2011年10月20日。

[51].倪鴻祥：《馬：民眾不希望走太快 和平協議非最優先》，中國評論新聞網，2012年11月9日。

[52].《兩岸軍事互信機制 臺軍方：時機未到》，中國評論新聞網，2012年11月8日。

[53].《臺國防部：兩岸設軍事互信機制 環境還不成熟》，聯合早報網，2009年3月17日。

[54].孫岩：《臺灣問題與中美關係》，北京：北京大學出版社，2009年版，第272頁；張春：《美國思想庫與一個中國政策》，上海：上海人民出版社，2007年版，第199頁。

[55].張春：《美國思想庫與一個中國政策》，上海：上海人民出版社，2007年版，第199頁。

[56].張春：《美國思想庫與一個中國政策》，上海：上海人民出版社，2007年版，第199—201頁。

[57].孫陽明：《美學者籲兩岸簽50年中程協議》，《聯合報》（臺北），1998年2月10日，第1版。

[58].羅致政：《兩岸和平發展策略研究》，「總統府」委託研究，2008年4月，第70頁。

[59].約瑟夫·奈：《一個解決臺灣問題的方案》，《中國時報》（臺北），1998年3月9日，第2版。

[60].高倚天：《臺海兩岸軍事互信問題研究》，國防大學碩士學位論文，2006年，未刊。

[61].羅致政：《兩岸和平發展策略研究》，「總統府」委託研究，2008年4月，第72頁；孫岩：《臺灣問題與中美關係》，北京大學出版社，2009年版，第273頁。

[62].張春：《美國思想庫與一個中國政策》，上海：上海人民出版社，2007年版，第195頁。

[63].王裕民：《兩岸建立軍事互信機制之研究》，淡江大學國際事務與戰略研究所碩士在職專班碩士論文，第152頁。

[64].郭定宇：《李登輝執政告白實錄》，臺北：成陽出版股份有限公司，2001年版，第296頁。

[65].1999年7月22日，「美國在臺協會」理事會主席卜睿哲對訪問臺灣，當美方問及為何選擇此一時機發表及事先不通報美方，臺灣方面對美國作出這樣的答覆。參見孫岩：《臺灣問題與中美關係》，北京大學出版社，2009年版，第283頁。

[66].孫岩：《臺灣問題與中美關係》，北京：北京大學出版社，2009年版，第322頁。

[67].班瑋：《解析美國官員學者——對臺海政策的不同聲音》，《參考消息》，2004年5月4日，第10版。

[68].《美中國問題專家撰文鼓吹兩岸須建立防止戰爭的新框架》，《參考消息》，2004年4月20日，第16版。

[69].《蘭普頓稱布希對華政策有很大修正空間》，《參考消息》，2001年5月6日，第8版。

[70].《馬英九臺灣選舉勝出 馬侃歐巴馬怎麼寫賀詞？》，美國中文網，2008年3月25日。

[71].熊爭艷、謝棟風：《胡錦濤會見美國總統歐巴馬》，新華網，2009年4月1日。

[72].王薇：《王毅會見美政要　美方樂見兩岸建軍事互信機制》，新華網，2009年6月26日。

[73].何子鵬、周敬才：《試評美國對目前兩岸關係的態度》，《現代臺灣研究》，2010年4期。

[74].《中美聯合聲明》，新華網，2009年11月17日。

[75].《美助卿：兩岸談判步驟　應自行決定》，中國評論新聞網，2011年2月4日。

[76].林瑞軒：《美賀馬連任 強調臺海和平穩定有共同利益》，中國評論新聞網，2012年1月15日。

[77].《美防長肯定兩岸改善關係 臺學者稱感突然》，中國評論新聞網，2012年6月2日。

[78].1982年7月14日，中美《八一七公報》簽署前夕，裡根指派「美國在臺協會」（AIT）臺北辦事處處長李潔明拜會蔣經國，向臺灣方面通報了美國的六項保證：（1）美國不會同意設定期限停止對臺灣的武器出售；（2）美國不會同意就對臺灣出售武器問題和中華人民共和國進行事先磋商；（3）美國不會在臺北和北京之間扮演調解人的角色；（4）美國不會同意中華人民共和國的要求，而重新修訂《與臺灣關係法》；（5）美國沒有改變其對臺灣「主權」問題的立場；（6）美國不會對臺灣施加壓力，迫使其與中國共產黨談判。中國政府從未承認美國這一違反國際法基本準則和中美建交承諾的錯誤立場。

[79].喬治·華盛頓大學教授查爾斯·格拉澤（Charles　Glaser）在《外交事務》雜誌2011年3、4月合刊上發表文章，提出美中避免戰爭需要美國在政策上有所改變，特別是在美國感到棘手的臺灣問題

上。格拉澤指出，美國現行政策是為減少臺灣宣布「獨立」的可能性設計的，美國的政策表明如果臺灣宣布「獨立」，美國不會幫助臺灣，然而一旦發生攻擊，不管源於何處，美國都會發現自己置於保護臺灣的壓力之下。格拉澤建議美國應當考慮從它對臺灣的承諾中後撤，這樣就能消除美中之間最明顯和爭議性最大的衝突點，為兩國今後幾十年更好的關係鋪平道路。格拉澤的言論當時在臺灣和美國外交學界引發強烈反響，被稱為「棄臺論」。其實所謂「棄臺論」只是指出了美國對臺軍售政策的自相矛盾之處，並非主張立即放棄臺灣。主張反思對臺軍售政策的學者還包括卡內基國際和平基金會高級研究員史文（Michael Swaine）、喬治·華盛頓大學教授沈大偉（David Shambaugh）、曾任哈佛大學甘迺迪政府學院研究員的凱恩（Paul Kane）、美國前總統國家安全事務助理布熱津斯基、美國前駐華大使芮效儉、美國原太平洋美軍司令普理赫等。

[80].《葛來儀列舉五原因 為美國對臺軍售辯解》，中國評論新聞網，2010年2月18日。

[81].《薄瑞光聲稱美國不會改變包括對臺軍售等立場》，中國評論新聞網，2010年2月12日；《葛來儀列舉五原因 為美國對臺軍售辯解》，中國評論新聞網，2010年2月18日。

[82].董玉洪：《2009年臺灣軍事情況綜述》，全國臺灣研究會編：《臺灣2009》，北京：九州出版社，2010年版，第272頁。

[83].《薄瑞光：臺美交流 軍事直接談》，中國評論新聞網，2012年10月4日。

[84].曾復生、何志勇：《臺海兩岸建構軍事互信機制的關鍵要素》，「國家政策研究基金會」研究報告，
http：//www.npf.org.tw/post/2/7182。

[85].《美國觀望兩岸軍事互信進程 介入不符合各方利益》，中

國新聞網,2009年9月21日。

[86].《臺退役老將頻訪陸 美國緊盯》,中國評論新聞網,2010年8月30日。

[87].《美官員對臺灣沒交待清楚兩岸協商情節感不滿》,中國評論新聞網,2010年12月9日。

[88].黃嘉樹:《關於兩岸政治談判的思考》,中國評論新聞網,2010年12月31日。

[89].《臺灣很快成大陸一部分?美學者憂軍售洩科技》,中國評論新聞網,2013年2月28日。

第二章 兩岸軍事安全互信機制的相關理論

　　理論是人們觀察現實的參照，並深刻地影響著人們對現實的認知。也許不是所有的人都能自覺意識到理論的存在，但理論卻無時不在左右人們的思想。比如，歐洲建立信任措施（CBMs）儘管具有相當大的政治影響，但它本身卻只是一個純軍事意義的概念，其中包含的溝通性、限制性、查證性等措施只涉及軍事領域如何緩解緊張、增強透明等事務性安排，有關歐洲政治、邊界現狀的安排並不包括其中。十幾年來，臺灣方面以建立信任措施（CBMs）為基礎建構了兩岸軍事互信機制的概念。按照這種理論的邏輯，兩岸軍事互信機制僅僅是緩解兩岸軍事緊張、防止軍事誤判的機制。在這一理論框架下，大陸方面始終關心的一個中國、國家統一等政治問題不僅沒有討論的空間，還似乎顯得有些多餘。正是在這種理論的邏輯支配下，一些臺灣學者與民眾會很自然地對大陸方面始終強調政治前提的做法提出質疑：為什麼冷戰時期歐洲兩大軍事集團民族構成、意識形態、經濟制度、社會狀況差異如此之大，尚能「擱置政治爭議」，以建立信任措施為工具，逐步化解對立，創造歐洲和平環境；兩岸同為中華民族、經濟社會聯繫如此緊密、開放交流這麼多年，卻不能建立「軍事互信機制」呢？為什麼大陸總是首先提出政治前提呢？大陸的和平誠意何在？在大陸學術界，雖然沒有十分明確地以哪一個概念為基礎建構兩岸軍事安全互信機制的確切內涵，但堅持軍事從屬於政治、緩解兩岸軍事對立必須放在化解兩岸政治敵對的大框架之下這一立場是始終如一的。在這種理論範式之下，對於絕大多數大陸學者與民眾來講，上述臺灣民眾的那些疑問根本就不是問題。

正如對同一事物可以從不同角度觀察一樣，對兩岸軍事安全互信機制也可以運用多種理論理解和建構。在這一過程中，不講建立信任措施（CBMs）理論不行，只講建立信任措施理論（CBMs）也不行。本章嘗試提出三種對大陸、臺灣與美國理解和建構兩岸軍事安全互信機制有重要影響的理論，目的是為建構軍事安全互信機制這一概念提供一個儘可能全面而非單一的、系統而非孤立的思考和檢視角度。其中結束戰爭理論對應的是兩岸為什麼要透過建立軍事安全互信機制結束軍事敵對、結束的是什麼性質的軍事敵對的問題。換句話說，它回答的是軍事安全互信機制在兩岸關係發展進程中的性質、地位與作用問題。明確了這些問題，討論結束軍事敵對的形式與措施才有意義。信任與軍事安全機制理論對應的是在國家統一前，兩岸兩個「互不隸屬」的公權力系統如何透過建立某種機制化的溝通與約束措施，增強彼此意圖的透明度與行為的可預測性，實現共同安全的問題。建立信任措施理論（CBMs）則像一個「工具箱」，可以為構建軍事安全互信機制提供各式各樣的方法與手段。鑒於學界在理解和運用建立信任措施理論研究兩岸軍事關係時常常存在一些簡單化傾向，本章在闡述這一理論的同時，也會對一些反覆被引證的說法進行重新發掘和批判，以澄清一些時下流行的謬誤。

第一節　結束戰爭理論 [1]

　　與如何準備戰爭和打贏戰爭相比較，對如何結束戰爭、創造和平的研究始終沒有得到充分重視。關於戰爭結束的一般規定，主要見之於國際法特別是現代戰爭法。當然，現代戰爭結束的實踐早已不像戰爭法條文規定那麼簡單機械，更為重要的是，兩岸之間的戰爭和敵對發生在一個國家內部兩個敵對政權之間，並非國際性武裝

衝突，其結束方式應由兩岸共同決定。儘管如此，梳理戰爭法關於戰爭結束的一般規定，總結二戰以後現代戰爭結束的基本方法，分析戰爭結束階段雙方各種行為可能造成的軍事政治後果，對思考如何結束兩岸軍事敵對、建立兩岸軍事安全互信機制仍然具有重要的理論和現實意義。

一、結束戰爭狀態的主要方法

結束戰爭狀態是指戰爭主體之間從戰爭狀態轉入正常的和平狀態。對於戰爭結束的階段劃分學界有不同觀點。法國國際法學家夏爾·盧梭在其名著《武裝衝突法》中認為，結束戰爭的傳統方法有兩種，一是停止戰爭行動即停戰，特別是全面停戰；二是恢復和平，基本方式是締結和約。除此之外，夏爾·盧梭還把無條件投降作為二戰以來戰爭結束的新方式。英國國際法學家勞特派特在其修訂的《奧本海國際法》中，嚴格把結束戰爭視為一種法律行為，認為除非在戰爭中另一方被滅亡，否則結束戰爭的正常方式是締結和約。中國軍事科學院許江瑞、趙曉東編寫的《軍事法教程》認為，戰爭結束包括戰爭狀態的結束和武裝衝突結束兩種情況。戰爭狀態結束，是指交戰國雙方透過法律方式對停止戰爭行動和結束戰爭方式作出的最終解決，其國家之間的關係從戰爭狀態恢復到戰前的和平狀態。武裝衝突結束，是指衝突雙方透過停止衝突行動的非法律方式，結束敵對行動的狀態。由於武裝衝突是一種非法律狀態的敵對行動，所以，它不必經過法律的程序或手續來結束敵對行動。[2]

學界關於戰爭結束的共同點，是認為停止戰爭行動只是軍事行動的臨時性或者決定性停止，而結束戰爭狀態是一個具有法律意義的行為，必須締結具有法律意義的文件。學界關於戰爭結束的分歧在於，是否把停止戰爭行動也作為結束戰爭的一個重要環節。夏爾·盧梭把停止戰爭行動與恢復和平作為結束戰爭過程中兩個前後相

繼的行動，雖然前者並不一定總是存在。《奧本海國際法》則嚴格把結束戰爭視為一種法律行為，認為投降、簽訂停戰協定等的性質和目的僅是軍事性的、地方性的和臨時性的，因而稱它們為於交戰國之間非敵對關係的一個種類。

克勞塞維茨指出，戰爭「是政治交往的繼續，是政治交往透過另一種手段的實現」。[3]既然戰爭與和平是政治行為體之間相互交往的兩種基本方式，在雙方交往中，每一個具體行為不僅與其他方存在著某種物質上的聯繫，也存在著某種法律上的聯繫。戰爭與和平的轉換既是一種物質意義上交往方式的轉換，又是一種法律意義上交往方式的轉換。除非出現戰爭中的一方被滅亡的情況，結束戰爭既要停止現實中的敵對行動，又要結束法律上的戰爭狀態。對於戰爭指導者來說，如果說戰爭初期軍事上的主要任務是消滅敵人達成軍事目標的話，戰爭後期的主要任務則是為停止戰爭、恢復和平創造有利條件。因此，從戰爭指導的角度考慮，筆者在結束戰爭的階段劃分上採用夏爾·盧梭的觀點，把結束戰爭理解為停止戰爭行動和結束戰爭狀態兩個前後相繼的環節，認為停止戰爭行動雖不能結束戰爭狀態，但常常是結束戰爭狀態的預兆，可以為結束戰爭狀態創造條件。

戰爭法規定結束戰爭狀態主要有如下方法：

締結和平條約。和平條約簡稱和約，是指交戰雙方從法律上結束戰爭狀態而訂立的協議。締約權屬於國家元首或政府首腦，或以國家元首、政府首腦的名義進行，但必須經過國家法律程序批準方能生效。訂立和約前通常先進行談判，可由交戰雙方自行進行和平談判，或由第三方主動或受託出面進行斡旋促其談判；談判如獲成功，即由雙方談判代表草擬和約。之後，再由雙方正式簽署，並於批準之日起恢復和平關係。和平條約一般由交戰各國或衝突各方在和平會議或外交會議上簽訂，它詳細規定交戰國或衝突方之間與戰

爭相關的全部未決事項。和約以條款形式列出，直接確定交戰各方的權利與義務，其內容一般包括：宣布戰爭狀態結束，和平關係恢復；完全停止軍事行動；釋放和遣返戰俘；領土的調整和主權的確定；部分或全部恢復戰前條約的效力；恢復外交、貿易等關係，等等。有些和約還包括戰爭賠償、懲辦戰犯等內容。

從歷史看，透過締結和約來結束戰爭狀態，已經成為國際社會普遍認可的國際慣例。如，第二次世界大戰後，中、法、英、美、蘇五國分別與義大利、羅馬尼亞、保加利亞、匈牙利和芬蘭簽訂和約，除宣布停止戰爭狀態外，還訂立了關於領土、政治、經濟、懲辦戰犯、限制陸海空軍及遣返戰俘、由戰爭所產生的各項要求、盟軍撤退、聯合國家權益、解決糾紛等問題的條款。

除此之外，發表聯合宣言（聲明）也是二戰後結束戰爭狀態的一種方法。聯合宣言（聲明）是指交戰雙方共同明確宣布結束戰爭狀態的法律文件。它通常可以是結束戰爭狀態的獨立的法律文件，也可以是締結和約的前提性法律文件。如，1972年9月27日中日發表聯合聲明正式結束自日本侵華戰爭以來的中、日兩國的不正常狀態，兩國實現邦交正常化。1956年10月19日蘇日聯合聲明正式結束雙方戰爭狀態。

需要注意這樣一種認識，即認為單方面聲明可以結束戰爭狀態。夏爾·盧梭在其名著《武裝衝突法》指出：「某些戰爭狀態的後果可以由每一個交戰國為其自己的利益並透過國內法途徑予以消除。所有交戰國都是這樣的，透過屬於它們權限以內的各種不同的程序，單方面宣布戰爭行動法律上的停止。這些措施的目的通常在於導致圍攻狀態的廢止、個人自由的恢復、普通法律在民事和商事上的恢復。」夏爾的論述有幾點需要注意：一是他強調的是「每一個交戰國」而非某一交戰國；二是他指出了這樣做的目的主要是出於國內單方的利益考慮，敵對國家或同盟國家是否承認則是另一個

問題;三是從其下文列舉的二戰後法國、美國對第二次世界大戰日期停止的認定例子看,他不僅明確指出了這種結束戰爭方式的不便之處,顯然也沒有以這些行動代替同盟國家與日、德之間和約的意思。因此,單方聲明只反映了某一方的意願,可以理解為該方停止敵對行動的最高法律宣示,但效力僅及於己方。戰爭狀態是一種雙方或多方主體間的關係狀態,正如戰爭狀態的形成是多方(至少是雙方)參與的結果一樣,戰爭狀態的結束亦應是多方或雙方參與並共同認可的法律行為,仍需透過締結和約或者發表聯合聲明的方法,使交戰雙方之間的和平關係進一步明確化、具體化,除非戰爭的另一主體在戰爭中滅亡而不復存在或者默認單方面結束戰爭這一結局。

二、停止戰爭行動的主要方法

對於停止戰爭行動有兩種不同認識,一種把它區分為停戰和投降等兩種正式的方式 [4],另一種認為停止戰爭行動即停戰,表現為戰爭行動根據協議暫時的停止,其涵義是「透過交戰各方的協議停止戰爭行動」。[5]它是各交戰方之間締結的協定。這種協定並不結束戰爭,而僅僅包含戰爭行動的臨時性或決定性的停止。本書採用第二種理解。停止戰爭行動主要有如下三種:

一是暫停戰鬥,又可稱停火。停火是暫時停止局部戰鬥,它是由對峙的各軍事指揮官之間的明示或默示的協定產生的。停火通常無附加條件,其期限一般很短暫,且往往在協定中規定某一項或非政治性目的,如交戰國一方撤走傷病員、掩埋死者、方便平民疏散等。對於停火是否具有政治目的,《奧本海國際法》指出,暫停戰鬥不涉及政治目的,也不涉及戰爭全局,因為它只是臨時性的和局部性的。它只作為暫停戰鬥的那些部隊和地區。時間短暫、範圍很小、非政治目的是暫停戰鬥的三個顯著特點。另外,停火可能發生

於戰爭的任何一個時期。

二是局部停戰協定。局部停戰協定是交戰方相互之間簽訂的關於停止敵對行為的協定，這種停戰雖然不包括全部武裝部隊和全部作戰區域在內，但也不像暫停戰鬥那樣只是為了一時一地的軍事目的。局部停戰協定總是涉及交戰方相當大部分的部隊和戰線，具有影響整個戰局的政治重要性，大多是為了政治目的。

三是全面停戰協定。全面停戰協定是指交戰方之間所議定的全部部隊和全部戰場敵對行為的停止，一般多表現為戰爭終止的前兆。停戰按其規定的內容來說是軍事性的，但按其目的來說則是政治性的。但是，停戰並不等於結束戰爭，而僅僅指敵對軍事行動的臨時性停止。

關於締結停戰協議的資格，《奧本海國際法》指出：由於暫停戰鬥的性質和目的僅是軍事的、地方性的和臨時性的，所以每一個指揮員都應有權訂立這種協定，而不需要上級長官或其他當局批准。甚至一個極小的作戰單位的指揮官也可以作暫停戰鬥的安排。另一方面，由於全面停戰具有極大的政治重要性，所以只有交戰國政府本身或它們的總司令才有權締結這種協定；同時，不論協定中有無特別規定，批准的手續通常被認為是必要的。局部停戰協定可由軍隊的司令官訂立，除協定中特別載明外，並不需要批准。如果司令官未經特別授權而議定了局部停戰協定，他們應各自對其本國政府負責。

停戰協定一般以書面形式出現。《奧本海國際法》指出，關於停戰協定的形式沒有法律規則，因此，它可以用口頭或書面形式訂立。不過，由於全面的和局部的停戰協定具有這樣大的重要性，因此最好是簽訂書面文件以訂立協定，把所有取得協議的條款都寫明在上。在現代時期，還沒有看到任何全面的和局部的停戰協定不是以文字訂立的。但是，暫停戰鬥協定常常是只用口頭訂立的。

停戰協定的內容通常包括：

（1）規定停止軍事敵對行動。在簽訂停戰協定時，應奉行「明文規定權利以資慎重」的原則，對停止敵對行為的生效時間、所涉範圍、種類、實施方法等作出詳細規定。比如，1954年7月21日簽訂的《越南停止敵對行動協定》規定：越南停止敵對行動協定將於簽字後四十八小時生效。協定根據完全、全面、同時停火的原則，規定雙方部隊司令官應命令並保證在其控制下的一切武裝力量，包括陸、海、空部隊的一切單位及全部人員，在越南完全停止一切敵對行動。協定同時規定，雙方一切部隊在越南全境各個戰區停止敵對行動必須是同時的。考慮到停火命令下達到雙方戰鬥部隊最低層實際所需的時間，越南北部應在協定生效後五天內停火，越南中部應在協定生效後十天內停火，越南南部應在協定生效後二十天內停火。

（2）確立軍事分界線和非軍事區。為防止在停戰期間發生敵對行為，停戰通常議定一條所謂軍事分界線，有時還在軍事分界線兩側一定地域劃定非軍事區，即在雙方對峙的軍隊中間劃出雙方武裝人員都不許進入的一小塊中立地帶。停戰協定一般規定交戰者撤離軍事分界線，停止運送援軍和增加軍事裝備。比如，1953年7月27簽訂的《朝鮮停戰協定》確定雙方沿軍事分界線各後退2公里，建立一非軍事區作為緩衝區。規定雙方均不得在非軍事區內，或自非軍事區，或向非軍事區進行任何敵對行為。[6]1954年7月21日簽訂的《越南停止敵對行動協定》規定在北緯十七度線以南、九號公路稍北劃定一條臨時軍事分界線，此線以北為越南人民軍集結地區，以南為法蘭西聯邦部隊集結地區。在臨時分界線兩側各不超過五公里的距離劃定非軍事區。

（3）停戰協定執行的監督方法。為了執行停戰協定，通常要設立停戰監督委員會。委員會的組成由相關方談判確定。有的由中

立國代表組成國際監督和監察委員會，交戰國代表不參加。有的則不包括任何第三方成員。1953年7月27日的《朝鮮停戰協定》規定以板門店為總部成立軍事停戰委員會，由10名高級軍官組成，其中5名由朝鮮人民軍最高司令官與中國人民志願軍司令員共同指派，5名由聯合國軍總司令指派。軍事停戰委員會配備10個聯合觀察小組協助工作，每一小組由4至6名校級軍官組成，雙方各指派半數。軍事停戰委員會的總任務是監督停戰協定的實施及協商處理任何違反停戰協定的事件。協定還規定成立中立國監察委員會，負責停戰的監督、觀察、視察與調查，並將結果報告軍事停戰委員會。

（4）其他事項。儘管停戰協議的主要內容是停止軍事敵對行動，但關於解決雙方主權、領土爭議的基本原則，未來雙方關係發展的大致走向、戰俘遣返等問題，常常構成停戰協定的重要組成部分。比如，在《朝鮮停戰協定及其附件》中，關於戰俘的安排占據相當大的篇幅。而像解決主權、領土爭議以及未來雙方發展關係的基本原則等政治條件，雖然篇幅不一定很大，但常常是停戰協定達成的基礎，從而構成停戰協定的重要內容。比如，1974年1月18日簽署的《埃及和以色列關於根據日內瓦和平會議使部隊脫離接觸的協議》，關於解決埃以兩國領土爭議、政治分歧原則的條款只體現在第6條D款，也是最後一條的最後一款，文字不多，位置也不靠前，但它無疑是兩國達成停戰協議的基礎。同時，它也是1979年3月24日埃及和以色列達成《埃以和平條約》的基本遵循。[7]

關於停戰協定的效力，停戰只是軍事行動臨時或永久的中止，但沒有結束交戰雙方法律上的戰爭狀態。《奧本海國際法》指出，停戰協定或休戰協定在任何方面是不可與和約同日而語的，而且也不應該稱它為暫時和約，因為在交戰國之間以及在交戰國與中立國之間，戰爭狀態在各方面仍然繼續存在，只是敵對行為停止而已。夏爾·盧梭儘管把停戰作為戰爭結束的一個環節，但也強調這種協定不是結束戰爭，而僅僅包含戰爭行動的臨時性或決定性的停止。

他還引用大量判例說明，停戰協定即使不純粹是，也基本上是一個軍事範疇的協定。不但國際判例提到這項原則，而且國內談判也提到這項原則。停戰協定的效力僅僅是為了停止戰爭行動，並不結束戰爭狀態，這種戰爭狀態連同它的所有法律後果繼續存在，諸如使擔保戰爭危險合約發生作用的可能性，或者根據在停戰期間所作的行為，以同敵人暗中勾結為理由對一個國民起訴的可能性。2007年12月出版的《中國軍事百科全書（第二版）學科分冊〈戰爭法〉》也表述了同樣觀點。

然而，特殊的情況也是有的。《奧本海國際法》提出三種結束戰爭的方式，其中第一種是交戰國雙方不再作戰爭行為，從而不知不覺地進入和平關係，《奧本海國際法》把這種方式稱為以敵對行為的簡單停止來結束戰爭的方法。雖然作者似乎並不贊同這種做法，認為「用簡單停止敵對行為的方法結束戰爭，是有許多理由被認為是不方便的，因而，一般地總是避免這樣做」[8]，但是作者仍然列舉了大量的例子來證明這種做法的存在。在這種情況下，戰爭狀態其實不了了之了，停戰就具有了結束戰爭的意義，由此會引起許多難以釐清的政治和法律問題。

現代局部戰爭的實踐則更為複雜，正如不宣而戰日益成為戰爭開始的方式一樣，不以和約的方式恢復和平、以停止戰爭行動的方式結束戰爭的例子逐漸增多，朝鮮戰爭、印支戰爭、巴基斯坦戰爭、印巴戰爭等均屬此列。因此，儘管從法律意義上講，停戰並不意味著戰爭結束，但在戰爭實踐中，停戰常導致戰爭的結束。判定停戰是否結束戰爭，應分析結束戰爭時雙方戰略環境的變化趨勢，洞察雙方戰爭指導者的戰略意圖，根據具體情況來確定，而不能拘泥於國際法規定的常規方法。

三、停戰協定的效力及實現途徑

按照國際法規定，簽訂停戰協定只是敵對行動的暫時中止，並不能結束戰爭。但是，一個不容否認的事實是，停戰常常是戰爭結束的先兆。之所以如此，是因為在戰爭結束階段戰爭指導者已經開始思考、嘗試甚或致力於在儘可能有利的條件下結束戰爭，這一戰爭指導意圖的出現成為影響戰爭結束階段形勢發展的一個最顯著因素。戰爭指導者可能會選擇加大軍事打擊力度，以謀求在更有利的情況下結束戰爭，如第二次世界大戰末期美國對日本使用了原子彈，以及越南戰爭中每當談判現出僵局時美國對北越的狂轟濫炸；也可能減弱打擊的力度，甚至在軍事上主動為對方提供一些「方便」，如1958年金門炮戰中實行隔日打炮，實際上是傳遞緩解對抗、結束戰爭的願望。特別是全面停戰協定簽訂，通常顯示出雙方結束戰爭的明確願望。

法學家早就注意到這種情況。《奧本海國際法》指出，全面停戰協定通常總是具有極大政治重要性而足以影響戰爭全局的協定，總是（雖然也不一定）為了政治目的而簽訂。可能是和平談判的條件已經成熟，戰爭結束在望，因此，軍事行動沒有必要了；或者是一個或幾個交戰國的軍隊已筋疲力盡需要休息；或者是交戰國國內發生困難，而解決這種困難比繼續作戰更為迫切；或者由於其他政治目的。例如，1871年1月28日法德戰爭結束時所簽訂的全面停戰協定第二條就明白宣稱，停戰的目的是要法國政府能夠召開國民大會來決定究竟是否繼續戰爭，以及究竟應接受怎樣的和平條件。另外，第一次世界大戰期間，每一個中歐國家請求停戰並且獲得了停戰，都是因為它已無力繼續戰爭而希望獲致和平。在全面停戰協定的締結資格上，《奧本海國際法》強調，由於全面停戰具有極大的政治重要性，所以只有交戰國政府本身或它們的總司令才有權締結這種協定；同時，不論協定中有無特別規定，批准的手續通常被認為是必要的。夏爾·盧梭在比較停戰與停火的區別時指出，停戰是一種混合或復合文件，按其規定來說它是軍事性的，而按其目的來

說則是政治性的——這就是停戰與停火的區別所在。《中國軍事百科全書（第二版）學科分冊〈戰爭法〉》也持同樣觀點。

全面停戰目的的高度政治性決定了停戰協定的締結往往都具有重要的政治前提。停戰協定的政治前提有時體現在停戰協議的文本中。比如，在第四次中東戰爭中，埃及和以色列於1973年11月11日簽署了有關停火的六點協議，協議規定：「埃及和以色列一致同意遵守聯合國要求的停火。」此前，聯合國安理會於1973年10月22日透過的338號決議，不僅要求雙方立即停火，而且要求執行包含要求以色列撤出1967年以後侵占的阿拉伯國家領土的聯合國安理會242號決議，並承諾「決定由各方面於停火的同時，立即在適當支持下開始進行談判，旨在建立中東的公正和持久的和平。」1974年1月18日，埃以兩國又簽署了使部隊脫離接觸的協議，協議明確規定：「埃及和以色列不把本協議看成是一個最後的和平協議。本協議是按照安全理事會第338號決議的條款和在日內瓦會議範圍內實現最後、公正、持久的和平的第一個步驟。」[9]埃以停火和脫離接觸協議中的這些規定，對埃及最後收回被占領土提供了政治保證。沒有這些政治保證，雖然埃及在軍事上處於被動狀態，但在西奈半島大部分領土被以色列軍隊占領的情況下，埃及領導人也不可能接受美國和以色列提出的停戰條件。

停戰協定的政治前提有時體現於與協定具有同樣效力的相關文件中。比如，1954年7月21日，有關方在日內瓦簽署了關於恢復印度支那和平的《日內瓦協議》。其中，在《關於在越南停止敵對行動的協定》、《關於在老撾停止敵對行動的協定》、《關於在柬埔寨停止敵對行動的協定》三個文件中，並沒有涉及政治問題。但是，同一天各方簽署的《日內瓦會議最後宣言》明確指出，法國政府將在尊重柬埔寨、老撾、越南三國獨立、主權、統一和領土完整的基礎上，來解決有關恢復和鞏固柬埔寨、老撾、越南和平的一切問題。鑒於越南是在國家尚未統一的情況下實現南北方停戰的，宣

言確認：「關於越南的協定的主要目的是解決軍事問題，以便結束敵對行動，並確認軍事分界線是臨時性的界線，無論如何不能被解釋為政治的或領土的邊界。」[10]這些規定保證了越南領土和主權不被分裂，保留了越南實現統一的法律依據。

　　停戰協定的簽訂通常要經過艱苦甚至漫長的談判。比如，普法戰爭中兩國談判從1871年1月19日持續到28日，德國和協約國之間從1918年10月3日持續到11月11日。二戰以後的停戰談判則更長。朝鮮停戰談判從1951年7月10日持續到1953年7月27日，美國與越南之間關於結束越南戰爭的談判持續了將近四年。有的談判是雙方直接談，有的是在第三方進行斡旋或調停下進行的。比如，法國為了促使1973年1月23日美越簽署《關於在越南結束戰爭、恢復和平的協議》進行了干預。

　　結束敵對行為的談判之所以複雜和曠日持久，與談判所涉及問題的繁多與複雜有關。與專題性的談判相比，停止敵對、結束戰爭談判的突出特點是，它通常要涉及雙方之間許多相互關聯，而非單獨某一個有分歧的重要問題，例如，談判主體的身份設計、停戰的時間、停止敵對行動涉及的範圍與種類、軍事分界線與非軍事區的確定、戰俘交換、監督與核查方法，等等。和平談判中還要涉及領土的處置、邊界的劃分、關於交換俘虜和撤軍的安排、賠償規定以及政權的性質和組成等。雙方在所有的問題上立場都有差距，在有些問題上差異很大甚至完全相反。於是，雙方都從事說服和討價還價，以便使問題逐個解決，或者暫時擱置和跨越所有問題尋求雙方都能接受的一項全面協議。說服使用的是「胡蘿蔔加大棒」策略，討價還價則使用讓步、有條件開價、交換或阻礙策略。直至最後雙方就所有的問題都達成了協議。

　　美國學者戈登·克雷格和亞歷山大·喬治對這種曠日持久的談判進行了深入研究。[11]他們以下圖（圖2－1）描述了此類談判的一

個假想模式。如圖所示，不同問題的解決進程以不均衡的速度展開。在談判的某個階段上，雙方可能達成某個嘗試性協議，但在後一階段也可能被推翻。同時，談判期間國際國內舞臺上可能出現新的、對談判目標和策略有重要影響的事態，成為影響談判的外因。在談判桌上每一方都會強調對它自己特別重要、它最少可能妥協的那些問題或問題的那些方面。然後可能出現彼此調整讓步：一方在某個問題上作一些讓步，另一方則在另一個問題上讓步。剩下的分歧可能得到妥協解決，或者被當作若干問題捆在一起來做交易的一攬子解決的組成部分。

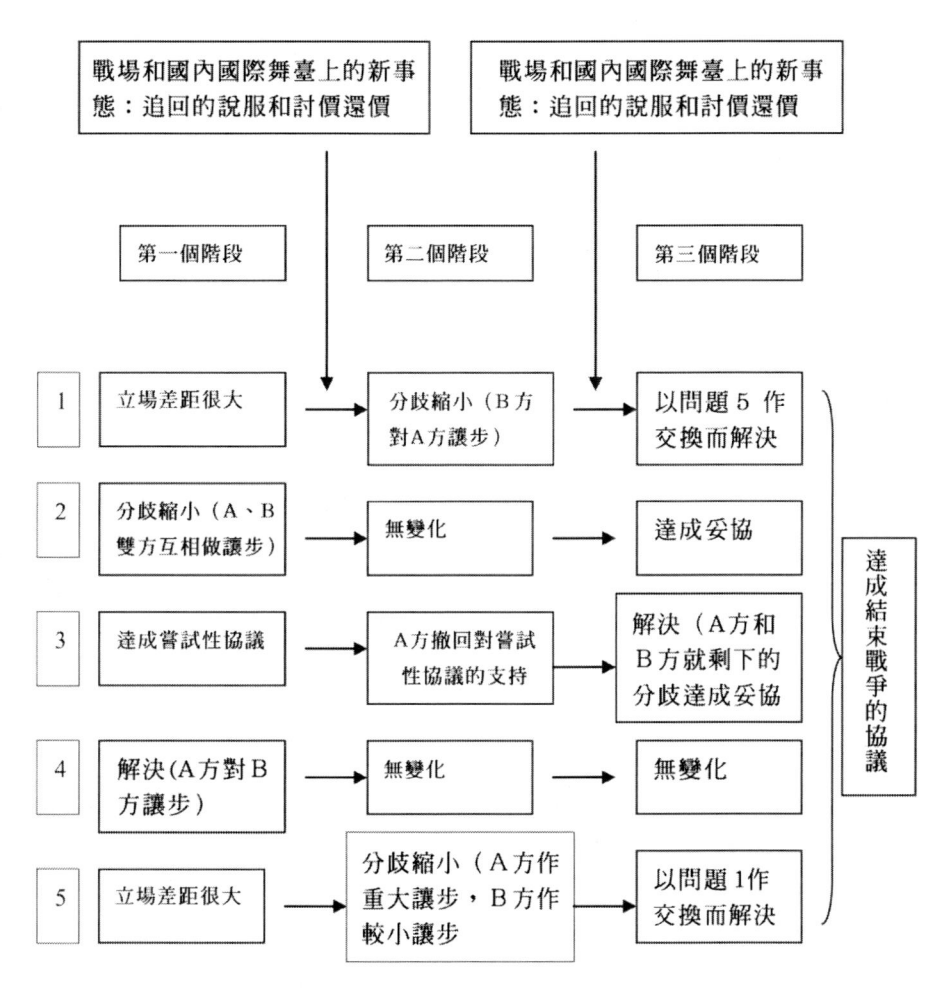

```
                戰場和國內國際舞臺上的新事          戰場和國內國際舞臺上的新事
                態：追回的說服和討價還價            態：追回的說服和討價還價

                        │                              │
                第一個階段 │        第二個階段          │      第三個階段
                        ▼                              ▼
```

	第一階段	第二階段	第三階段	
1	立場差距很大	分歧縮小（B方對A方讓步）	以問題5作交換而解決	
2	分歧縮小（A、B雙方互相做讓步）	無變化	達成妥協	達成結束戰爭的協議
3	達成嘗試性協議	A方撤回對嘗試性協議的支持	解決（A方和B方就剩下的分歧達成妥協）	
4	解決(A方對B方讓步)	無變化	無變化	
5	立場差距很大	分歧縮小（A方作重大讓步，B方作較小讓步）	以問題1作交換而解決	

圖2-1 戰爭結束的多問題談判進展（假想案例）

　　戈登·克雷格和亞歷山大·喬治還指出，談判並非必然導致對稱的協議。雙方不一定要作出大致相等的讓步，或達成一個平衡它們彼此競爭的利益的協議。原因是由於它們的討價還價力（能力加動機）可能不均等，另外一方的談判技巧可能超過另一方。即使一方完全戰敗，例如二戰中的德國和日本，仍可能擁有某種殘餘的討價還價力，可供它在投降談判中利用，以便在它認為至關緊要的問題上爭取到好的條款。

還應注意到,這種談判可能僅僅部分解決問題。雙方可能同意結束軍事敵對行動,而未就衝突中的所有問題達成協議,把問題留在以後解決。協議的一些條款還可能含糊不清,雙方都可以對它們作互相矛盾的解釋。協議中規定的某些事情可能事實上是假協議性質的,僅僅掩蓋了根本分歧,鋪就了通向未來衝突的道路。但是,如果非得達成協議,那就可能必須接受這樣的缺陷。

第二節 信任與軍事安全機制理論

研究兩岸軍事安全互信機制不能不論及信任與軍事安全機制理論。二十世紀七十年代末以來,隨著國際政治經濟相互依存的加強,越來越多的敵對國家和地區把建立安全機製作為解決「安全困境」(The Security dilemma)的優先選擇。在建立安全機制過程中,信任,就像一只看不見的手一樣,左右著安全機制的產生、建立、發展與逆轉。誠然,兩岸關係並非國與國的關係,六十年來兩岸一直存在的軍事敵對狀態也與敵對國家間的「安全困境」有著本質不同,由此,為結束這種軍事敵對狀態而建立的兩岸軍事安全互信機制,也與國際間軍事安全機制大異其趣,建立兩岸軍事安全互信機制必然不能照搬國際間建立安全機制或者建立信任措施的做法。但是,研究國際間建立軍事安全機制的具體實踐,特別是研究在建立軍事安全機制過程中如何解決信任匱乏,逐步凝聚共識,推進軍事安全機制建立和發展的經驗教訓,無疑對理解和把握兩岸軍事安全互信機制問題具有重要的啟發意義。

一、軍事安全領域中的信任

信任作為一種道德規範古已有之,它普遍存在於個人與個人、

個人與團體、團體與團體、國家與國家之間。信任的定義多種多樣。在中國古漢語中，「信」與「任」是兩個不同含義的詞彙。信就是誠信的意思。《說文解字》說：「信，誠也，從人言。」其排序把信列入「言」部，而非「人」部，顯示出信與人言有重要聯繫，也暗示著言與行分離的可能性。孔子認為，信是處理人與人關係的道德品質之一。《論語》載：「子以四教：文，行，忠，信。」「吾日三省吾身：為人謀而不忠乎？與朋友交而不信乎？傳不習乎？」孔子還最早把「信」與「任」聯在一起使用，指出「恭則不侮，寬則得眾，信則人任焉，敏則有功，惠則足以使人」。可見，孔子主要從人與人關係的角度揭示了信任的含義。

　　與中國古代對於信任的樸素理解相比較，現代社會科學對信任的研究更為全面。有的把信任當作一種關於重大利益的計算，認為信任是「另一方傾向於相互合作而不是盤剝自己的合作的一種信念（belief）」[12]，反之，不信任是認為對方會盤剝自己的合作的信念。有的把信任當作一種心理狀態，認為「信任是建立在對另一方意圖和行為的正向估計基礎之上的不設防的心理狀態」。[13]有的把信任當作一種制度安排，認為「信任是理性的國家為確保自身利益的最大化、為不可預測的未來行動賦予良好期盼的一種制度安排，是解決不可控制的、複雜的國際和地區問題的一種重要策略。」[14]這些定義都從不同側面揭示了信任的本質。政治心理學家拉森（Deborah Welch Larson）在比較了理性選擇論、內部結構論以及社會心理學等三種信任與不信任的解釋模型後認為：「心理學意義上的信任可能涉及三種不同的意義——可預測性（predictability）、可信性（credibility），以及良好的意圖（intentions）。」[15]其中，可預測性大致相當於預期信任。可信性是指信任主體相信客體會信守諾言。這種承諾可能來自客體本人的表達，也可能來自制度明確或默認的對客體的行為規範。對信任客體良好意圖的確定則帶有較強的主觀情緒色彩。

因此，可以認為：第一，信任即是一種心理狀態。信任可以被恰當地理解為「儘管不確定，但仍然相信」。[16]當信任某人時，我們相信：「（1）他所講的話是真實的；（2）他在關心我們的福祉，並且被我們正在對他所懷有的依賴心理所感動；（3）他有能力履行自己的承諾；（4）他的言行是一致的。」第二，信任也是一種行為選擇。「被信任的一方會感到自己有必要去實現對自己投以信任的一方對於自己所懷有的期待」。[17]

信任是合作的前提，人與人之間、組織與組織之間、國家與國家之間都離不開信任。社會學家蓋奧爾格·齊美爾（Georg Simmel）說，信任是「社會中最重要的綜合力量之一」。「沒有人們相互間享有的普遍的信任，社會本身將瓦解，幾乎沒有一種關係是完全建立在對他人的確切瞭解之上的。如果信任不能像理性證據或親自觀察一樣，或更為強有力，幾乎一切關係都不能持久。」[18]美國著名信任研究專家弗蘭西斯·福山（Francis Fukuyama）在闡述自己的名著《信任——社會美德與創造經濟繁榮》一書的宗旨時指出：「我們從檢驗經濟生活中獲得的一個最重要的啟示是：一個國家的福利以及它參與競爭的能力取決於一個普遍的文化特性，即社會本身的信任程度。」[19]

與單個的自然人不同，國家是人的集合體，它可以透過一個國家內部人群之間的契約和分工，在國際間的無政府狀態中實現完全自助式的生存。因而，與單個的自然人與自然人之間的關係相比，國家之間以及內戰國家中政治勢力之間的信任更難以產生，軍事安全領域的信任尤其如此。信任始終是軍事安全領域的稀有之物。首先，這是由軍事安全的主體間性決定的。軍事安全的主體是獨立擁有武裝力量與相對固定地域的政治行為體，主要包括國家、地區性軍政集團、內戰中的合法政府以及叛亂團體或交戰團體。這些政治行為體之間關係的共同特徵是無政府狀態。一個行為體對另一個行為體的信任實際上就意味著前者在一定程度上依賴後者，這就等於

提高了信任主體自身的脆弱程度。因此，相互戒備和防範是國家之間、內戰國家的各政治勢力之間的常態。其次，這是由軍事安全的競爭性決定的。在國際無政府狀態下安全總是相對的，一國是否安全以別國是否構成威脅為參照系，一國的安全常常意味著參照國的不安全。國家為確保自己的安全，採用的主要手段是建設和保持足夠強大和有效的軍事力量。然而當每個國家都致力於謀求這種安全優勢時，國與國之間就陷入了「安全困境」（The Security dilemma）。發生內戰的國家中敵對政權之間的關係也與此相似。再次，這是由軍事安全領域活動的特殊要求決定的。軍事安全與戰爭領域是一個充滿欺騙、詭詐，講究出奇制勝的領域。孫子說：「兵者，詭道也。故能而示之不能，用而示之不用，近而示之遠，遠而示之近。」「攻其無備，出其不意。」[20]「兵以詐立，以利動，以分合為變者。」[21]這些要求體現了軍事安全領域活動的共同特點，顯示了軍事安全領域信任產生的難度。

　　當然，也有學者指出，即使那些正在進行殊死搏鬥的敵對雙方，也存在著一些起碼的信任。為不使戰爭變為滅絕式的殺戮，交戰雙方在運用暴力解決爭端的同時，也創造了一些雙方都自願遵從的最基本的慣例和節制措施。例如，許多原始部落不會讓整個族群殺到片甲不留，而是選擇一對一的決鬥形式——用雙方的頭號勇士代表各自的部落來解決爭端。為有效溝通消息、避免誤解，大多數交戰方都接受「兩國交兵，不斬來使」的約定；為了促進部族的繁衍和發展生產，對婦女、兒童和部分俘虜實行「豁免」；中立地區的「豁免」；以及在某些時段——例如，舉行宗教儀式時，實行停火休戰等做法。[22]另據學者研究，在中國古代，春秋中期以前的戰爭，除了鐵血廝殺這殘酷的一面以外，還存在著比較多的以迫使敵方屈服為基本宗旨的溫和一面。即便是在鐵血殘酷較量那類戰爭中，也並不缺乏崇禮尚仁的特色，這與戰國以後那種「爭地以戰，殺人盈野；爭城以戰，殺人盈城」[23]的濫殺現像是有所區別的。

即使到春秋後期，儘管戰爭指導觀念上逐步由「以禮為固」向「兵以詐立」的轉變，由重「偏戰」（各占一面相對）的「堂堂之陣、正正之旗」演變為「出奇設伏、兵不厭詐」。[24]但是，孫子所謂「兵者，詭道也」、「兵以詐立」、「兵不厭詐」也僅僅指戰法的詭詐多變、出奇制勝而言，與道德上的「欺騙」、「欺詐」的意思完全不同。[25]人類在戰爭實踐中所創造的這些互信措施今天仍廣泛存在於戰爭實踐中，有的還被制度化，成為當代戰爭法的重要內容。從這個意義上講，迄今為止人類進行的絕大多數戰爭都是「有限戰爭」。

在肯定這類信任的同時，也看到這類信任的侷限性：它只不過是以相對節制的廝殺保證廝殺的持續。我們要重點研究的軍事安全領域的信任則不同，它是以追求和平、避免戰爭為目的，其實質是相互敵對的政治行為體相信對方同樣傾向於有條件地限制甚至放棄使用武力，並與其他行為體透過協商規範軍事安全領域中權利義務和行為的一種態度。這與相信對方在戰爭中不「濫殺無辜」的信任在性質、程度與內容上都是不同的。

需要指出的是，在同盟與敵手、友好與敵對、互信與互疑之間，並沒有一條清晰的界限。既可化敵為友，也可反目為仇，信任總是相對的、變動的。因此，如果想要化解敵對或者鞏固聯盟政治行為體之間增進互信的活動任何時候都不能停止。

二、軍事安全機制的概念

軍事安全機制，顧名思義，就是作用於軍事安全領域的機制。軍事安全的主體有三類：一是內戰中的政權，如國共內戰期間國民黨領導的國民政府與共產黨領導的紅色革命政權；二是準國家行為體，主要是那些爭取民族獨立與解放的地區政權組織，如巴勒斯坦

國建立以前的巴解組織;三是主權國家。由於主權國家是軍事安全最常見的主體,軍事安全機制通常是國際關係領域研究的重要問題。國際機制理論的研究成果對於理解各種軍事安全機制具有重要啟發。

機制(Regime)的含義大體相當於規則。據王逸舟考證,此術語大概源於醫學,意思是:為了保持和促進某種機體(如人體)的健康成長,醫生安排規定了一整套飲食、鍛鍊、養生的辦法或療程,這套由各種辦法和療程組成的東西就叫「regime」。王逸舟進一步強調,不管用到什麼領域,各種regime含義的要點是共通的,即:一是旨在促進福利(增進好處),二是權威的安排,三是系統性完整性。[26]

機制在國際關係領域被稱為國際機制,克拉斯納於國際機制的定義最為著名。他將國際機制定義為「國際關係特定領域裡匯聚著行為體預期的一系列默示和明示的原則、規範、規則和決策程序。原則是關於事實、原因和公正的信念;規範是以權利和義務界定的行為標準;規則是對行為的具體規定和禁止;決策程序是制定和實施集體選擇的實踐。」[27]克拉斯納的這一定義之所以被廣泛接受,因為它比較明確地揭示了國際機制的本質,即國際社會成員基於共同利益和預期而形成的一整套共同的行為原則、規範、規則和決策程序。[28]基歐漢對克拉斯納的定義進行了改進與簡化,認為國際機制是「對相互依賴關係產生影響的一系列控制性安排」,以及「有關國際關係特定問題領域的、政府同意建立的有明確規則的制度」。[29]在基歐漢的定義中,上述四要素被合併稱為制度,另外,在兩方面對機制進行了限定:一是機制是作用於特定問題領域的,二是強調機制的正式性,把克拉斯納定義中「默示」的內容排除了。

綜合上述西方國際關係學界對於國際機制的理解,主要包括以

下幾點：1.它是為解決某一特定領域的問題而建立的；2.它體現了行為主體共同的利益預期，並由雙方政府同意建立；3.它是一整套相互聯繫的行為原則、規範、規則和決策程序；4.它可以是行為主體默示的規則，也可以是正式承認的有明確規則的制度； 5.它在實踐中對行為體起著約束作用。

按照問題領域劃分，國際機制可分為若干類別，安全機制是與政治機制、經濟機制、文化機制等並列的一個類別。安全可以分為傳統安全和非傳統安全。傳統安全主要指軍事安全，其主體是主權國家。非傳統安全包含了個體、國家、地區和全球等不同層次的安全，也包含了經濟、社會、環境、政治和軍事等不同領域的安全。傳統國際安全機制的研究聚焦於國家主權、領土完整以及其他重大利益不受他國威脅和侵犯，維護和創造良好的國際政治秩序和安全環境等。軍事安全是維持國家主權和身份的需要，也是國家生存和發展的基本前提。在以自助（self-help）為主要行為方式的國際無政府系統中，維護國家安全的主要手段是政治與軍事交替使用，而國防建設與武裝力量運用則是國家安全的基礎。傳統國際關係理論所研究的安全機制基本可理解為軍事安全機制。

關於安全機制的概念，最常引用的是羅伯特·賈維斯（Robert Jervis）的定義。他認為：安全機制是「容許國家相信其他國家將予以回報，而在它的行為上保持克制的那些原則、規則和標準。這一概念不僅指便於合作的標準和期望，而且指一種超出短期自我利益追逐的一種合作形式。」[30]哈拉爾德·穆勒認為：「安全機制是約束國家間安全關係的某些方面的原則、規範、規則和程序的體系。」他指出：「當所有的四個要素能被識別和當這一機制在一個給定的問題領域控制了足夠的變量，以約束和終結與控制變量有關的單邊自助行為來影響各方行為時，一個機制便存在了。」[31]中國戰略學者徐棄郁對上述定義作了改進，認為國家安全機制是「為達成某一共同的安全目標而建立的，容許國家相信其他國家將予以

回報，而在它的行為上保持克制的那些原則、規則和標準。這一概念不僅指便於合作的標準和期望，而且指一種超出短期自我利益追逐的一種合作形式。」[32]

可以看出，學界關於安全機制的概念基本由克拉斯納的概念演變而來。透過列舉以上定義，對軍事安全機制可作如下理解：1.它是作用於軍事安全領域的特定目標而建立的；2.它是由一些原則、規範、規則和程序組成的體系；3.它建立在一定的互信基礎之上；4.它能夠促進相關方保持行為上克制，以謀求相期的共同利益。

特別需要指出的是，儘管在分析軍事安全機制的概念時大量運用了國際安全機制的研究成果，但軍事安全機制也可能存在於一個國家內部兩個或多個相互敵對的政權之間。當一個國家發生了內戰，並且長期難以結束時，常常會形成叛亂團體或交戰團體擁有政權和軍隊並長期有效地控制著一國境內某些領土的事實。中央政權與叛亂團體或交戰團體之間的關係雖然是一國之內不同政治勢力之間的關係，但在某些特殊時期，它們也可能會建立某種形式的軍事安全機制。比如，1937年形成的第二次國共合作既是一種統一戰線的表現形式，也可以視為是國共兩黨透過相互妥協而建構的一個完整的軍事安全機制。以下根據克拉斯納提出的四要素試作分析。

原則：1.國民政府承認中共合法地位；2.共產黨承認國民黨在全國的領導地位，停止武裝推翻國民黨政權，停止以暴力沒收地主土地。3.結束內戰，共同抗日。

標準：取消紅軍名義及番號，改編為國民革命軍，受國民政府軍事委員會之統轄。

規則：1.紅軍主力改編為第八路軍，三個師四萬五千人，設總指揮部，朱正彭副；2.不接受國民政府派來的高級參謀和政治部副主任；3.南方八省的紅軍和游擊隊改編為新四軍；4.八路軍主力出動後集中作戰不得分割；5.擔任綏遠方面之一線；等等。

決策程序：1.共產黨在武漢設代表團負責與國民黨聯絡；2.國共兩黨成立「兩黨委員會」；3.八路軍總部接受蔣介石和第二戰區閻錫山司令長官的意圖和指令，獨立指揮作戰。

事實證明，抗日戰爭初期至皖南事變以前，這一機制較好發揮了作用。兩黨之間政治上強烈的防範心理，很少直接表現在軍事關係上，特別是前方戰鬥部隊當中就更是如此。在這種合作機制下，中國軍隊進行了平型關、忻口、太原保衛戰等戰役。當時國共兩軍各層次指揮員關係都不錯，朱德、彭德懷經常向閻錫山和南京軍委會提出作戰建議，國民黨亦比較重視八路軍的裝備武器補給等問題。由於合作順利，閻錫山抗戰初期曾將與八路軍相鄰部隊交予朱德轄制指揮。[33]

再比如，1946年1月10日，國共雙方正式簽訂了《關於停止國內衝突的命令和聲明》。為保證停戰令的執行，1月14日在北平成立了由國共和美國三方代表為首的軍事調處執行部。軍調部的任務是監督執行停戰協定，負責恢復交通，遣返日軍、日僑和中國陸軍的復員、整編。從1946年1月至1947年1月，這種安排也在國共兩軍之間形成了一個完整的軍事安全機制，在一定時期內延緩了內戰的爆發。

根據不同標準，軍事安全機制可劃分為多種類型。按照其基本取向不同，軍事安全機制可分為包容的或內向的（Inclusive or Inward-oriented）和排外的或外向的（Exclusive or Outward-oriented）兩種基本類型。

內向型軍事安全機制，即安全目標針對機制內部行為主體。內向型安全機制並不以團結對敵為指向，而是以成員之間內部合作安全為手段，以建構理想的區域安全秩序為歸宿。內向型安全機制更多地認定安全的基礎是政治關係，暴力是可以避免的，機制內行為主體被認為是夥伴和合作者，安全是共同體的安全，它鼓勵透過政

治關係以和平、多邊決策的方式保證安全。按照目標的不同，內向型軍事安全機制也可分為兩種：一種是尋求和平共處的機制，意在協調和控制機制內部各成員之間的衝突；另一種是旨在加強成員國之間聯繫，或建立一個共同體。前者如十九世紀上半葉的「歐洲協調」、國聯安全機制、聯合國安全機制、美蘇冷戰時的雙邊安全機制、歐安會安全機制等；後者如歐洲國家正在努力建設的歐洲獨立防務與安全體系。總體看，內向型軍事安全機制在包容性上差異甚大，有些具有很強的排他性，如冷戰時美蘇之間的某些機制安排，抗日戰爭時期的國共軍事合作機制。有些則屬完全開放型，如聯合國安全機制。總體而言，這類機制的結構相對鬆散，其有效性更多地建立在各成員國對有關原則、規則心照不宣地尊重的基礎上，而不是依靠機制本身的強制性和約束力。[34]

外向型軍事安全機制是指在特定的歷史條件下，兩個或兩個以上國家為了利用武力對付外來威脅而形成的一種軍事政治聯合[35]。典型的表現是軍事聯盟。不同時代人們對外向型安全組織的評價不同。一戰以前，外向型安全組織一直被認為是維護地區均勢、保障地區安全的重要手段。一戰後人們開始嚴厲批評軍事聯盟政策，企圖建立集體安全。二戰中反法西斯戰爭聯盟取得勝利，人們又開始積極評價外向型安全機制在維護世界和平中的作用，冷戰後這種情況似乎又發生了某種改變。值得一提的是，美國在實施建立外向型安全機制戰略時往往強調其防禦性質，通常將外向型安全機制稱為「集體安全組織」（collective security），如北約、中央條約組織等。這種集體安全組織的原則是，任何其他國家對該安全機制中任何成員的進攻即是對該安全機制全體成員國的進攻。但是，這種集體安全組織不同於聯合國等國際組織，它針對的是外來威脅，從本質上看是外向型安全機制。

應當指出的是，外向型軍事安全機制與內向型軍事安全機制的區分是相對的。例如前述抗日戰爭時期國民政府與中共政權之間建

立的軍事安全機制,實際兼具外向與內向兩方面的特徵。一方面,它有效化解了國民政府與中共抗日民主政權在軍事上的矛盾,具有內向型特徵;另一方面,它使兩支中國軍隊聯合起來共禦外侮,也具有外向型特徵。

除了上述分類,學者們還提出其他一些分類標準和方法。根據表現形式,軍事安全機制可分為正式的和非正式的;根據成員多寡,軍事安全機制可分為多邊的和雙邊的;按照作用範圍,軍事安全機制可分為全球性的和地區性的;按照安全問題的性質,可分為應對傳統軍事問題的和應對非傳統軍事安全的軍事安全機制。另外,按機制正式程度和期望匯聚程度的高低,軍事安全機制又可分為正式程度高和期望匯聚程度也高的「經典」軍事安全機制;正式程度高而期望匯聚程度低的「徒有虛名」的軍事安全機制;以及正式程度低而期望匯聚程度較高的「心照不宣」的軍事安全機制。按機制活力或彈性大小,軍事安全機制可分為強、弱、空乏和死亡四種,其中活力強的機制,指機制受到衝擊後,參與主體仍依機制的原則、標準、規則、決策程序行事;弱的機制則指參與主體遵從原則和標準但違背規則和程序;空乏是指規則和程序得到遵守但放棄了原則和標準;死亡則指機制的所有四個要素都被放棄,使機制名存實亡或名實俱亡。還有的學者考察冷戰後保留下來的國際安全機制時,區分了三種不同類型的安全機制:基礎機制(Foundation Regimes),指將形成一個地區軍事安全機制之基礎的具體問題機制;遺留機制(Vestigial Regimes),指雖存活下來但只表現為一種退化了的形態的機制;變更機制(Mutated Regimes),指「勝利了的冷戰機制」,雖然為適應變化了的環境而在表現形式上有所有變化,但很完整地存活下來而基本未變的機制。

三、信任與軍事安全機制的建立

军事安全機制一旦建立並有效運轉，就可以進一步強化行為體之間的信任，進而為形成新的相互認同創造條件。作為權力政治的對立面或補充手段，軍事安全機制建立的目的在於緩解權力政治無限制施展特別是濫施武力所帶來的消極後果，以合作的、和平的方式促進國家安全。同時，軍事安全機制一經建立並有效發揮作用，就可以進一步強化行為體之間的信任，進而為形成新的相互認同積累共識創造條件。對於軍事安全機制的這一作用機理，基歐漢認為，經濟領域的國際機制有三個基本作用：提供訊息；降低交易成本；使相互間的期望變得穩定。軍事安全領域的機制也是如此。斯泰因指出：「在合適和相關之處，安全機制這一概念非常有助於說明更為有效的衝突管理的可能性。它透過強調在一個不確定世界中訊息的價值、在一個非結構化環境中交流的重要性，以及在就不存在一致之處的原則和規範進行談判和在同意的原則框架內就利益分配進行談判之間的不同，來做到這一點。」曼弗雷德·艾芬格認為，「信任與安全建立措施」機制也可以實現這三項基本功能。[36]具體說，軍事安全機制透過以下幾個方面的作用增強行為主體之間的信任。

　　首先，軍事安全互信機制能夠為成員提供一個持續、穩定的訊息溝通平臺。暢通的訊息溝通是建立互信的必要條件。但是，訊息溝通渠道在敵對國家和政治行為體之間總是一種稀有資源。根據傳統的國際法，戰爭爆發意味著外交往來和領事活動的斷絕。此外，人員交流、經濟貿易也受到極大限制。[37]在內戰中，各方也往往呈現楚河漢界、涇渭分明的對峙態勢。於是形成這樣一種惡性循環：相互隔絕造成相互之間訊息的匱乏，訊息的匱乏又易於激發戰爭的非理性因素 [38]，結果是仇恨的種子逐漸積累，和平的因素終被湮沒。這種惡性循環是任何一個負責任的政治家和統帥必須警惕和防止的。軍事安全互信機製為隔絕的雙方建立了制度化的溝通渠道，克服了戰爭和敵對導致的訊息缺乏，為敵對雙方準確把握對方

意圖、及時消除誤解、促成某種程度的合作提供了方便，從而增大了以政治手段化解衝突的可能性。

其次，軍事安全互信機制能夠提供明確的行為規範和監督、懲罰措施。政治行為主體之間缺乏互信突出地表現在相互之間意圖的不確定和能力的不確定。二者相比較，能力的把握相對容易，意圖的把握則更為困難。軍事安全機制透過提供明確的行為規範，對行為主體各行其是的自助行為進行一定限制，把它們友好善良的願望化為規範的、可監督查證的行為，強化了行為的可預期性，增大了違約行動的代價，減少了投機行為的可能性。雖然在對方意圖的把握上仍存在侷限性，但不失為一種可操作的方法。

再次，軍事安全互信機制功能「外溢效果」（spillover effect）的作用。「功能外溢」原理類似於良性互動，簡單地說就是指一個部門領域的合作措施所產生的正向效果，會對其他部門領域形成示範和壓力，從而在其他部門領域也產生類似的合作措施。根據這一原理，軍事安全機制如果能夠發揮作用，不僅可以促進敵對雙方軍事領域的互信合作，也能為增進雙方政治互信積累經驗、營造氛圍。

最後，但卻是極為重要的是，所有軍事安全互信機制的建立無一不伴隨著政治立場的接近，政治立場的接近有時直接體現於協議文本之中，有的則構成了相對緩和的時代背景，成為機制合法性、有效性的重要支撐。

軍事安全機制產生發展的歷史證明了這一點。杰維斯在考察了近代第一個國際安全機制「歐洲協調」以後認為，「歐洲協調」透過四種途徑對國家行為實施影響：第一，對「歐洲協調」能夠繼續發揮作用的期望透過大家所熟悉的自我實現的動力幫助其維持下去。其中，和平能夠持續的期望是至關重要的。再者就是，儘管沒有哪一個國家對「歐洲協調」完全滿意，但所有的國家都覺得它比

其他可能的替代安排更好，因而給與了優先考慮來維持它。第二，「歐洲協調」機制透過反對強行改變現狀的方式維持自身的存續。第三，「歐洲協調」透過互惠規範的動作來加強自身。因為互惠被視為指導行為者的行為規範，政治家們不再害怕他們在一個問題上的讓步被其他人看作軟弱並用以得寸進尺。在「歐洲協調」機制下，合理的讓步不會被認為是軟弱可欺，也不會導致來日的一再退讓。這樣就大大降低了合作的風險和代價，使合作的可能性得以擴大。第四，「歐洲協調」機制使哪怕是最低限度的組織化的發展而變成一個獨立因素。儘管缺乏正式的機制，沒有出現超國家的秘書處等機構，所有決定及其貫徹仍然掌握在國家領導人手中。但是，「歐洲協調」為彼此間的合作提供了便利條件，使訊息和期望能得到相當快速和有效的分享。

然而，關鍵的問題在於軍事安全互信機制能否建立。任何機制的建立都需要一定的信任為前提，軍事安全互信機制尤其如此。從上文羅伯特·杰維斯對軍事安全機制定義也可以看出，軍事安全機制本身就體現了行為主體之間的某種信任關係。杰維斯還指出了機制建立的四個條件：「第一，大國必須想建立它。第二，行為體必須相信其他行為體也分享並珍視他們關於安全與合作的價值觀。第三，當一個或更多的行為體相信安全最好由擴張來實現時，安全機制便不能形成。擴張必須被視為不是實現安全的最好方式。第四，戰爭和單方面對安全的追求必須被視為是昂貴的。」[39]杰維斯還指出：各國必須相信其他國家也珍視相互安全與合作的價值，例如，倘若某個國家認為它所面臨的是希特勒式的政權，它就不會尋求建立安全機制。[40]可以看出，僅僅相關方各自擁有和平的願望、合作安全的觀念以及對現狀的認可是不夠的，他們還必須彼此相信對手也具有相似的觀念和看法，並且能夠信守承諾，而這種彼此的信任是政治行為體在行為上保持自我克制的基本前提。

軍事安全機制的建立可以增進信任，但軍事安全機制建立本身

又必須以信任為基礎，這構成了一個類似於先有雞還是先有蛋的困境。破解這一困境是政治家和統帥的責任，而解釋這一困境則是軍事理論研究者不容迴避的課題。

解釋軍事安全機制建構中的信任困境，必須運用對信任進行程度區分的方法。巴內和哈森（Barney & Hansen）曾經把信任劃分為低度信任、中度信任和高度信任三種不同程度。[41]借鑑這種思路，我們可以把軍事安全領域中的信任區分為無信任、低度信任、中度信任、高度信任四種程度，並將它們與衝突解決的和平傾向建立起聯繫，由此可以呈現如圖2-2顯示的對應關係：無信任是一種缺乏最起碼武德的狀態，雙方不僅把戰爭作為唯一的解決方式，而且在戰爭中毫無任何信義可言，包括對於像戰爭法規定條款的違背。低度信任可以稱為雙方致力於武力解決的信任，雙方均堅持武力是解決衝突的唯一辦法，並相信對方和自己一樣絕不容忍妥協，即使達成妥協也不能遵從，但是在戰爭中雙方能夠遵從當時公認的武德規範。中度信任可稱為傾向於和平解決的信任。衝突的一方或雙方不僅遵從戰爭法的基本原則和規定，並且開始考慮用非戰爭方式解決問題的可能性，彼此還希望對方也有這種傾向。這時，雙方可能會採取一些有限的非敵對行為，以試探對方的態度，甚至還可能進一步發生接觸，探討限制武力、結束敵對的可能性問題。高度信任可稱為致力於和平解決衝突的信任。衝突的雙方經過長期合作，對對方合作解決矛盾的政策選擇深信不疑，雙方互信不斷強化。

武力解決 濫殺無辜	致力於武力解決	傾向於和平解決	致力於和平解決
無信任	低度信任	中度信任	高度信任

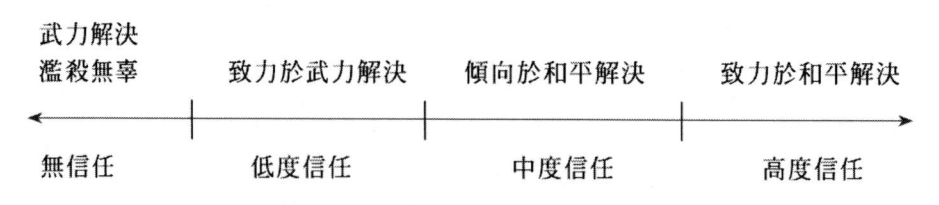

圖2-2 信任程度與衝突解決的和平傾向對應圖

和平解決爭端與軍事安全機制的建立存在高度的一致性。在無政府狀態下，互不隸屬、非等級制的政治系統謀求自身安全的方式有兩種：一種是以單方面行動謀求自身安全，把自身的安全建立在對方不安全的基礎之上，甚至不惜採取暴力手段。另一種是以對話合作謀求自身安全，尊重相關方包括敵對方維護自身安全的合理要求，與它們平等協商、共同合作，以達到互惠互利、共同安全的雙贏目的。而透過協商建立一系列自願接受和遵守的行為規則，以明確彼此預期、規範彼此行動，是互不隸屬、非等級制的政治系統以非戰爭方式化解矛盾、增強安全、鞏固合作的必然選擇。行為主體互信程度越高，和平的願望就越強，建立軍事安全互信機制的可能就越大。按照這種思路，上述信任程度與和平解決衝突傾向之間的聯繫也可以理解為信任程度與衝突解決機制化傾向之間的聯繫。

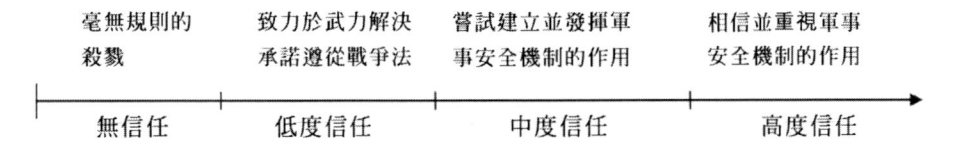

毫無規則的殺戮	致力於武力解決承諾遵從戰爭法	嘗試建立並發揮軍事安全機制的作用	相信並重視軍事安全機制的作用
無信任	低度信任	中度信任	高度信任

圖2-3 信任程度與衝突解決的機制化傾向對應圖

如圖2-3所示，從衝突解決中的機制化傾向來看，無信任表現為毫無規則、滅絕式的征伐和殺戮，「爭地以戰，殺人盈野；爭城以戰，殺人盈城」[42]。這種戰爭追求最大限度地使用暴力，甚至湮沒了戰爭的政治屬性，人類進入文明社會以來，這種「絕對戰爭」是極少見的。低度信任表現為敵對方對戰爭法基本原則的遵從。此時戰爭被認為是各方實現政治目標、解決彼此爭端的合法工具，有時甚至是首要選擇。但是，為避免毫無意義的傷害，相互承諾遵從戰爭法的基本原則。中度信任表現為對以建立軍事安全互信機制緩和敵對、化解紛爭的認可。此時相關方雖沒有放棄武力，但已不排除並且傾向於以建立某種機制的方式保持現狀，為未來透過政治談判解決爭端創造條件。也就是說，它們之間的信任已經達到

這樣一種狀態：第一，他們傾向於相信對方也和自己一樣願意用合作的方式解決安全問題；第二，他們傾向於相信一旦雙方能夠形成一些行為規則，對方會按照這些規則行事。高度信任表現為各方懷有「對於和平變革的可靠預期」，即無論成員之間出現何種爭端，都會在軍事安全互信機制的框架下以非暴力的方式得到解決。這必須要在軍事安全互信機制建立並有效運轉較長時間後，由於相關方的信任不斷積累，它們雖有獨立的武裝力量，但都更強烈地認識到和平解決的巨大價值和現實可能，因而才致力於以機制化方式和平解決各種軍事安全問題。

第三節 建立信任措施（CBMs）理論

　　1995—1996年臺海危機以後，一些學者開始借鑑國際間建立信任措施（CBMs）的經驗，探討如何緩和兩岸軍事敵對、避免兩岸軍事衝突的問題。建立信任措施（Confidence-Building Measures，CBMs）是冷戰時期東西方關係緩和的產物，當時核戰爭的巨大風險為軍事領域建立信任措施提出了需求，而東西方關係緩和的實現，則為軍事領域建立信任措施創造了條件。同時，美蘇和歐安會國家建立信任措施的成功又極大地緩和了東西方之間的緊張關係，減少了戰爭隱患，促進了歐洲的和平穩定。冷戰後，越來越多的國家和地區開始重視建立信任措施化解衝突、加強合作的功能，使其成為國際衝突預防的基本工具。本節首先介紹建立信任措施的理論與實踐，然後探討建立信任措施理論在兩岸軍事關係中的適用性問題。

一、建立信任措施概述

（一）建立信任措施的概念

建立信任措施（Confidence-Building Measures，CBMs），臺灣譯為信心建立措施或信任建立措施，最初是國際軍備控制與裁軍的外圍措施和組成部分。作為一個專有名詞，建立信任措施最先由比利時與義大利透過歐洲安全合作會議，於1973年赫爾辛基會議前的預備會提出，經過兩年的談判，體現於1975年歐洲安全與合作會議（Confidence on Security and Cooperation in Europe，ESCE）《赫爾辛基最後文件》（Helsinki Final Act）。1986年斯德哥爾摩會議文件（Document of the Stockholm Conference）建立信任措施改稱為建立信任與安全措施（Confidence and Security-Building Measures，CSBMs），也被稱為第二代建立信任措施。建立信任措施提出以後，被國際間廣泛運用，作為化解敵對國家間衝突、增進相互瞭解、減少猜疑從而緩解緊張局勢並防止爆發戰爭的措施。

挪威前國防部長霍斯（John Jorgen Holst）認為，建立信任措施是加強雙方彼此在心智與信念上互為理解的一種措施，其目的在於增加軍事活動的可預測性，使軍事活動有一個正常規範，借此確定雙方的企圖。[43]

美國國務院公共事務局（Bureau of Public Affairs）認為，信心建立措施是為了增進兩國間的公開、相互瞭解與溝通的協議，建立信任措施被設計用於減低因意外、誤判或不良溝通以至於爆發衝突的可能性，減少突襲或政治威脅的機會，藉以增進承平與危機時期的穩定。[44]

美國太平洋論壇（Pacific Forum）主席科沙（Raltph Cossa）認為，建立信心措施應該包含正式和非正式的措施，同時可以是單邊、雙邊或多邊作為，其目的皆在強調防止或解決國家之間在軍事與政治上的不確定性。這種界定著重於國家安全事務，試圖解決敵對國家間彼此意圖的不確定性、增加可預測性。[45]

彼德森與韋克斯（Susan M.Pederson & Stanley Weeks）認為，廣義的建立信任措施包含許多政治、經濟與環境的設計，這些設計也許與安全沒有直接的關係；但在整體上，間接對區域的信心及安全，可能超過那些特地為促進信心與安全設計的措施。狹義的建立信任措施則是和軍事與安全有直接的關係，是增加信心及安全的作為。[46]

臺灣學者林文程認為，建立信任措施可以包括任何單邊、雙邊或多邊，被用以因應、阻止或解決國家間不確定的正式或非正式措施。它可以是經由正式談判所獲至的結果或非正式的協議，可以有或是沒有法律拘束力。因此建立信任措施可以是正式的多邊條約，例如第一、二軌道之雙邊或多邊安全對話；建立信任措施可以是軍事或非軍事領域，建立信任措施可以單邊實施。[47]

大陸學者潘振強、夏立平認為，建立信任與安全措施旨在透過增加各國在軍事領域的公開性和透明度、限制軍事部署和軍事活動、表明沒有敵意等方式，來增進各國之間在安全上的相互信任感，減少相互之間因對對方軍事活動發生誤判而引發武裝衝突或戰爭的危險，減少發動突然襲擊的能力。雙邊建立軍事上的信任與安全措施通常是在雙方有一定的政治信任基礎上達成的，它又可以反過來促進雙方在政治上的相互信任。建立信任與安全措施通常是對該地區形勢緩和的反應和結果，它往往又可以反過來推動該地區形勢進一步向緩和方向發展。[48]

大陸學者劉華秋認為，建立信任措施是國家之間為增進相互瞭解、減少猜疑從而緩解緊張局勢並防止爆發戰爭而採取的措施。建立信任措施也稱為建立信任與安全措施（Confidence and Security-Building Measures，CSBMs）。建立信任措施通常可分為狹義的和廣義的兩類。狹義的建立信任措施通常是指在軍事領域裡建立的各種直接涉及改善安全環境的各種措施。除了狹義的建立信任措施以

外，在政治、經濟、軍事、外交等領域為從整體上加強國際安全、改善安全環境、緩和地區緊張局勢以及提高各國之間相互信任而採取的措施，通常稱為廣義的建立信任措施。[49]

總之，建立信任措施的主要目的，在於增加國家間行為的可預測性，防止因誤判而引發武裝衝突或戰爭的危險，降低發動突然襲擊的可能性。它並不假定信心建立以後，戰爭即可避免，其中最主要的目的就是要解決國際政治上「意圖不確定」（uncertainty about intentions）的問題。因此，有的學者把建立信任措施稱為「衝突雙方傳遞友好訊息的機制」。[50]

（二）建立信任措施的分類

學術界對軍事領域的建立信任措施內容有多種分類方法。[51]長期研究建立信任措施問題的美國史汀生中心主任克瑞朋（Krepon）則將其分為溝通性、限制性、透明化和查證性四類[52]。

（1）溝通措施（communication measures），指在有衝突傾向或緊張關係的國家之間維持一個溝通的管道，當危機來臨時有助於解除緊張。比如，熱線、區域溝通中心、定期協商等。

（2）限制措施（constraint measures），指用來限制相關國家軍隊軍事行動的措施。比如，限制靠近某特定領土或邊界的軍備或部隊的類型與數量，建立非軍事區，限制針對性演習的規模、次數，等等。

（3）透明措施（transparency measures），指各國促進軍事能力與活動之公開性的措施，一般作為實施CBMs的第一步。比如，預先通知他方既定的軍事行動訊息，實行武器登記制度，邀請對方軍事人員觀摩演習，定期公佈國防白皮書，等等。

（4）檢證措施（verification measures），指以對方所認可的偵

測方式，檢查確定對方是否遵守條約的措施。比如，空中偵察、地面電子偵察、現場檢查等。

建立信任措施可以作為裁軍談判的附屬內容，成為裁軍協定的一個組成部分；也可以在裁軍談判停滯不前的情況下，單獨就此進行談判並達成協議；亦可以與裁軍談判並行，互為補充。建立信任措施的最有效形式是簽訂具有國際法約束力的協定，其次是簽訂具有政治約束力的國際文件，再次是簽訂根據自願原則執行的國際文件。

（三）建立信任措施的形成與發展過程

CBMs的實施是一個由低級到高級的發展過程，克瑞朋（Krepon）將其分為三個階段。

第一階段：衝突避免（Conflict Avoidance）。相關方在既不危及國家安全又不使現有衝突惡化的前提下，針對現存的安全矛盾採取某些宣示性措施，或透過談判達成某些初步的溝通性措施，如建立熱線、通報軍事演習等。這一階段的特點是，相關方都處於試探階段，相互之間信任十分脆弱，猜忌重重，都力圖最大限度地削弱對手，談判中要價很高而成果有限。如果能夠有效避免衝突擴大，達成一些共識，就有可能進入第二階段。

第二階段：信心建立（Confidence-building）。這一階段的重點已不僅是避免突發的衝突和危機，而要進一步建構彼此的信任和信心，需要更大的政治和解與良性互動。從第一階段發展到第二階段相當困難，世界上很多地區實施CBMs都只停留在避免衝突的階段而無法深入，原因即在於無法在政治互信上取得突破。政治和解需要政治家的遠見卓識和敢於承擔風險的勇氣。埃及前總統薩達特、以色列前總理拉賓、巴西前總統科樂（Collor de Mello）都曾為此付出了代價。

第三階段：強化和平（Strengthening the Peace）。本階段的目的在擴大並深化既存的合作形式並儘可能創造防止和平進程逆轉的積極態勢。

二、國際間建立信任措施的歷史實踐及啟示

（一）國際間建立信任措施的歷史實踐

雖然建立信任措施（CBMs）最早見諸國際文件是二十世紀七十年代，但建立信任措施的實踐古已有之。20世紀30年代簽訂《非戰公約》，是人類爭取建立信任、避免戰爭的重要舉措。1953年《朝鮮停戰協定》中有關非軍事區的規定，是二戰以後較早實施的建立信任措施。而從五十年代中期以後，美蘇為避免核戰爭而簽訂的一系列措施和條約，則直接為歐洲建立信任措施提供了經驗。因此，20世紀50年代中期至70年代中期，被稱為建立信任措施的初期階段，有時也被稱為前期階段。1962年發生的古巴導彈危機把美國推到核戰爭的邊緣，使美蘇感到建立危機管控機制避免核戰爭的必要。在反思教訓的基礎上，兩國先後簽署了《美蘇熱線協定》（1963年6月）、《美蘇關於減少爆發核戰爭危險的措施的協定》（1971年9月）、《美蘇關於防止公海水面和公海上空意外事件的協定》（1972年5月）、《美蘇關於防止核戰爭協定》（1973年6月），等等。這些協定主要集中於避免衝突、防止核戰爭，對增強美蘇之間的相互信任，減少衝突風險，穩定國際形勢造成了積極作用，並為後來歐安會範圍內的建立信任措施積累了經驗。

同期，亞洲國家在爭取民族獨立、反對殖民主義的鬥爭中，也採取了一些加強彼此信任的措施。1954年，中國、印度和緬甸共同提出了和平共處五項原則。1955年萬隆會議提出了以和平共處五項原則為基礎的「萬隆會議十原則」，形成了該地區建立信任措施的

基本原則。1964年10月中國政府宣布,在任何時候、任何情況下,中國都不會對任何國家首先使用核武器。這是國際上最早在核武器問題上單方面採取的建立信任措施行動。1962年中印武裝衝突爆發後,11月21日,中國主動發表停火聲明提出了一些建立信任的措施,並且按照承諾主動後撤,實現了停火和雙方武裝部隊的脫離接觸。

20世紀70年代中期至冷戰結束,被稱為建立信任措施的第二階段。20世紀70年代,美蘇爭霸局面開始出現某種程度的均勢。1973年7月召開的歐安會在建立信任與安全措施方面取得了一定進展,最後於1975年8月正式簽訂《赫爾辛基最後文件》,「建立信任措施」第一次出現在正式國際文件中。因當時東西方關係緩和程度所限,建立信任措施主要體現為宣示善意和建立溝通渠道,所達成的協議政治約束力較弱。這是歐洲第一代建立信任措施。

《赫爾辛基最後文件》簽署後一段時間,由於美蘇在各地的爭奪又趨激烈,歐洲建立信任措施談判停滯不前。20世紀80年代以後,隨著蘇聯深陷阿富汗戰爭泥潭和美國裡根政府上臺,美國在美蘇爭霸局面上重新採取攻勢,蘇聯不得不開始收縮力量,調整對外政策,由此導致美蘇關係出現重大緩和。1981年至1983年歐安會審議會議上正式使用「建立信任與安全措施」(Confidence and Security-Building Measures,CSBMs)這一術語。1984年 1月,由歐安會35個成員國參加的歐洲裁軍會議在瑞典首都斯德哥爾摩召開,但華約組織和北約組織在建立信任措施等問題上分歧較大。1986年9月,歐洲裁軍會議透過了《斯德哥爾摩協議》。協議規定的建立信任措施焦點是「防止大規模突然襲擊」,制定了嚴格的限制措施與核查措施,歐洲安全合作取得了一些實質性進展,代表著建立信任措施的發展進入一個新階段,被稱作第二代建立信任措施。

為進一步擴大歐洲裁軍會議所取得的成果,1989年3月歐洲裁

軍會議第二階段談判開始舉行，經過一年多談判，達成了《維也納建立信任與安全措施文件》（簡稱《維也納文件》）。1990年11月，歐安會巴黎首腦會議批準了該文件，並簽署了《巴黎新歐洲憲章》，強調繼續推動歐洲建立信任與安全措施談判。

這一時期，美蘇也簽訂了若干建立信任的雙邊協議，包括：1987年9月簽訂的《美蘇關於建立減少核危機中心的協定》，1988年簽訂的《美蘇關於通知洲際彈道導彈和潛射導彈的發射的協定》，1989年簽訂的《美蘇關於相互事先通知重大戰略演習的協定》和《美蘇關於防止危險的軍事行動的協定》。

除了歐洲建立信任與安全措施取得較大進展外，建立信任措施還廣泛用於其他一些地區。1978年，聯合國第一屆裁軍特別聯大《最後文件》提出，為了促進裁軍進程，加強國際和平與安全，並建立各國間信任，建議透過建立「熱線」和其他減少衝突危險的辦法，採取各種步驟改進各國之間特別是緊張地區的各國政府間的通信，以防止由於意外、估計錯誤或聯繫失靈而發生的攻擊。此後，聯合國組織政府專家對建立信任措施問題進行了專題研究，並於1982年發表了題為《全面徹底裁軍：建立信任措施》的研究報告。在聯合國推動下，在中東地區，1973年第4次中東戰爭結束後，以色列與埃及先後於1974年1月和1975年9月簽署了軍事接觸協議，為埃以簽訂和平協議鋪平了道路。在亞洲，印度與巴基斯坦1985年同意互不攻擊對方的核設施。1989年兩國還在兩國政府、軍隊司令部和野戰部隊之間建立了「熱線」通信聯繫。在拉美地區，由拉美八國達成《阿庫奇宣言》，1979年，安第斯條約組織成員國簽訂「卡塔赫納授權書」，建立了政治合作機構，成為該地區建立信任的核心組織。

冷戰結束至現在，被稱為建立信任措施的第三階段。建立信任措施在歐洲進一步深入發展，同時，在世界其他地區，特別是亞太

地區也得到廣泛重視和發展。在歐洲維也納舉行的歐洲裁軍會議關於歐洲建立信任與安全措施的第二階段談判先後於1992、1994以及1999年透過了三次《維也納文件》，這些文件代表著建立信任與安全措施又向前邁出更大的、具有實際意義的步子，已經達到了成熟階段。它們被稱為第三代建立信任措施。

在亞太地區，長期活躍於該地區的東盟自1992年開始討論安全議題，提出了一些建立信任措施的設想和研究報告。1994年7月，東盟地區論壇首次會議在泰國曼谷舉行儀式，會議決定該論壇每年舉行一次會議，為亞太國家進行多邊安全對話提供場所，並使建立信任措施的活動超出了東南亞地區。目前，東盟地區論壇形成了以外長高官會議為主體，官方第一軌道會議為核心，半官方第二軌道研討為輔的多邊框架，構成了亞太地區的議事方式。

這一時期，中國在以互信、互利、平等、合作為核心的新安全觀念指導下，先後與有關鄰國達成了一些邊境地區建立信任的協定。主要包括：1990年4月，中國與蘇聯簽署了《關於在中蘇邊境地區相互裁減軍事力量和加強軍事領域信任的指導原則的協定》。1992年葉利欽訪華期間，雙方簽署《關於中華人民共和國和俄羅斯聯邦相互關係基礎的聯合聲明》，明確規定兩國互不首先使用核武器。1994年9月中俄簽署關於互不把核導彈瞄準對方的協定，並重申不首先使用核武器；1996年4月，在上海簽署了《中、俄、哈、吉、塔關於在邊境地區加強軍事領域信任的協定》；1997年4月，在莫斯科簽署了《中、俄、哈、吉、塔關於在邊境地區相互裁減軍事力量的協定》；1993年6月，中印兩國達成關於在中印邊境地區建立某些信任措施的協議，同年9月，兩國簽署了《在中印邊境實際控制線地區保持和平與安寧的協定》；1996年11月，中印正式簽署了《關於在中印邊境實際控制線地區軍事領域建立信任措施的協定》。

（二）國際間建立信任措施的歷史啟示

第一，良好的政治願望和政治關係的緩和是建立信任措施的前提。建立信任措施最基本的前提條件是各方都不願意使衝突升級，都有改善並建立積極關係的政治願望。如果任何一方沒有誠意，恣意擴大事態，都不可能建立有實質意義的信任措施，也就不可能改善安全環境。不僅如此，隨著建立信任措施的逐步推進，可能會在初期實行的訊息措施基礎上逐步採取一些限制性措施，迫使各方不得不犧牲一些主權或者放棄一些原來一直使用的強制手段。因此在後期僅具備初期懷有的避免衝突願望是不夠的，必須代之以持續的、強大的政治願望的支持。因此，如果說建立信任措施初期，政治領導人的認知對於建立信任措施具有重要影響，例如，古巴導彈危機之後美蘇兩國領導人對於危機後果的認識，直接促成了1963年《美蘇熱線協定》的簽訂；那麼到建立信任措施的後期，則要求政治領導人必須付出更大的政治智慧和勇氣，只有這樣才能使和平成為不可逆轉的趨勢。一些政治領導者，例如，埃及的薩達特、以色列的拉賓等，為和平殉難的事實，充分說明了如果沒有強大無畏的政治勇氣和付諸實踐的政治力量，和平就不會自然到來。

第二，建立信任措施沒有固定模式，必須符合該地區政治、經濟、歷史、文化等特點。軍事對抗與武裝衝突的原因及表現千差萬別，尋求和平的途徑也應不拘一格。最能說明這一問題的是東盟國家建立信任措施的實踐。起初，東盟國家試圖學習歐洲經驗在本地區建立信任措施，但各國分歧較大，普遍認為在政治、歷史分歧差異嚴重的情況下，不能一下子走得太快。對此，澳大利亞學者蒂布（Paul Dibb）1994年11月提出，應先以建立信任感措施（Trust-Building Measures，TBMs）取代建立信任措施（CBMs）。他認為，對亞太地區來說，加強對話和政治上的信任是論及建立信任措施的前提，建立信任感的措施既包括軍事的內容，也包括非軍事的內容，其中多邊安全對話本身是最重要的建立信任感措施。[53]建立

信任感措施（TBMs）與歐洲的建立信任措施（CBMs）表面上僅「trust」和「confidence」一字之差，但卻體現了不同的內容和方式，其實質是把培育政治互信擺在更基礎、更重要的位置，逐步化解政治猜疑，然後建立軍事領域的信任措施。實踐證明，歐洲和東盟建建立信任措施都取得顯著成效，很難說哪個模式更好。

第三，建立信任措施必須是互利的。任何談判和接觸都是互利的，互有所求是建立信任措施得以實行的基礎。互利可能表現為雙方在同一領域外部條件的改善。比如，美國與蘇聯（俄國）簽訂的一系列避免核戰爭的協議，對降低核戰爭帶來的毀滅性災難起了積極作用，減輕了雙方乃至全世界對於核戰爭的擔憂；《朝鮮停戰協定》非軍事區的劃定，有效保證了朝鮮半島幾十年的和平，中國與俄羅斯、哈薩克斯坦、印度等國在邊境地區建立的建立信任措施，有效緩解和改善了邊境地區的軍事安全狀況。另一方面，互利也可能表現為雙方在不同領域各得其所的情形。歐洲建立信任措施就是這樣。對此，瑞典著名外交家、學者英·基佐曾經寫道：「歐洲CBMs實質上是冷戰時期東西方兩大陣營之間的一筆交易。當時，東歐國家普遍非常重視保守本國的軍事機密，極不情願接受任何可能向西歐洩密的安排；但同時，這些國家又急於就邊界問題與西歐達成協議。與之相反，西歐國家雖對邊界問題沒有興趣，但卻很想窺探東歐國家的軍事實力，並插手東歐的人權問題。於是，雙方最終達成了一筆『以物以物』的交易：西歐國家、加拿大和美國在邊界問題上讓步，而蘇聯和東歐國家則在人權措施與軍事CBMs方面做出讓步。」[54]再比如，1973年第4次中東戰爭結束後，埃以建立信任措施對於雙方的意義也不盡相同，對埃及來講是成功確認了以色列必須歸還被以色列占領的西奈半島，而對以色列來講則是成功實現了與埃及這個阿拉伯大國的單獨媾和，改變了戰略上兩面受敵的被動局面。總之，雙方互有所求，才能相互接近，相互接近才能相互理解和妥協，信任才能逐步得以建立。

三、建立信任措施在兩岸軍事安全關係研究中的侷限性

建立信任措施（Confidence-Building Measures，CBMs，臺灣譯為「信心建立措施」）是各方討論軍事安全關係時使用最多的概念之一。多年以來，兩岸圍繞軍事安全互信機制是什麼、在兩岸能否建立、如何建立等問題的爭論始終沒有中斷。這種爭論既起因於兩岸軍事安全關係本身的複雜多維，也起因於兩岸學者概念使用和理解的巨大差異。以下從分析兩岸對建立信任措施在兩岸軍事安全關係具體語境中的歧見入手，透過考察建立信任措施理論產生和發展的歷史流變及其在國際間的具體實踐，釐清兩岸各界理解建立信任措施的各種誤區，為科學建構「軍事安全互信機制」概念提供理論支持。

（一）建立信任措施在兩岸軍事關係語境中的含義：廣義還是狹義？

在界定建立信任措施的含義時，學者們提出了建立信任措施的廣義與狹義的說法。廣義的建立信任措施指在政治、經濟、文化、軍事、外交等領域為從整體上加強國際安全、改善安全環境、緩和緊張局勢以及提高各國相互之間信任而採取的措施，而狹義的建立信任措施通常指軍事領域裡建立的各種直接涉及改善安全環境的各種措施。[55]運用建立信任措施理論解決兩岸軍事安全問題，首先必須確定我們所指的建立信任措施是廣義的還是狹義的。

大陸提出的軍事安全互信機制在臺灣一直被稱為「軍事互信機制」或者信心建立措施。在臺灣建立軍事信任措施與軍事互信機制是同一語，無論是歐洲的建立信任措施（Confidence-Building Measures，CBMs）還是建立信任與安全措施（Confidence and Security-Building Measures，CSBMs），在臺灣都被翻譯成軍事互信

機制。臺灣國防部2004年頒發的「國軍軍語辭典」指出，所謂「軍事互信機制」，是指「透過增加各國在軍事領域的公開性與透明度，限制軍事部署與軍事活動，表明沒有敵意，增進各國在安全上的相互信任感，減少相互之間軍事活動的誤解及誤判，以避免引發武裝衝突、戰爭的危險」。可以看出，臺灣在以建立信任措施為基礎建構兩岸軍事互信機制時，顯然是取其狹義。兩岸軍事互信機制就是兩岸建立信任措施。在以狹義的建立信任措施建構起來的兩岸軍事互信機制概念中，並沒有政治互信的內容。

那麼在臺灣，廣義的建立信任措施與狹義的建立信任措施是什麼關係呢？我們看一個例子即知。2010年8月6日，馬英九在會見美國「戰略暨國際研究中心（CSIS）」兩岸信心建立措施（CBM）計劃訪問團時指出，兩岸ECFA簽訂，基本上也是一種廣義的信心建立措施（CBM）。[56]顯然，這裡使用的建立信任措施應是廣義的建立信任措施。儘管這種經濟、社會領域改善兩岸關係的措施能夠造成了增進相互信任、改善安全環境的作用，但這些措施都不包含任何直接作用於改善兩岸軍事安全環境的措施。這說明，臺灣所謂的廣義建立信任措施與狹義建立信任措施是並列關係，而非從屬關係。因此，在臺灣，為解決兩岸軍事安全問題，以建立信任措施建構兩岸軍事互信機制概念只能取其狹義，不能取其廣義。也就是說，當在兩岸軍事關係語境下，不管建立信任措施也好，軍事互信機制也好，都只是純軍事領域的措施，而且這些措施和其他領域，如政治、經濟、社會領域的措施是並列關係。考察十幾年來臺灣對軍事互信機制（建立信任措施）的使用情況，可以發現臺灣對於這種區分的堅持是一貫的。

對於臺灣官方採取的狹義用法，大陸學者不同意，許多臺灣學者也不同意。他們指出，由於兩岸關係不是國家之間的關係，狹義的軍事互信難以涵蓋兩岸關係的全部內容，因此應取其廣義。[57]但他們所謂廣義建立信任措施，簡單講就是包含政治前提的建立信

任措施。也就是說,在他們看來,廣義建立信任措施與狹義建立信任措施是從屬關係。而如前文所述,在臺灣,廣義建立信任措施與狹義建立信任措施是並列關係。這兩種理解哪一種更符合建立信任措施的本來意義?

從《赫爾辛基最後文件》看,信任建立措施與安全和裁軍特定面向的文件完全是與軍事問題有關的內容:一、較大型軍事演習的事先宣布,其他軍事演習的事先宣布,觀察員的交換,較大型之軍事調動的事先宣布,建立信任的其他措施;二、與裁軍有關的問題;三、一般的考慮。在其中的信任建立措施中,主要包括重大演習的預先通知和交換觀察員,如人數超過25,000人、距離歐洲邊界250公里以內的重大軍事演習必須提前21天預先通知、邀請其他國家派遣觀察員參加軍事演習、促進軍事交流等措施。

東南亞國家在建立信任措施實踐中也取其狹義。1994年7月,在東盟地區論壇首次會議上,圍繞建立信任措施的議題,各國紛紛提出議案,多數國家支持把「建立信任措施」和發展軍事透明化列入今後的議程,但分歧也是明顯的。針對澳大利亞、日本、加拿大等西方國家提出的直接在軍事安全領域採取的各種建立信任措施,東盟國家普遍認為此觀點發展太快,表示應先建立信任感(Trust-Building),而非達成特定的協議。建立信任感措施,不像建立信任措施那樣以某種突破口為契機,有具體的目的和嚴格的規定,其重點在於加強國家間的多邊安全對話,以漸進性的增加國家間信任感的政治哲學為著力點,在實踐上也往往以較為溫和的協商一致為基礎。[58]建立信任措施(CBMs)與建立信任感措施(TBMs),表面上看是「confidence」和「trust」的一詞之異,實際上體現了政治與軍事之不可分,也體現出建立信任措施含義之狹窄。否則,東盟國家就不必要再創造出建立信任感措施(TBMs)這一新的詞彙來了。

由此可見，臺灣學界的上述理解基本是符合歐洲及國際間建立信任措施的理論與實踐的。相反，大陸一些學者提出的廣義說卻鮮有理論支持。如果按照這種邏輯，我們可以得出這樣的結論：《赫爾辛基最後文件》第一部分關於歐洲的安全問題的規定是廣義的建立信任措施，而其中關於建立信任措施的規定則是狹義的建立信任措施；甚至可以進一步說：整個《赫爾辛基最後文件》就可以稱為歐洲國家在圍繞歐洲安全、歐洲經濟合作以及歐洲國家文化交流三個問題達成的建立信任措施。這顯然不符合常識。

客觀地講，大陸學者強調兩岸軍事安全關係的政治性、複雜性，反對單純從軍事層面研究和解決兩岸軍事安全問題的主張是符合兩岸實際的，許多臺灣學者也持這種觀點。但是，在國際理論界和臺灣學者已經對廣義與狹義建立信任措施內涵已抱持約定俗成的理解時，大陸學者選擇和使用概念時應充分考慮到這種特殊的文化背景和語言環境，使之更符合理論界通行的理解。須知，軍事科學的重要特點是強烈的對抗性。概念是科學研究的基礎，同時，概念本身就蘊含著研究和解決問題的思路。不加批判地使用對方提供的概念，或者對於對方提供概念只作簡單的、形式的批判和否定，就難免會陷入對方已有概念的片面性之中而不能自拔，不僅理論研究會走向歧途，還會削弱己方立場、觀點的說服力，最終也不利於現實問題的合理解決。

（二）兩岸建立信任措施的建構路徑：先軍事後政治還是先政治後軍事？

兩岸對建立信任措施的歧見直接導致了對軍事互信機制這一概念理解差異，由此又產生了對兩岸軍事安全互信機制建構路徑的不同選擇。在美國和臺灣一些學者的研究中，由於兩岸軍事安全互信機制建構的基礎概念是狹義的建立信任措施，因此，基本不涉及兩岸政治互信的問題，即使有學者提到政治互信的重要性，但在提出

具體措施和設計建構路徑時也往往只講純軍事領域的措施,對政治互信則一帶而過。相反,大陸一些學者非常注重政治互信,主張建立兩岸軍事互信機制必須以建立政治互信為前提。因此,軍事和政治是否可以適度分開、建構兩岸軍事互信機制究竟是先軍事後政治還是先政治後軍事,就成為雙方爭論不休的話題。回答這一問題,首先還是要考察歐安會各國及世界其他國家和地區在解決地區安全問題時是否把軍事和政治分開,是先軍事後政治還是先政治後軍事。

前面分析已顯示,在《赫爾辛基最後文件》中,建立信任措施是嚴格限定在軍事領域的互信措施。同時歐安會國家解決歐洲的安全問題,並非只靠建立信任措施(狹義的)。在規範歐洲安全問題的條款中,置於建立信任措施之前的是雙方共同接受的政治條款,主要包括解釋指導參與國之關係的十項原則:1.主權平等,尊重主權內含的權利;2.放棄使用武力威脅或使用武力;3.邊界不可侵犯;4.國家的領土完整;5.爭端的和平解決;6.不干涉內政;7.尊重人權和基本自由,包括思想、良知、宗教和信仰自由;8.民族平等與自決權;9.國家的合作;10.依據忠誠與信念履行國際法。這十項原則構成了歐洲安全機制的核心規範。第一項和第六項是指導國家間外交關係的準則。第二項和第五項是信任建立的基本因素和最終目標。除此以外,還提出了實現前述一些原則的問題,突出強調了前述第二項和第五項原則的重要性,並對這兩項原則進行了具體解釋。顯而易見,關於歐洲安全問題的第一部分規定主要是政治方面的條款,或者說是政治互信的內容。歐安會國家解決歐洲的安全問題,並非只靠建立信任措施,而是政治與軍事兩個輪子一起轉。因此,我們很難同意那種說法,即歐安會國家在解決歐洲安全問題時,擱置了政治上的分歧,先從比較容易做的軍事問題做起。實際上,在《赫爾辛基最後文件》只是解決了歐洲常規軍事安全問題中最容易解決的一些問題,而且這些問題的解決是以兩大集團政治分

歧的部分解決為條件的。

與冷戰時歐洲東西方國家的關係相比較,兩岸軍事安全問題與政治問題呈現出更加密切的不可分性。第一,從軍事問題在兩岸結構性矛盾所處的地位看,軍事對峙只是反映兩岸政治結構矛盾激化程度的「晴雨表」,雖然它極其敏感,但卻始終處於政治因素的高度控制之下。與兩岸政治分歧——如何對待和處理「一個中國」問題——相比,軍事對峙始終難以單獨成為影響兩岸關係走向的重要因素,所謂軍事誤判或擦槍走火則從來沒有發生過。相應地,兩岸政治關係緊張,軍事關係自然緊張,政治關係緩和,軍事關係自然緩和。第二,儘管以武力追求國家統一是主權國家不容外部勢力干涉的權利,臺灣方面仍把大陸視為最大軍事威脅,大陸也沒有放棄針對臺獨勢力的軍事鬥爭準備,但兩岸特別是大陸方面越來越對以武力解決國家統一問題採取高度慎重的態度,致力於和平統一、在一個中國原則基礎上政治解決兩岸分歧已是大勢所趨。第三,兩岸軍事敵對經常表現為對峙、僵持與隔絕,而不是摩擦、衝突與談判,政治分歧始終是決定兩岸軍事敵對態勢最直接、最重要的因素。第四,經過六十年的發展,兩岸各自選擇了不同的政治、經濟、社會發展模式,軍事上此大彼小、此強彼弱的巨大差異是不爭的事實,很難等量齊觀。第五,兩岸人民同文同種,血脈相通,自1987年以來,經貿、人員交流日益頻繁,規模巨大,相互依賴程度進一步加加深,和平發展、共同繁榮已經成立為兩岸民心所向、大勢所趨;等等。所有這些都說明,兩岸軍事安全問題與國際間以軍事為手段取求經濟、領土利益有很大不同,與冷戰時期的美蘇爭霸、華約北約兩大軍事集團在歐洲尖銳對抗、全面隔絕相比更有本質的區別。

當然這並不意味著建立信任措施對於解決兩岸軍事敵對沒有借鑑意義。建立信任措施有效緩和了歐洲軍事對峙,並在世界各地區成功加以運用,體現了人類社會化解政治軍事衝突、增強信任的一

般規律。比如，學界對建立信任措施具體措施的分類，雖然觀點不盡相同，且多有重疊之處，但反映了化解不同類型矛盾衝突的共同需要。另外，在建立信任的階段上，將其分為避免衝突、建立信任、強化和平等三個由低級到高級的階段，也符合化解軍事衝突、增強軍事互信的一般規律。這些都對我們研究緩和地區緊張局勢具有啟發借鑑意義，而無論這種衝突發生在國際間或者是一國內部。至於雙方軍事力量是否對等的問題，對建立信任措施有深入研究的赫斯特（John Jorgen Holst）卻持有另外一種觀點。赫斯特在20世紀70年代身為挪威國防部長時認為，即使坐下來和蘇聯談判裁軍，不論是等比或等量式的裁軍，蘇聯北方艦隊的數量一定比挪威來得多，與其如此不如透過建立建立信任措施先預知其意圖，加強挪威的戰備，讓對方難於攻擊得逞。因此，赫斯特曾經把建立信任措施作為小國與大國博弈的工具。[59]

　　運用建立信任措施理論研究兩岸軍事安全問題，首先需要做的就是區分哪些是體現了人類社會化解政治軍事矛盾、增強信任的一般規律，哪些是反映了特定時空特徵的特殊做法。比如，冷戰時期在核戰爭背景下美蘇兩國及其領導的兩大軍事集團在歐洲爭霸，使全世界處於核恐怖的陰影之中。為避免共同毀滅的災難，不僅需要美蘇之間在核軍備領域建立起某種調節和相互確保措施，也需要對兩大軍事集團佈置在歐洲的常規軍事行動進行調節和監督，防止由誤判導致危機升級。因而，冷戰時東西方國家之間建立信任措施首先產生於核安全領域，然後逐步擴展到歐洲常規力量，這一發展路徑本身就表明當時軍事對峙壓力的輕重緩急，反映了歐洲的特殊形勢和要求。對此，兩岸不能機械模仿。因此，在建構兩岸和平機制過程中，我們應審慎地看待軍事的「溢出效應」。

　　同時，也應審慎地看待政治的「決定作用」。正如有些學者所言，如何兩岸政治分歧如已解決，軍事敵對「毛將焉附」？軍事安全互信機制又從何談起？反觀二十世紀七十年代的歐洲，之所以能

夠建立信任措施，固然是因為歐洲國家原則上承認了戰後歐洲邊界的現狀，但另一方面有些具體問題也沒有徹底解決，特別是美蘇龐大的核武庫和兩大軍事集團涇渭分明、戒備森嚴的前沿軍事對峙，依然是歐洲各國安全的巨大威脅，由此雙方才有建立信任措施的必要。

對兩岸軍事安全互信機制建構路徑的選擇，既不能一味主張先軍事後政治、或者只軍事不政治，也不能過於強調先政治後軍事。如果說兩岸之間軍事上的某些事務性問題與根本政治分歧相比可以有難易之分、解決時間的遲早之別的話，應特別注意把握這種區分的相對性。同時，建立兩岸軍事安全互信機制既要先易後難，也應易中有難、難中有易、難易結合，只有這樣才能行穩致遠，逐步積累起兩岸和平發展的基礎。片面強調某一類措施的作用，不僅會使學術討論變成無意義的爭吵，也會在實踐中片面強調某一方的責任和義務，都不是建設性的態度和方法。

（三）兩岸建立軍事信任措施的類型：對稱型還是非對稱型？

雖然建立信任措施的內涵僅限於軍事安全領域，但這並不表示其模式千篇一律。相反，現實中敵對雙方在力量分佈、戰略需求、決策偏好等方面各不相同，建立信任措施的類型也不一樣。從力量單元看，可分為多邊和雙邊。有時多邊也可簡化為雙邊，如歐安會國家也可以劃分是北約和華約兩大集團。這裡我們特別提出這樣一種分類方法，即根據對立雙方力量分佈、戰略需求情況，可以把建立信任措施劃分為非對稱型建立信任措施和對稱型建立信任措施兩種。

所謂非對稱型建立信任措施，是指在力量分佈不均衡、戰略需求不一致但又互有所求的國家或政治集團之間達成的建立信任措施。《赫爾辛基最後文件》中的建立信任措施是其中的一個典型。在歐安會的博弈中，兩大集團的力量分佈並不均衡，華約國家在的

常規軍事力量占明顯優勢；需求也不相同，蘇聯欲使戰後歐洲邊界合法化，以美國為首的北約國家卻欲窺視並限制華約國家的常規力量運用，並企圖對華約國家進行和平演變。經過談判與妥協，雙方卻各得其所。西歐國家、加拿大和美國在邊界問題上做出讓步，而蘇聯和東歐國家則在人權措施與軍事建立信任措施方面做出讓步。因此，單就《赫爾辛基最後文件》中關於建立信任措施的規定看，它更多地反映了蘇聯和東歐國家的讓步，而蘇聯和東歐國家之所以讓步，是因為在邊界問題上得到了滿足。

　　1973年第4次中東戰爭結束後，埃以建立信任措施也屬於非對稱型。軍事上占據主動的以色列之所以同意放棄軍事優勢，與埃及達成脫離接觸的協議，是為了實現了與埃及這個阿拉伯大國單獨媾和，擺脫與阿拉伯國家兩面作戰的戰略被動局面。埃及雖透過協議和以後的政治談判於1982年收回了西奈半島主權，但起初也付出了相當的政治代價和道義代價。1977年3月《埃以和約》簽署後，阿拉伯國家聯合對埃及實施經濟制裁，17個國家與之斷交。因此，在非對稱的建立信任措施中，軍事上建立信任只是雙方妥協的一部分，除此之外，還有政治領域的妥協。這兩部分的關係在中東常表現為「以土地換和平」，而《赫爾辛基最後文件》中則可表述為「以戰後歐洲邊界的原則確認換取軍事透明」。所以，非對稱型建立信任措施的達成，不需軍事力量對等，只需互有所求。

　　所謂對稱型建立信任措施，是指在軍事力量大致對等的國家和政治集團之間達成的建立信任措施。這類建立信任措施通常被用來解決安全疲勞問題，即持續不斷的武裝衝突與軍事對抗不僅沒有給雙方帶來安全，反而加劇了安全困境。在這種情況下雙方相互之間的需求集中體現於軍事安全領域，既然長時間、高投入的軍事對抗無濟於事，不如嘗試妥協與合作。冷戰時美蘇圍繞避免核戰爭而採取的建立信任措施就屬於這一類型。核武器的出現改變了戰爭的基本規律，也改變了美蘇爭霸的基本規律。在核戰爭的巨大陰影下，

避免核戰爭不僅成為雙方生存的必要條件,也成為美蘇爭霸得以進行的重要前提。對此,美國前總統尼克松曾指出:「雖然我們之間的分歧深刻而無法融合,美國與蘇聯卻有一個壓倒一切的共同利益:避免為分歧而打核戰爭。儘管美國與蘇聯永遠不能成為朋友,他們也承受不起成為戰場上的敵人。我們不可調和的分歧妨礙我們講和,核武器又不允許我們以武力消除分歧。儘管政治分歧使得持續的衝突不可避免,為求生存而產生的共同利益卻使真正的和平成為可能。」[60]除此以外,《朝鮮停戰協定》中有關非軍事區的規定、南亞印巴之間互不攻擊核設施以及建立熱線、中印在邊界地區建立信任措施,大體都屬於這一類型。

考慮到兩岸力量的不對等、兩岸軍事對峙的高度政治性以及兩岸關注議題的差異性,如果考慮以建立信任措施的方式化解兩岸軍事敵對、增進兩岸軍事信任,兩岸建立信任措施必然屬於非對稱型。在以對稱型建立信任措施為工具緩和地區緊張局勢時,可以只在軍事安全領域採取措施,軍事緊張關係緩和了,政治目標也就基本達到了。但是,在以非對稱型的建立信任措施為工具解決地區安全問題時,還必須考慮與那些軍事安全問題相關的非軍事措施,並在二者之間建立某種關聯,以使雙方在不同領域的需求都能得到滿足。具體到兩岸情境,大陸更關心一個中國原則是否得到有效保證的問題,相比較而言,臺灣方面更關注自己的軍事安全能不能得到保障的問題。如何把這兩個領域的措施都具體化,並在兩者之間建立起雙方均可接受的關聯,是以建立信任措施解決兩岸軍事安全問題的基本內容。但遺憾的是,十餘年來,學者們在借鑑建立信任措施解決兩岸軍事安全問題時,卻對建立信任措施的這兩種類型鮮有區分,時常不加區別地引用國際間建立對稱型建立信任措施的經驗和做法,當然理不出正確的思路。

透過以上三個問題的考察可知,長期以來兩岸學界對建立信任措施的理解存在差異,由此雙方對以建立信任措施為參照建立兩岸

軍事互信機制的路徑選擇，以及如何借鑑國際經驗都存在巨大鴻溝。一些臺灣學者以純軍事觀點理解建立信任措施，並以此為工具思考和解決兩岸軍事問題並不符合兩岸實際，但卻符合國際間對建立信任措施的共同接受的理解方式。因此，這種觀點不僅迎合了臺灣民眾的心理需要，也對國際輿論具有相當的吸引力。

相對而言，大陸學者自己認為的「廣義建立信任措施」把軍事問題與政治問題緊密聯繫起來，比較符合兩岸實際，但由於其不符合國際間共同接受的對建立信任措施的理解方式，常常不被人們所接受，至少在理論上似乎顯得有些強加於人的感覺。既然歐安會各國以及世界其他衝突國家和地區能擱置政治分歧緩和軍事緊張，為何大陸偏偏非要那麼強調政治上的互信？大陸的和平誠意何在？這些隱含的邏輯責問貌似有道理，其實不成立。但是，十幾年來，許多大陸學者一直以美臺學者提出的建立信任措施為工具研究解決兩岸軍事關係，而一旦大陸學者接受了美臺學者提出的這一概念，沿著建立信任措施規定的思路研究兩岸軍事關係，其被動性就很難改變。原因很簡單，國際間流行的建立信任措施理論本身就沒有為研究和解決引起軍事敵對的那些政治根源提供哪怕是最簡單的框架和空間。

兩岸問題極其特殊複雜，必須依靠兩岸人民的智慧來解決。鑒於建立信任措施理論在兩岸的侷限性，以及以此為基礎建構起來的兩岸軍事互信機制概念含混不清且極難纠正的實際，研究解決兩岸軍事安全關係需要創造和運用一個嶄新的概念——「軍事安全互信機制」。

注　釋

[1].本節一些概念和論述主要參考：[法]夏爾·盧梭：《武裝衝突法》，張凝等譯，北京：中國對外翻譯出版公司，1987年版；[英]勞特派特修訂：《奧本海國際法》（下卷，第二分冊），王鐵

崖、陳體強譯，北京：商務印書館，1973年版；劉家新，齊三平：《戰爭法》，北京：中國大百科全書出版社，2007年版。作者根據論述需要進行了綜合整理，以下不再一一註明。

[2].許江瑞、趙曉東：《軍事法教程》，北京：軍事科學出版社，2003年版，第515頁。

[3].[德]克勞塞維茨：《戰爭論》（上卷），中國人民解放軍軍事科學院譯，北京：解放軍出版社，1964年版，第30頁。

[4].許江瑞、趙曉東：《軍事法教程》，北京：軍事科學出版社，2003年版，第516頁。

[5].[法]夏爾·盧梭：《武裝衝突法》，張凝等譯，北京：中國對外翻譯出版公司，1987年版，第139頁；

[6].柴成文、趙勇田：《板門店談判》，北京：解放軍出版社，1989年版，第341頁。

[7].新華社國際部編：《中東問題100年（1897—1997）》，北京：新華出版社，1999年版，第208—210頁。

[8].[　英]　勞特派特修訂：《奧本海國際法》（下卷第二分冊），王鐵崖、陳體強譯，北京：商務印書館，1973年版，第105—106頁。

[9].新華社國際部編：《中東問題100年（1897—1997）》，北京：新華出版社，1999年版，第208—210頁。

[10].何春超：《國際關係史資料選編（1945—1980）》，北京：法律出版社，1988年版，第238頁。

[11].以下論述與圖示參見[美]戈登·克雷格、亞歷山大·喬治：《武力與治國方略——我們時代的外交問題》，時殷弘等譯，北京：商務印書館，2004年版，第327—330頁。

[12].尹繼武：《國際關係中的信任概念與聯盟信任類型》，《國際論壇》，第10卷，第2期，2008年3月。

[13].Dennise M.Rousseau，Sim B.Sitkin，Colin Camerer，「Not so different after all：a crossdiscipline view of trust」，Academy of Management Review，1998，（3），p.393.轉引自牛仲君：《衝突預防》，北京：世界知識出版社，2007年版，第31頁。

[14].李淑雲：《信任機制：構建東北亞區域安全的保障》，《世界經濟與政治》，2007年第2期。

[15].尹繼武：《國際關係中的信任概念與聯盟信任類型》，《國際論壇》，第10卷，第2期，2008年3月。

[16].Emanuel Adler and Michael Barnett，「A Framework for the Study of Security Communities，」p.46.轉引自楊光海：《國際安全制度及其在東亞的實踐》，北京：時事出版社，2010年版，第201頁。

[17].Charles W.Kegley，Jr.and Gregory A.Raymond，Exorcising the Ghost of Westphalia：Building World in the New Millennium，pp.206-207.轉引自楊光海：《國際安全制度及其在東亞的實踐》，時事出版社，2010年版，第201頁。

[18].轉引自鄭也夫：《信任論》，北京：中國廣播電視出版社，2006年版，第16頁。

[19].[美] 弗蘭西斯·福山：《信任——社會美德與創造經濟繁榮》，彭志華譯，海口：海南出版社，2001年版，第8頁。

[20].《孫子·計篇》。

[21].《孫子·軍爭篇》。

[22].[美]阿爾文·托夫勒：《戰爭與反戰爭》，嚴麗川譯，北

京：中信出版社，2007年版，第183頁。

[23].《孟子·離婁上》。

[24].黃樸民：《從「以禮為固」到「兵以詐立」：對春秋時期戰爭觀念與作戰方式的考察》，《學術月刊》，2003年第12期。

[25].郭化若：《孫子譯註》，上海：上海古籍出版社，1984年版，第83頁。

[26].王逸舟：《當代國際政治析論》，上海：上海人民出版社，1995年版，第369頁。

[27].Stephen Krasner，「Structural Causes and Regime Consequences」，In Krasner ed.International Regimes，Ithaca and London：Cornell University Press，1983，p.2.

[28].王杰：《國際機制論》，北京：新華出版社，2002年版，第5頁。

[29].[美]羅伯特·基歐漢、約瑟夫·奈：《權力與相互依賴》（第三版），門洪華譯，北京：北京大學出版社，2002年版，第20頁。

[30].Robert Jervis，「Security Regimes」，In Krasner ed.International Regimes，Ithaca and London：Cornell University Press，1983，p.173.

[31].Harald Muller，「The internalization of Principles，Norms and Rules by Governments：the Case of Security Regimes，」in Volker Rittberger（ed.），Theory in Internalization Relations，Oxford，1993，p.362.轉引自唐永勝、徐棄郁：《尋求複雜的平衡：國際安全機制與主權國家的參與》，北京：世界知識出版社，2004年版，第5頁。

[32].唐永勝、徐棄郁：《尋求複雜的平衡：國際安全機制與主

權國家的參與》，北京：世界知識出版社，2004年版，第6頁。

[33].楊奎松：《國民黨的「聯共」與「反共」》，北京：社會科學文獻出版社，2008年版，第379—390頁。

[34].唐永勝、徐棄郁：《尋求複雜的平衡：國際安全機制與主權國家的參與》，北京：世界知識出版社，2004年版，第7頁。

[35].Glenn H.Synder，Alliance Politics，Cornell University Press，Ithaca and London，1997，p.4.轉引自：徐能武：《國際安全機制理論與分析》，北京：中國社會科學出版社，2008年版，第144頁。

[36].王杰：《國際機制論》，北京：新華出版社，2002年版，第246頁。

[37].[英]勞特派特修訂：《奧本海國際法》（下卷　第一分冊），王鐵崖譯，北京：商務印書館，1972年版，第220—245頁。

[38].克勞塞維茨認為，戰爭是一個奇怪的三位一體，它包括三個方面：一、戰爭要素原有的暴烈性，即仇恨感和敵愾心，這些都可看作是盲目的自然衝動；二、概然性和偶然性的活動，它們使戰爭成為一種自由的精神活動；三、作為政治工具的從屬性，戰爭因此屬於純粹的理智行為。而戰爭無非是政治透過另一種手段的繼續。參見[德]克勞塞維茨：《戰爭論》（上卷）第一章，中國人民解放軍軍事科學院譯，北京：解放軍出版社，1994年版。

[39].王杰：《國際機制論》，北京：新華出版社，2002年版，第240頁。

[40].Robert Jervis，「Security Regimes」，In Krasner ed.International Regimes，Ithaca and London：Cornell University Press，1983，p.176-178.轉引自楊光海：《國際安全制度及其在東亞的實踐》，北京：時事出版社，2010年版，第79頁。

[41].巴內和哈森認為，低度信任意味著存在有限的機會主義可能性，但是低度信任並不必然導致組織中成員相互欺騙，合作者之間相信他們自己並沒有明顯的弱點可被他方用來作為損害自己利益的武器，交易雙方有足夠的信心，這種信任的存在並不依賴於契約或其他形式的交易機制。中度信任可被稱為「治理信任」（trust through governance），當組織中存在明顯的機會主義，組織成員透過治理機制來維護自己的利益時，就出現了帶有一定強制性的半強式信任。治理機製為一個有機會主義的交易方式施加了多種成本，當機會主義行為的成本將比其收益更高時，就迫使成員修正不當行為。高度信任也叫「硬核信任」（Hard-core trust worthiness），是指在具有顯著的交易脆弱性情況下，受到巨大的脆弱性威脅時，由於機會主義行為違背已內化的價值觀、原則及行為規範而形成的信任。強式信任是一種原則性的信任，它不依賴於社會和經濟治理機制。這些信任的價值觀和信仰將由於受到內部回報和補償系統的支持而得以強化。J.B.Barney & M.H.Hansen，「Trust Worthiness as A Source of Competitive Advantage Strategic」，Management Journal，1994，pp.175-190.轉引自牛仲君：《衝突預防》，北京：世界知識出版社，2007年版，第33頁。

[42].《孟子·離婁上》。

[43].轉引自王裕民：《兩岸建立軍事信任措施之研究》，淡江大學國際事務與戰略研究所碩士在職班碩士論文，第45—46頁，2008年1月。

[44].轉引自王裕民：《兩岸建立軍事信任措施之研究》，淡江大學國際事務與戰略研究所碩士在職班碩士論文，第45—46頁，2008年1月。

[45].轉引自王裕民：《兩岸建立軍事信任措施之研究》，淡江大學國際事務與戰略研究所碩士在職班碩士論文，第45—46頁，

2008年1月。

[46].轉引自王裕民：《兩岸建立軍事信任措施之研究》，淡江大學國際事務與戰略研究所碩士在職班碩士論文，第45—46頁，2008年1月。

[47].轉引自王裕民：《兩岸建立軍事信任措施之研究》，淡江大學國際事務與戰略研究所碩士在職班碩士論文，第46頁，2008年1月。

[48].潘振強：《國際裁軍與軍備控制》，北京：國防大學出版社，1996年版，第306頁；夏立平：《亞太地區軍備控制與安全》，上海：上海人民出版社，2002年版，第442頁。

[49].劉華秋：《軍備控制與裁軍手冊》，北京：國防工業出版社，2000年版，第429頁；

[50].陳子平：《從CBMs看兩岸建立「軍事互信機制」》，《中華戰略學刊》（臺北），2007年秋季刊。

[51].美國學者皮德森（M.Susan Pederson）和維克斯（Stanley Weeks）將其分為宣示性、透明化和限制性三類；前聯合國秘書長加利（Butros-Butros Ghali）將其分為資料性、溝通性、接觸性、通知性、限制性五類；美國學者艾倫將其分為宣示性、溝通性、海上安全救援、限制性、透明化和查證性六類。中國學者潘振強、夏立平認為建立信任與安全措施的類型主要有三種：一是增強軍事活動透明度；二是限制軍事部署和軍事活動；三是宣布承擔某種義務，以表明沒有敵對意圖。劉華秋認為建立信任措施有四種類型：1.交流措施；2.透明度措施；3.限制措施；4.核查措施。中國大陸軍事科學院陳舟研究員將歐洲建立信任措施分為兩類：1.增強軍事透明度；2.限制軍事部署和軍事活動。

[52].Michael Krepon，「From the CBM tool box」，paper on the

Henry L.Stimson Center，http：//www.stimson.org/cbm.轉引自楊永明、唐欣偉：《信心建立措施與亞太安全》，《問題與研究》（臺北），6期（1999年6月），第2—5頁。

[53].Paul Dibb，「How to Begin Implementing Specific Trust-Building Measures in the Asia-Pacific Region」，Working Paper，No.288，Canberra：Strategic and Defence Studies Centre，Australian National University，P.1.Emphasis in original.

[54].[瑞典]英·基佐：《建立信任措施：歐洲經驗及其對亞洲的啟示」，《現代國際關係》2005年第12期。

[55].劉華秋：《軍備控制與裁軍手冊》，北京：國防工業出版社，2000年版，第429—430頁；Susan M.Pederson and Stanley Weeks，「A Survey of Confidence and Security Building Measures」，in Ralph A.Cossa，ed.，Asia Pacific Confidence and Confidence and Security（Washington D.C.;The Center for Strategic & Inter national Studies，1995），pp 82-83.

[56].《馬英九：兩岸ECFA也是信心建立措施》，中國評論新聞網，2010年8月6日。

[57].陳先才：《兩岸軍事互信機制：理論建構與實現路徑》，《臺灣研究集刊》，2009年第1期。

[58].牛仲君：《衝突預防》，北京：世界知識出版社，2007年版，第70頁。

[59].陳國銘：《另類國防——信心建立措施》，《軍事家》（臺北），2000年8月，第192期。

[60].周敏、王笑天：《東方談判謀略》，北京：解放軍出版社，1990年版，第5頁。

第三章 兩岸軍事安全互信機制的「既有成果」及啟示

　　構建兩岸軍事安全互信機制應從歷史經驗中汲取智慧。兩岸敵對六十多年，除五十年代初期為爭奪外島發生過一些規模不大的爭奪戰，後來又斷斷續續地進行過十餘年襲擾與反襲擾的鬥爭以外，其他絕大部分時間都是「和平共處」的。二十世紀八十年代至九十年代前期，兩岸和解幾成潮流，即使在臺獨政黨在臺灣執掌政權時，「中國人不打中國人」也在兩岸廣為人知。這種情況充分說明，兩岸在軍事安全領域確實存在著一些相互知會、心照不宣的妥協、友善與默契，各自形成了一些自我約束的習慣做法。雖然這些做法是零散的、自願的、無法定約束力的，但毫無疑問它們是相互間的而不是一廂情願的。更何況，這些規則之所以只是停留在習慣做法的層次，而沒有發展成為機制化的形式，或許並非由於先人缺乏機制化的意願，而是受制於某種歷史的無奈。建立兩岸軍事互信機制，就是繼續先人未竟的事業，把兩岸在軍事安全領域化解敵對、謀求和平的有益做法制度化，並有所豐富和發展。回顧兩岸謀求和平、避免戰爭的歷史足跡，探尋兩岸先人取得這些成果和不能取得更多成果的深刻原因，在新的歷史起點上，可以為破解前人沒有破解的結構性難題、推進建立兩岸軍事安全互信機制提供借鑑。

第一節 兩岸軍事安全互信機制的「既有成果」

一、「單日打雙日不打」

「單日打雙日不打」以及後來的「節日不打」，是過去大陸在與臺灣國民黨政權軍事鬥爭中創造的習慣做法。這種做法始於1958年金門炮戰，並在以後二十多年的時間裡一直被兩岸所奉行。

金門炮戰爆發以後不久，大陸判斷美國的企圖是逼迫臺灣當局從金門、馬祖撤軍，造成「劃峽而治」的事實以製造「兩個中國」，隨即作出「打而不登，封而不死」的決定，並透過「隔海喊話」與國民黨當局形成了某種事實上的默契。10月6日，福建前線廣播電臺播發了由毛澤東起草、以國防部長彭德懷名義發表的《告臺灣同胞書》，宣布「從十月六日起，暫以七天為期，停止炮擊，建議舉行談判，實行和平解決」。

10月13日，由毛澤東起草的以國防部長彭德懷名義下達的對福建人民解放軍的命令公開發表，宣布「金門炮擊，從本日起再停兩星期，藉以觀察敵方動態，並使金門軍民同胞得到充分補給」。同時指出：「臺、澎、金、馬整個地收復回來，完成祖國統一，這是我們六億五千萬人民的神聖任務。這是中國的內政，外人無權過問。」「金門海域，美國人不得護航。如有護航，立即開炮。」20日，因美國軍艦又侵入金門海域為國民黨軍運輸船隊護航，解放軍提前恢復炮擊。

10月25日，國防部長彭德懷發表《再告臺灣同胞書》，正式宣布：「逢雙日不打」，但仍以無美軍護航為條件。此後，解放軍對

金門炮擊從雙日不打、單日打，調整為「今後逢單日不一定都打炮」、只打灘頭無人地區，節日不打，單日只打宣傳彈。1959年2月6日，中華人民共和國國防部發佈命令：2月8日是中國人民的傳統春節佳日，2月7日至9日停止炮擊3天。此後又發展成節日不打。1979年1月1日，國防部長徐向前發表《關於停止炮擊大、小金門等島嶼的聲明》，解放軍向金門打宣傳彈的活動完全停止，臺灣國民黨軍隊向福建沿海打宣傳彈等射擊行動也隨之基本停止。

「單日打雙日不打」以及「節日不打」雖然提出已經半個多世紀，但卻有著持久的影響力。臺灣軍方學者發現，1996年大陸進行的「聯合96演習」的導彈試射，仍避開春節期間，於元宵節的次日才開始演習。[1]

二、雙方軍用艦機不越「海峽中線」

雙方軍用艦機不越「海峽中線」，是兩岸海空軍在臺灣海峽地區為防止誤判而逐漸形成的臨時性做法和默契。

「海峽中線」的雛形最早可追溯到1955年，美國空軍第13特遣隊正式參與「協防臺灣」時，在海峽上空劃定了一條防空警戒線。該線後來以美國空軍首任「駐臺司令」戴維斯準將命名，並在美軍1958年9月17日頒布的作戰條例中規定：「經判定為敵機，且若該機飛越『戴維斯』以東時，即認為存在敵對行為，將予以迎擊並殲滅之。」

2004年5月26日，臺灣國防部單方面公佈了「海峽中線」的明確位置。按照臺灣的說法，「中線」是北緯26°30′、東經121°23′至北緯24°50′、東經119°59′，北緯23°17′和東經 117°51′三點之間的連線。臺軍方稱，「中線」是二十世紀五十年代美臺簽訂「共同防禦條約」後，雙方制定的「樂成計劃」的附件，意思是臺灣不

要越線挑釁，大陸若越過「中線」，美國人負責協防。美臺「斷交」後，這一附件已經作廢。但是，「中線」仍成為兩岸的默契，雙方的軍機、軍艦都遵守不越「中線」原則。由於金門、馬祖靠近大陸，允許其運輸機、補給艦船來往於本島與金門、馬祖之間。除此以外，如果有意越線，一般都視為挑釁或警告。[2]

在不同的歷史時期，由於兩岸實力對比和攻守態勢的變化，臺灣當局對於「海峽中線」有著不同的看法。二十世紀五十年代中期，所謂「臺海中線」被美軍公佈初期，臺灣軍方並不承認。當時東南沿海尚有大量島嶼控制在國民黨軍隊手中，臺灣除了禁止漁船及商船跨越「中線」作業之外，海空軍幾乎每天都跨過「海峽中線」活動。隨著解放軍逐步收復東南沿海島嶼，1958年7月解放軍空軍緊急入閩，經過三個月左右的較量，控制了福建上空的制空權，臺空軍跨越「中線」對大陸的入侵突襲活動才基本被遏制。但是，國民黨軍艦機仍伺機越過「中線」對大陸實施運送特務等襲擾活動。1965年發生了「八六」海戰和崇武以東海戰，國民黨軍遭到重創。兩次海戰以後，國民黨軍海上越過「中線」的騷擾活動隨之減少，進入七十年代後完全停止。

隨著時間的推移，臺灣當局對「中線」的態度明顯改變，由過去的不承認、不在意轉而力求維護。2004年5月26日，臺灣當局單方面公佈「海峽中線」的準確位置的行動說明了這一點。臺灣當局甚至對於「海峽中線」非常敏感。2009年兩岸實現直航，但是，航線只限於臺灣南北兩個方向進入，對於最為便捷的經「海峽中線」進入臺島的航線則拒絕，馬英九稱，「海峽中線是空軍演訓場所，實在無法開放，不是我們不願意或故意刁難，而是與安全有關」。

大陸從來不承認「海峽中線」。1992年出版的《臺港澳大辭典》對「海峽中線」作了這樣的解釋：「海峽中線是指臺灣島與大陸之間的海上一條虛擬的中線。由於臺灣當局未進行具體談判，這

條中線的經緯度就沒有確定的標準。」[3]2004年5月，臺灣當局防務部門片面公佈「海峽中線」。大陸立即作出反應，不承認這種單方面的舉動，更不用說將此變成法律意義上的分界線了。[4]

然而在實踐中，大陸對於「海峽中線」採取了謹慎的態度。在美國人公佈所謂「海峽中線」以後的一段時間裡，大陸一方的海空力量為了避免無謂的損失，解放軍海空軍活動都侷限在福建沿海12海里領海線之內。

隨著二十世紀九十年代後期臺灣臺獨活動勢力加劇，大陸軍方逼近「海峽中線」的行動與臺獨勢力活動有了某種關聯。1995年，因李登輝訪美，經中央軍委決定，解放軍於7月21日至28日在東海海域進行地對地導彈發射訓練。1996年3月，臺灣第一次「總統直選」前，解放軍又在東南沿海進行了三個波次的演習。據外媒報導，1999年7月李登輝「兩國論」發表後，解放軍飛機開始不斷出海，「頻率超過1996年飛彈危機期間」。據報導，3個星期內，中共軍機飛入臺海上空超過100架次；雙方都曾越過「中線」，以高速、近距離對峙飛行；解放軍飛機曾以雷達鎖定臺軍戰機。外媒評價說，此舉意在提醒臺北：一旦中國的領土主權處於危險之中，就不會有停火線可言。

但是，現實也並不像外媒指出的那樣嚴重。據大陸前沿指揮官透露，從1999年至今這十年來，大陸軍方跟臺灣的海軍和空軍，沒有發生過真正的摩擦！在軍事上，兩岸早就存在一種默契，大家都不願意發生節外生枝的事端。大陸和臺灣都默契地給對方提供了方便，互相釋放善意。大陸的民用船舶、軍用船舶駛過海峽都沒有什麼問題，大陸有大陸的習慣航線，臺灣有臺灣的習慣航線。臺灣到馬祖、金門進行人員交流，運輸補給，也都沒有問題。[5]

總之，「海峽中線」是兩岸為避免擦槍走火，軍機避免超越的假設線，雙方長期形成默契，並非有條文議定，但在實踐中確實發

揮約束兩岸軍用艦機活動的作用。

三、臺灣不發展核武、不發展地對地飛彈

臺灣不發展核武、不發展地對地飛彈，是在兩岸軍事鬥爭的特殊環境下臺灣當局迫於壓力採取的單方面軍事限制措施。它被各個歷史時期的臺灣地區領導人一再確認，並被國際社會周知。

蔣介石早在四十年代就想製造核武器。抗戰勝利後，中國戰區美軍司令魏德邁曾向國民政府軍政部次長俞大維表示，美國可以接受中國人學習製造原子彈。1946年，美國在比基尼島進行原子彈試驗，邀請中、蘇、英、法四國代表前往參觀，蔣介石派人前往。後因蔣介石兵敗如山倒，美國幫蔣製造核武器的事也不了了之。

1949年國民黨當局逃往臺灣以後，美國繼續支持國民黨當局對抗新生的中華人民共和國政權。1954年12月，美臺簽訂了「共同防禦條約」。為「協防臺灣」，1957年5月，美國開始在臺南部署了12枚可攜帶核彈頭的鬥牛士導彈，該導彈可攜帶1000噸TNT當量的核彈頭，射程1150公里。1962年這批導彈撤離。但是直到1974年，美軍才撤離部署在臺中清泉崗基地第2中隊可攜帶戰術核武器的F-4鬼怪式戰鬥機。

1964年大陸原子彈爆炸的消息，在臺灣引起了極大震動。同時60年代中期以來國際形勢的發展變化及美國外交政策開始出現的新調整，使臺灣當局感到壓力重重。臺灣在竭力維持、鞏固與美國殘存關係的同時，開始悄悄為自身命運謀算，尋機改善不利的「國際環境」，而發展獨立核武器能力則成為其諸多可能的選擇之一。1965年7月，蔣介石下令撥專款1.4億美元，擬定了一個「新竹計劃」，打算以12年的時間，建設一座重水反應爐，一家重水生產廠，一家重水分離廠，由德國西門子公司設計並建造。1966年2

月，臺灣「核能研究所」所長鄭振華和一位副所長前往以色列，參觀核設施。1968年4月，美國在臺北舉辦了「原子能應用示範展覽」，協助臺灣解決了部分技術問題。1968年，臺灣正式成立了「中山科學研究院」，由「國防部次長」、英國劍橋大學畢業生唐君鉑任院長，下設4個研究所，6個研究與製造中心，第一研究所就是核能研究所。

美國擔心臺灣用核武器惹禍，把自己拖下水，因而臺灣核武器研製意圖自始就遭到美國的堅決反對和阻撓。在美國和國際社會的持續施壓下，臺灣當局被迫向美國保證不會從事與核武器有關的活動，並於1978年拆除了鈾與鈽提煉設施，將863克鈽歸還美國。蔣經國時代，臺灣仍秘密從事核武器的研製，幾近「大功告成」。1988年1月，「中科院」核能研究所副所長張憲義逃往美國，將其掌握的臺灣研製核武器的內幕和盤托出，並說臺灣準備在射程為1000公里的「天馬」導彈上安裝核彈頭，而「天馬」導彈的研製已接近完成。全美上下一片譁然。幾天後美國代表團抵臺，開始拆除臺灣價值18.5億美元的重水反應堆。臺灣當局不得不承諾，以後將不再發展核武器。臺灣第二次發展核武器的計劃再次功虧一簣。

李登輝時期，隨著臺灣民用核技術的發展，臺灣核技術人才和科學研究能力迅速成長。1995年7月28日，李登輝在臺「國大」會議上突然提出，「從長遠的觀點看，我們應該重新研究核武器的問題」。雖然三日後李登輝矢口否認，但引起國際輿論強烈反對。1998年初，李登輝又提出臺灣有發展核武器的能力，第二天又讓「總統府」改口更正。據稱，李登輝數次主持召開「國防計劃會議」，制定臺灣發展核武器的「興華計劃」，明確提出要搞「不經過核試爆的核武器」，提出「臺灣必須因應情勢，根據時機，加快核武器擁有，不在量多」。臺灣軍方多次開會研討能否發展核武器。美國學者指出，臺灣核能研究所保有啟動核武器製造計劃所需的全部藍圖及數據，同時臺灣核電廠的6座核反應爐繼續生產出含

鈽豐富的燃料棒。國軍90年代中期修改後的《作戰條令》規定，「核火力由師級以上指揮官掌握」，《聯兵準則》中把核子火力作為戰鬥火力之一，國軍還向基層部隊下發《核武手冊》。另外，自1998年以來，臺灣軍隊還在歷次演習中都增加了「核安」科目。印巴核試驗後，李登輝再次提出「對大陸的有效嚇阻，關鍵在於對大陸能否有核嚇阻」。李登輝提出「兩國論」不久，臺國防部聲稱臺軍早已掌握發展中短程導彈關鍵技術，成功發射了雄風2-E空對地和攻艦導彈，並有巡弋導彈功能。

陳水扁上臺後，提出「決戰境外」的戰略構想，臺灣當局內部主張發展核武器與可攜帶核彈頭的雄風2-E巡航導彈的聲音時有傳出。對此大陸表達了非常嚴正的態度。2007年9月26日，國務院臺灣事務辦公室在國臺辦新聞發佈廳舉行例行新聞發佈會。有記者問：據報導，臺灣軍方將在馬祖設立導彈中隊，威脅福建和上海等目標，還規劃秘密製造地對地導彈，請問發言人有何評論？發言人說：我們正告臺灣當局不要玩火，玩火必自焚。

雖然有關臺灣發展核武器的傳聞不斷，但臺當局領導人及防務部門負責人在公開場合都宣稱不發展核武器。

2002年3月12日，美國在其「核態勢評估報告」中宣稱，未來在臺灣緊張局勢時，美國將考量對中共動用核武。臺「國防部長」湯曜明立刻回應「臺海為非核戰區」，臺灣不製造核武，也不歡迎在此一地區使用核武。

2008年5月21日，馬英九上任第二日，在「總統府」召開國際記者會。馬英九說，不會和大陸進行軍備競賽，臺灣不會發展或購置核武器。2008年9月媒體報導，馬英九執政團隊決定不發展超過1000公里的雄風2－E導彈。

著名物理學家、前臺灣中研院院長吳大猷教授多年前就斷言，臺灣發展核武只會削弱臺灣安全，而不會是加強臺灣安全。這一斷

言迄今仍然極具洞見。今天,臺灣不發展核武器、不發展長程地對地導彈的「承諾」,雖歷經曲折,但仍為各方所重視,特別是為臺灣當局和臺灣社會廣泛接受。[6]這不僅是國際社會防止核擴散的重要成果,更是中華民族之幸、兩岸人民之福。

四、大陸嚴格限制對臺動武時機

不承諾放棄使用武力,是「一國兩制、和平統一」思想的重要組成部分,但歷來為臺灣某些勢力所詬病。實際上,和平統一方針提出三十年多來,大陸雖不承諾放棄使用武力,但不斷對動武時機進行嚴格限制,使非和平方式基本成為震懾臺獨的最後手段。

自二十世紀五十年代中共中央提出「和平解放臺灣」的政策以後,大陸對臺使用武力一直是有條件限制的。鑒於臺灣問題一時難以解決,毛澤東指出,只要蔣氏父子堅持「一個中國」,大陸就支持蔣氏父子守住臺灣。正是在這個基礎上,才有了「單日打雙日不打」,他在世期間才沒有對臺採取大規模的軍事動作。

1979年中美建交以後,中共確立了「和平統一、一國兩制」的方針,但不承諾放棄使用武力。同時,對使用武力進行了嚴格限制。鄧小平1979年訪問美國時曾向卡特總統強調:「中國是願意用和平方式解決臺灣問題的,但我們不會把自己的手腳捆綁起來,那樣反而不利於臺灣問題的和平解決。」「只有在兩種情況下,中國才會對以和平方式解決臺灣問題失去信心,一是遲遲不能談判,二是蘇聯人進入臺灣。」[7]

1984年10月22日,鄧小平曾經這樣論述「不承諾放棄使用武力」的原因。他指出:「我們堅持謀求用和平的方式解決臺灣問題,但是始終沒有放棄非和平方式的可能性,我們不能作這樣的承諾。如果臺灣當局永遠不跟我們談判,怎麼辦?難道我們能夠放棄

國家統一？當然，絕不能輕易使用武力，因為我們精力要花在經濟建設上，統一問題晚一些解決無傷大局。但是，不能排除使用武力，我們要記住這一點，我們的下一代要記住這一點。這是一種戰略考慮。」[8]在這段話中，鄧小平提出了「統一問題晚一些解決無傷大局」的思想，對臺灣當局和同胞表現出高度的善意和耐心，也使和平的延續成為可能。

　　進入九十年代，臺獨分裂勢力漸趨成為影響兩岸關係發展的主要障礙，大陸開始把使用武力與反對臺獨聯繫起來。1995年1月30日，江澤民發表了《為促進祖國統一大業的完成而繼續奮鬥》講話，提出了「中國人不打中國人」的主張，並且用大量篇幅對使用武力問題進行瞭解釋：「我們不承諾放棄使用武力，決不是針對臺灣同胞，而是針對外國勢力幹涉中國統一和搞『臺灣獨立』的圖謀的。我們完全相信臺灣同胞、港澳同胞和海外僑胞理解我們的這一原則立場。」[9]在這篇講話中，江澤民還重複了1992年10月中國共產黨第十四次全國代表大會的報告中說的「在一個中國的前提下，什麼問題都可以談」的承諾，並進一步解釋說：「我們所說的『在一個中國的前提下，什麼問題都可以談』，當然也包括臺灣當局關心的各種問題。」[10]既然什麼問題都可以談，當然包括放棄使用武力問題。

　　2000年2月21日，國臺辦發表《一個中國原則與臺灣問題》白皮書，強調「採用武力的方式，將是最後不得已而被迫做出的選擇」。對大陸使用武力的條件明確為「三個如果」，即：「如果出現臺灣被以任何名義從中國分割出去的重大事變，如果出現外國侵占臺灣，如果臺灣當局無限期地拒絕透過談判和平解決兩岸統一問題，中國政府只能被迫採取一切可能的斷然措施、包括使用武力，來維護中國的主權和領土完整，完成中國的統一大業。」[11]

　　2005年3月14日，中華人民共和國第十屆全國人民代表大會第

三次會議透過的《反分裂國家法》對使用武力進行了更為嚴格的限制。該法第八條規定在三種情況下大陸可能採取「非和平方式」實現祖國統一，即：臺獨分裂勢力以任何名義、任何方式造成臺灣從中國分裂出去的事實，或者發生將會導致臺灣從中國分裂出去的重大事變，或者和平統一的可能性完全喪失，國家得採取非和平方式及其他必要措施，捍衛國家主權和領土完整。對此有專家指出，「《反分裂國家法》中關於『底線』的三種情況，都是大陸方面不可能主動去做的。換言之，必須有『臺獨』的『分裂事實』或『重大事件』在先，才有『非和平方式』的問題。」[12]

透過以上文獻分析可以看出，儘管大陸沒有承諾放棄使用武力，但是對於使用武力的時機卻進行了嚴格的限制，並以法律的形式公佈於世，充分展現了「只要和平統一還有一線希望，我們就會進行百倍努力」[13]的誠意和善意。只看到大陸不承諾放棄使用武力，看不到大陸對於動用武力時機的這些嚴格限制是不全面的，是對大陸對臺戰略的曲解。

五、公佈國防白皮書增加軍事透明

國防白皮書就是指一國政府就本國防務問題發表的正式官方文件，它主要針對本國採取的國家安全戰略、軍事戰略、軍費預算使用、裝備研發及軍兵種未來發展等情況作出詳細闡述。目前，世界許多國家定期或不定期地公佈國防白皮書。臺灣國防部自1992年起，每2年出版公佈「國防報告書」。大陸1995年公佈《中國的軍備控制與裁軍》白皮書；1998年起，每2年公佈一次《中國的國防》白皮書，至2013年已經公佈8部國防白皮書。

一般認為，公佈國防白皮書有利於增加軍事透明度，但這究竟是否有利於增強軍事互信，則要視具體情況而定。因為，國防白皮

書既可以透過政策宣誓和增強軍事透明為建立相互信任奠定基礎，也可以指明威脅，展示軍事實力、實施軍事威懾。因此，準確的說法應該是公佈國防白皮書可以傳達更為明確的訊息，這種訊息可能是友好的，也可能是敵對的。兩岸公佈國防白皮書的實踐證明了這一點。從臺灣看，從1992年起，臺灣當局每兩年出版公佈一次「國防白皮書」，歷次「國防白皮書」都把「中共武力犯臺」作為對其最嚴重、最直接的威脅。而從大陸看，1995年公佈《中國的軍備控制與裁軍》，從1998年起，大陸每兩年公佈一次國防白皮書。在至2013年為止公佈的8部國防白皮書中，都直接或間接地包含與臺灣問題相關的形勢分析和判斷，具體表述依當時具體形勢而定。比如，1998年國防白皮書對臺灣問題並未太多著墨，僅在國防政策中只提出「國家必須具有用軍事手段捍衛主權、統一、領土完整和安全的能力」，並沒有明確提到臺灣。1999年，李登輝悍然拋出「兩國論」，2000年的中國國防白皮書首次將有關臺灣問題的內容寫入國防政策，並強調「中國人民解放軍堅定不移地以國家意志為最高意志，以民族利益為最高利益，完全有決心、有信心、有能力、有辦法捍衛國家主權和領土完整，決不容忍、決不姑息、決不坐視任何分裂祖國的圖謀得逞」。2002年，由於當時臺灣的分裂活動比較隱蔽、主要採取漸進式手段，所以當年中國公佈的國防白皮書中沒有更多突出臺灣問題，而是重申了2000年的基本主張。但是，針對惡性發展的臺獨分裂勢力，2004年的白皮書將「維護祖國統一」的傳統表述具體到「制止分裂，促進統一」，明確指出「制止『臺獨』勢力分裂國家是中國武裝力量的神聖職責」；「中國人民和武裝力量將不惜一切代價，堅決徹底地粉碎『臺獨』分裂圖謀」。2008年臺海局勢發生重大積極變化以後，國防白皮書對臺海局勢的表述明顯趨於緩和。

六、軍事演習預告及規模調整

1998年10月14日，海基會理事長辜振甫將到大陸參訪，並邀請汪道涵訪問臺灣。為促進兩岸和諧及創造良好氣氛，國軍「參謀總長」唐飛於10月2日在「國軍新一代兵力展示」第一次預校後，宣布停止預校及取消預定於10月5日舉行的正式操演。1999年5月，國軍澎湖防衛部新編成的聯兵旅將於5月中旬舉行「成功操演」，臺灣國防部提前一個月，於4月11日透過軍事發言人發佈消息。7月起，國防部公佈了全年度的「國防」演訓計劃。

　　目前國軍演訓、打靶，都會透過縣市後備指揮部、縣市政府公告，避免人員、飛機、船隻進入危險的管制區；至於外島的火炮，更是慎選海域，並預先公告，以避免大陸誤解，或誤傷艦船。

　　大陸也針對臺海形勢的變化相應調整演習規模，並公佈重大演習計劃。2008年馬英九就職以後，為適應兩岸關係發展變化的新形勢，大陸在東南沿海的演習活動明顯減少。臺灣方面對此是清楚的。2009年3月16日，臺國防部公佈的臺灣首部「四年期國防總檢討」報告指出，臺海之間的「信心建立措施」至今仍進展有限，目前兩岸僅有各自片面的採取宣誓性、透明性或若干默契措施，例如公佈國防報告書、公佈重大演習計劃及機艦活動範圍自制等，而未能進一步推展至溝通性（如建立熱線）、規範性（如訂定海峽行為準則、雙方機艦遭遇行為協定等）或限制性措施（如限制特定兵力之部署與軍事活動、裁減兵力等），使得兩岸仍存在軍事意外和衝突的風險。「四年期國防總檢討」雖對兩岸建立軍事安全互信機制的進展狀況表示不太滿意，但也表明臺灣當局已經注意到並肯定了大陸「公佈重大演習計劃及機艦活動範圍自制」的做法。

七、退役將領互訪

　　退役將領互訪是兩岸退役將領利用其特殊身份而開展的未經授

權的民間交流活動。當前,兩岸政治上仍處於敵對狀態,軍隊現役人員接觸受到限制,但退役將領互訪特別是臺灣退役將領訪問大陸卻絡繹於途。退役將領互訪雖沒有經過正式授權,但對於緩和敵對氛圍、增進彼此瞭解具有一定作用。

　　據臺灣《聯合報》報導,退役將領集體赴大陸參訪源起於扁時代。2001年7月,曾任總政戰部主任的許歷農「上將」帶領40餘位退役將領到大陸參加「七七抗戰紀念」活動,於北京人民大會堂受到總政副主任唐天標上將及國防大學與軍事科學院代表的接待。

　　2002年6月底,在臺灣陸委會的支持與贊助下,國軍方外圍的研究機構與解放軍總參謀部所屬的研究智庫,在北京召開一項軍事戰略學交流研討會,兩岸退役與現役的高級軍事將領,就如何建立兩岸「軍事信任措施」等議題,首度開展政策性對話。參與這項兩岸軍事交流的臺灣人士包括前民進黨立委陳忠信、李文忠,前國民黨立委陳學聖,前軍系立委周正之、李鳴皋、前「中科院院長」沈方枰等退役將領。大陸軍方將領則包括國防大學政委在內的上將、中將等高級將領,以及隸屬總參謀部研究智庫的多位涉臺專家學者。這項由臺灣「亞太安全研究基金會」與大陸「和平與發展研究中心」共同舉辦的軍事學術交流會議,研討的主題雖然是「從中日甲午戰爭看中國海權的發展」,但雙方還是針對臺海軍事互動情勢,展開針鋒相對的溝通對話與政策辯論。臺灣學者稱,這是臺灣退役將領近年來首度結合軍事專家與政黨代表,與大陸現役高級將領進行面對面的溝通,極具意義。[14]

　　2010年4月,許歷農率「新同盟會退役將領訪問團」二十三位退役將領訪問北京。代表團曾到國防大學、航天城參訪,中央軍委有關領導設宴款待,釋出與臺灣退役將領增進互信的強烈訊息,希望兩岸軍界能搭起交流平臺,以推動兩岸軍事互信。在國防大學的座談由國防大學政委劉亞洲中將主持,國防大學將級主管列席,上

座為軍科院原院長劉精松上將、國防大學原政委趙可銘上將；其次是軍科院原政委張序三中將、軍科院原副院長李際均中將等，總政聯絡部涉臺主管也在座。座談圍繞中共撤離對臺飛彈問題，與會臺方退役將領提出撤飛彈是臺灣民眾共同心願，即使大陸做出象徵性撤離亦有其政治意義，有助於兩岸和平發展。媒體評論說，此前，有不少退役將領到大陸參訪，多屬聯誼性質，民間單位接待，時有對話，卻流於形式。這次許歷農組團性質不同，由國臺辦主任王毅委請促成，訪問團成員共八位退役上將、八位退役中將和七位退役少將，涵蓋各軍種，陣容空前，對方極為看重。[15]

2009年11月，「兩岸一甲子」學術研討會在臺北舉行，討論議題涉及兩岸政治、軍事，有眾多兩岸重量級學者出席。大陸代表團由中共中央黨校原常務副校長鄭必堅帶領，軍事科學院原副院長李際均中將、國防大學戰略所原所長潘振強隨團參加。

在推動兩岸退役將領交流互訪方面，兩岸退役軍人團體和學術團體發揮了重要作用。目前臺方退役將領各有天地，如老牌的「中華戰略學會」、人數眾多的「中央軍校校友總會」、「黃埔四海同心會」，以及近年相繼成立的「中華孫子兵法研究學會」和「中華經略國防協會」等；大陸則有中國孫子研究會、黃埔同學會等。

八、兩岸聯手人道救援

兩岸聯手人道救援，是由兩岸軍事力量、準軍事力量以及民間力量共同參加的人道主義救援活動。這種活動由偶然事件引發，逐漸成為一種規範性活動，在兩岸準軍事力量合作中屬製度性較強的活動。

2002年5月25日，臺灣「華航」一架從臺灣桃園機場飛往香港的「CI-611」客機在澎湖以北的海面上空失事。由於飛機失事的地

點離「海峽中線」不遠，失事第二天，一些空難者遺體和飛機殘骸漂到了「海峽中線」以西。大陸交通部接報後要求海上搜救中心值班室密切注意該事件，如果臺灣方面需要，以便可隨時提供幫助。同時，交通部海上搜救中心值班室一方面與臺灣中華搜救協會取得聯繫，轉達中國大陸關於願意提供幫助的意見，另一方面發佈航行警告，要求過往澎湖島附近的船舶注意觀察搜索，有情況及時報告。同時交通部專業搜救力量廈門、汕頭、珠江口等四艘值班船已做好準備，如果需要，可馬上協助搜救。26日，大陸海上搜救中心主動派出交通部上海救撈局所屬專業救助大馬力拖輪「華意」輪（9000匹馬力）、「滬救12」輪（2600匹馬力）分別由廈門和平潭縣海壇出發，前往「華航CI-611」飛機空難事故附近，臺灣海峽中心線以西水域協助搜救，並將派船協助救援事宜通報臺灣中華搜救協會。這是兩岸分離50多年來，海峽兩岸第一次在空難中聯手海上搜救。在這次搜救中，臺灣搜救協會致電中國海事局，表示臺方的搜救力量可能要越過「中線」搜尋。與此同時，臺灣方面給大陸搜救船隻提供了4個經緯交錯點，希望兩艘船在「中線」附近海域幫助搜救，打破了海上搜救各自為政的局面。這次搜救除了民間的漁船外，臺方還動員了國軍的艦隻、海巡署的巡護艦艇和其他民間專業救援船舶，是兩岸軍民搜救的典型。

2003年9月27日中午12點54分，臺灣空軍臺南聯隊一架IDF「經國號」雙座戰機在馬公外海發生機件故障，機上兩位飛行員王培疆、蔡昆男跳傘逃生，由大陸漁民協助救起。[16]

在海難救援方面，早在1990年11月，交通部上海救撈局救助船「滬救1號」打撈了觸礁沉沒的臺灣漁船「溢豐31號」，並將其安全拖送至基隆港。1996年，兩岸建立並開通了海上搜救熱線。

2001年1月，「廈門—金門」、「馬尾—馬祖」客運直航的正式運營。兩岸直接往來帶來客貨運船舶流量急速增大，海上生命財

產安全保障愈顯重要。為保證海上航行安全，兩岸海事部門展開了一系列合作救援及演練。

2008年10月23日，兩岸首次在金廈航線舉行海上聯合搜救演習。這次演習由福建省海上搜救中心主辦，廈門市海上搜救中心協辦。金門方面派出了「金港一號」專業救助拖輪和廈金直航客輪「東方之星」參加了此次演習，同時還派來專人進行觀摩。為避免爭議，雙方的參演船隻一律懸掛「演習旗」，為兩岸今後的海上救援合作提供新的模式。

2008年12月15日，兩岸間海上直航開通，兩岸步入全面直航時代。2008年11月4日，兩會簽署《海峽兩岸海運協議》。協議載明，雙方積極推動海上搜救、打撈機構的合作，建立搜救聯繫合作機制，共同保障海上航行和人身、財產、環境安全。發生海難事故，雙方應及時通報，並按照就近、就便原則及時實施救助。

2009年7月14日，福建省莆田市一艘拖船和一艘駁船在金門以東海域因主機被鋼絲繩纏住失去動力。當時海上風雨交加，船上12名船員處境十分危險。廈門海事局啟動應急預案的同時，根據廈金海上搜救協作機制和「就近」原則，立即將這一險情通報金門方面，請求派遣救助力量協助援救。靠近事發海域的金門救援船舶首先抵達現場，將遇險船上12名船員全部成功救起，然後轉移至隨後到達的廈門海事局巡邏艇上。

2010年9月16日，兩岸舉行了以「保障兩岸三通，共建平安海峽」為主題的海峽兩岸海上聯合搜救演練。這是海上直航正式啟動以來，兩岸海上搜救力量首次共同進行的大規模海陸空聯合搜救演練。參演力量包括兩岸搜救船舶14艘，救助直升機3架，模擬事故船舶2艘；另有演練現場警戒船舶10艘，其他工作船舶7艘。其中，大陸方面主要參演船舶9艘、救助直升機2架；臺灣方面主要參演船舶5艘、救助直升機1架。

隨著兩岸交流交往的深入擴大，兩岸在人道救援方面的合作會進一步深化，同時，這項活動也會為兩岸人民交流交往帶來更多實實在在的利益。

第二節　兩岸軍事安全互信機制「既有成果」的特點

一、涉及內容廣泛，但難以深入具體

　　六十多年來，兩岸在建立軍事安全互信中取得的「既有成果」內容非常廣泛，幾乎涉及一個國家境內兩個獨立掌握武裝力量的公權力系統相互敵對且長期共存所遇到的所有軍事安全問題。從涉及問題的層次看，既有諸如兩岸是否使用武力以及在什麼條件下使用武力等戰略層次的問題，也有諸如「海峽中線」等劃分實際控制範圍、防止擦槍走火的暫時隔離措施，還有像「單日打雙日不打」等特殊條件下形成的默契。從成果的類型看，除沒有核查性措施以外，交流性、透明性、限制性措施都有。

　　兩岸建立軍事安全互信的「既有成果」是兩岸政治分歧長期得不到解決的大環境下，兩岸政治高層為維護兩岸共同利益，有效控制兩岸軍事衝突而分別或合作採取的務實做法，是不同歷史時期兩岸和平意願的聚合，具有鮮明的時代特點。1979年以前，兩岸政治軍事互相敵對、經濟社會相互隔絕。在這種條件下，經過1949年至1958年在東南沿海的幾次較量，雙方在實踐中基本把「臺海中線」作為實際控制線，「單日打雙日不打」實際是大陸固守「中線原則」時故意留下的「缺口」，目的是幫助蔣介石堅持「一個中國」政策。1979年大陸提出「和平統一、一國兩制」的方針以後，要不要使用武力以及何種條件下使用武力的問題逐漸突顯出來。針對這

一問題，臺灣終止「動員戡亂時期」，宣示正式放棄以武力方式追求國家統一的意願，而大陸則根據「和平統一、一國兩制」的方針對使用武力逐步進行限制。冷戰結束以後，交流合作、和平發展日益成為兩岸關係的主流，於是有關兩岸軍事與準軍事部門之間的交流合作以及軍事透明問題被提上議事日程，雙方都主動採取了諸如公佈國防白皮書、退役將領互訪、聯合搜救演練等實際作為。

雖然這些「既有成果」涉及內容廣泛，但問題的解決程度卻十分有限。面對「一個國家、兩支軍隊」將長期存在的現實，兩岸就實際控制範圍、和平解決兩岸在一個中國原則範圍內的各種爭端達成雙方都能接受的協議應該是可能的，但這些問題一個都沒解決。開放交流是互信生長的必要條件。兩岸民間開放交流已經二十多年，經濟社會和文化交流合作深入發展，但政治軍事領域的敵對狀態仍未結束，軍事方面的交流聯繫僅止於退役人的不定期訪問，現役軍人和軍事機關的交流互訪仍未啟動，兩岸軍事安全領域面臨的諸多重大問題無法透過協商談判予以解決。

二、形式以單邊宣示為主

所謂單邊宣示，是指雙方在制定和發佈政策時僅僅依據自身情況進行決策。六十多年來雙方的兩岸政策都發生了巨大調整和變化，從有你無我、勢不兩立的「零和」狀態轉向和平發展，如果兩岸間不存在某種程度上的合作就很難理解雙方的政策轉向。但縱觀兩岸軍事安全互信的「既有成果」，卻找不到一項雙方共同認可的正式協議。所有表達善意的和平宣示基本都是單邊行為，儘管在有的決策時他們可能充分地考慮到了對方的情況和需求，並且形成了實際中的互動。單邊宣示既表現在政策制定上，也表現在現狀表述上。比如，在每兩年發佈一次的國防白皮書中，雙方都會根據各自標準對臺海軍事形勢作出判斷，這也是一種單邊行為。因此，儘管

发佈國防報告書在兩岸都已經成為一種制度化行為，但每次國防報告書關於兩岸軍事安全形勢的判斷仍是「各自表述」。更富有深意的是，有些規則可能雙方實踐中都會遵守，但口頭宣示仍各執一詞。比如，大陸軍艦、機事實上長期不越「海峽中線」，但2004年5月26日，臺灣當局片面公佈「中線」，大陸立即作出反應，不承認這種單方面的舉動。兩岸和平「既有成果」的單邊特徵顯示出雙方均在兩岸軍事安全事務中公開地表現出一種完全獨立、排它的態度，反映了兩岸政治上相互敵對、互不承認的現實，這是當前建立軍事安全互信機制必須面對和解決的難題。

三、約束力較強，但止於單邊自我約束

一般來說，行為規範的認可度越高，內容越明確和具體，其可操作性和約束性就越強。兩岸的這些「既有成果」形式雖然表現為單邊，但約束力並不弱。比如，臺灣不發展核武、不發展地對地飛彈，已經得到臺灣內部、大陸和國際社會的廣泛認可，即使臺灣個別領導人想改變也十分困難。再比如，中國大陸以《反分裂國家法》的形式限定了以「非和平方式」實現祖國統一的時機，既體現了其以武反「獨」的堅強決心，也表現了其謀求和平的堅定意志，其約束力也不能說不強。再比如，雙方軍用艦機不越「海峽中線」，儘管大陸沒有正式承認，但在實際上也是奉行的。當然，大陸不越「海峽中線」是有條件的，就是不能讓「海峽中線」成為兩岸分隔的永久分界線。如前文所述，在1995年李登輝訪美和1996年臺灣總統大選前大陸舉行的一系列演習中，以及1999年7月李登輝的「兩國論」發表後，解放軍飛機開始不斷出海，甚至曾越過「海峽中線」。外媒評論說，此舉意在提醒臺北：一旦中國的領土主權處於危險之中，就不會有停火線可言。

第三節　兩岸在軍事安全領域謀求和平的歷史啟示

一、堅持一個中國原則

六十多年來，兩岸之所以能夠在軍事安全方面形成一些和平共識和共同遵守遵守的行為規則，根本的政治基礎就是雙方都堅持一個中國原則。

在蔣介石和蔣經國時代，儘管兩岸對於誰代表中國、主權歸誰問題針鋒相對、毫不妥協，但雙方都堅持一個中國，共同反對美國策劃「兩個中國」和「一中一臺」，成為兩岸形成默契的政治基礎。

1958年金門炮戰是兩岸軍事關係在1949年以後的第一個重要轉折點，炮戰中形成了一些重要默契。回顧1958年金門炮戰的兩岸領導層的決策過程，可以清楚看到一個中國原則的重要地位。

1958年8月23日，根據中央軍委的計劃解放軍開始開始炮擊金門，並準備相機奪取金門。[17]但是，當發現美國再次給蔣介石施加壓力，要求蔣介石從金門、馬祖撤軍，以推行其「兩個中國」計劃時，毛澤東等中共領導人立即開始重新考慮金門、馬祖這兩個沿海島嶼在統一臺灣戰略中的作用。10月5日，中央軍委作出了「打而不登、封而不死」的決定，10月25日，宣布「逢雙日不打」。

金門炮戰期間，毛澤東還透過新加坡《南洋商報》撰稿人曹聚仁對蔣介石傳話。10月13日，毛澤東告訴他：「只要蔣氏父子能抵制美國，我們可以同他合作。我們贊成蔣介石保住金、馬的方針，如蔣撤退金、馬，大勢已去，很可能會垮。」「要告訴臺灣，我們在華沙根本不談臺灣問題，只談要美國人走路。蔣不要怕我們同美

國人一起整他。」[18]毛澤東在10月25日發佈的《再告臺灣同胞書》中,更是明確告訴臺灣當局:「希望你們不要屈服於美國人的壓力,隨人俯仰,喪失主權,最後走到存身無地,被人丟到大海裡去。」[19]

對中共的做法蔣介石給予了積極回應。針對美國提出的外島撤軍問題,蔣介石提出「不撤退、不姑息,準備隨時以更堅強的反擊對付武力的攻擊」。每逢單日,雙方開炮,但均不打對方的陣地和居民點,只打到海灘上。逢雙日,雙方停止炮擊。逢年過節,停炮三天,以讓雙方軍民平安休假。單日打、雙日停的奇特作戰方式,實際是一種政治上的象徵。單日打,表示國共內戰尚未結束,其實是以戰爭的方式宣示兩岸同屬一個中國;雙日不打,實際上是取消封鎖,幫助國民黨守金門,加深美蔣矛盾。這種特殊的戰爭一直持續到1979年。

如果說共同堅持一個中國是兩岸和平的前提的話,那麼,1990年代以後,臺灣當局對一個中國原則的背離,則成為造成兩岸軍事緊張的根本原因。

1988年蔣經國去世以後,李登輝繼任中華民國總統,臺灣當局逐步放棄一個中國政策,先後提出「一個中國、兩個對等的政治實體」,「中華民國政府不再在國際上與中共競爭『中國代表權』」,「『一個中國』是指歷史上、地理上、文化上、血緣上的中國」,兩岸以「平等代表權」模式同為聯合國成員國等主張,直至1999年7月提出「兩國論」,完成了其「兩個中國」或者「一個中國、兩個國家」的政策框架。這一時期,臺灣當局還大肆推行「務實外交」,從1993年開始推動參與聯合國活動,並於1995年6月促成李登輝訪美。與臺灣當局逐漸背離一個中國原則過程相伴的是,兩岸軍事關係從七八十年代的和平對峙變得越來越緊張。在臺灣,軍事戰略逐步突出攻勢色彩,「以不把戰火帶至臺灣本島為最

高原則」，提出了「防衛固守，有效嚇阻」的戰略指導。在大陸，為維護一個中國原則，震懾臺獨勢力，1995年7、8月和次年3月在臺灣附近海域舉行了系列演習，被西方稱為「第三次臺海危機」。1999年李登輝「兩國論」出籠後，大陸又在浙東、粵南沿海舉行了大規模的諸軍兵種聯合渡海登陸作戰實兵演習。

2000年3月18日，陳水扁在臺灣「大選」中獲勝。陳水扁拒絕承認體現一個中國原則的「九二共識」，反而採取「去中國化」，提出「一邊一國論」，終止「國統綱領」和「國統會」運作，實施「制憲建國」的「時間表」、以臺灣名義加入聯合國等方式謀求「法理獨立」。陳水扁執政的八年，兩岸軍事關係一直得不到緩和。陳水扁上臺伊始就將「防衛固守，有效嚇阻」的戰略指導調整為「有效嚇阻、防衛固守」，甚至還提出「決戰境外」的主張，進一步突出軍事戰略的進攻性，對外則強調美臺「聯盟作戰」。大陸則把「制止分裂，促進統一」作為維護國家安全首要的基本目標和任務，強調「加緊軍事鬥爭準備」，並提出了反臺獨應急作戰的任務。

回顧兩岸在軍事安全領域化解敵對、謀求和平的歷史，如果我們把兩岸六十餘年的敵對劃分為前後兩個三十年的話，可以發現一個值得深思的現象：在兩岸敵對的前一個三十年，兩岸執行的基本政策均是武力消滅對方，但由於雙方形成了堅持一個中國的默契，在經過大約十年的激烈爭奪以後，卻能形成一些「和平共處」的行為規則，從而使臺海局勢長期保持相對和平穩定的局面。相反，在兩岸敵對的後一個三十年，特別是到了二十世紀九十年代中期至2008年，儘管兩岸均已表現出強烈的和平願望，但由於一個中國原則屢遭破壞，兩岸軍事敵對卻又日漸加劇，幾乎走到戰爭邊緣。前後兩個三十年的歷史對比表明，一個中國原則是兩岸和平的基石。有了這一原則，以世界之大、中華民族智慧之高，兩岸中國人總能找到化解衝突、和平相處之道。反之，一切智慧和妥協都失去了的

存在的合理性。

　　一個中國原則不僅應當得到尊重，還必須以適當的方式加以體現，並保持這一原則內容明確、持久穩定。在兩岸關係的前一個三十年，在軍事領域內，一個中國原則是透過兩岸之間的斷斷續續的內戰來體現的，1958年金門炮戰後代之以象徵性炮擊。1979年以後，前沿陣地象徵性炮擊的停止，使雙方已經不能透過例行性炮擊宣示這一主張。同時，從「解放臺灣」到「和平統一」方針的提出，軍事手段在兩岸事務中逐漸退居幕後。在這種情況下，是否保留使用武力的最後權利、保持一定的戰略威懾，成為宣示主權的重要指標。因此，在中美關係正常化進程中，中國政府堅持強調，臺灣問題是中國的內政，其解決方式美國無權干預，從而突出中國對臺灣的主權。[20]後來，在臺獨分裂勢力日益猖獗、臺灣當局逐步偏離一個中國原則、國家主權安全面臨嚴重威脅的情況下，大陸被迫制定了《反分裂國家法》。該法提出的「非和平方式」其實是對國家可以使用武力防止主權和領土被分裂這一主權權利的法律確認，屬於一種防禦性的戰略考慮。然而即便如此，該法也對使用非和平方式作出嚴格限制，大陸還多次表示，兩岸完全可以就這一問題開展平等協商。這些做法既顯示出制止分裂、維護統一的堅定意志，又顯示出尊重臺灣民眾感受、與臺灣同胞共享中國主權的真誠意願。

二、善於擱置爭議，千方百計創造和平

　　臺灣問題是中國的內政，是中國內戰的歷史遺留問題，兩岸中國人用武裝鬥爭的方式解決國家統一問題，是現代國家理論賦予的合法權力，任何國際勢力都無權干涉。同時，正是由於兩岸統一是中國內政，是兩岸中國人之間的問題，兩岸在謀求國家統一過程中，更有理由保持克制與理性，儘可能以和平方式化解政治分歧，

防止出現同室操戈的血腥局面。這是人類政治文明進步對中國政治發展的基本要求，也是兩岸中國人特別是領導者對中華民族的歷史和未來負責所應具有的政治操守。六十多年來，在不同的歷史時期，兩岸領導人都不同程度地為實現兩岸和平做了大量努力，從而不斷開闢出和平的可能。

善於擱置爭議，盡最大努力爭取和平，要求兩岸領導者應合理認識並確定軍事鬥爭在解決兩岸分歧、實現國家統一中的作用。六十多年來，兩岸高層對這一問題的認識雖有差異，但都經歷了一個從比較激進到相對務實的階段。

兩岸分裂緣於國共內戰。國共兩黨之間發生戰爭，是中國近代歷史進程中革命與反革命兩大勢力進行鬥爭的不可避免的結果。[21]在這場關係到二十世紀中國前途命運的鬥爭中，國共兩黨不僅對於中國的未來發展具有完全不同的理想圖景，而且擁有過去二十多年間在中國政治舞臺的血雨腥風中既鬥爭又合作的經驗與教訓。因此，在1949年以前內戰的任何一個階段，要求雙方立即放棄歷史恩怨，擱置意識形態分歧，停止武力廝殺，轉而採取理性協商的方式致力於國家統一與建設，確實是一件十分困難的事。採取以武裝鬥爭為主的暴力解決方式，在整個中國版圖內謀求一方對另一方的全勝，是當時國共內戰歷史邏輯的必然指向。在1949年至五十年代上半期的兩岸鬥爭中，這種歷史的慣性仍然得到充分體現。

然而，以武力為主要鬥爭方式是特定歷史條件下的產物。1949年10月以後，以下兩種因素的出現嚴重影響了國共兩黨軍事鬥爭的發展態勢：一是在地理上，臺灣海峽天險成為影響國共軍事鬥爭態勢的重要因素；二是在政治上，朝鮮戰爭爆發導致的東西方敵對加劇，嚴重改變了國共軍事鬥爭的外部環境。根據新的條件變化，兩岸領導者都進行了戰略調整。總的看，都能夠把武裝鬥爭作為服務於政治目標的工具，交替運用各種手段開展鬥爭，從而使和平成為

可能。特別是中國共產黨領導的中國政府，始終不渝地把實現國家最終統一作為自己的政治訴求，把軍事鬥爭作為完成國家統一的最後手段，使其高度服務於國家統一的目標，從而成為兩岸和平的主要推動力量。

從1950年代中期以後，鑒於美國軍事同盟正式形成，海峽兩岸對峙可能長期化的實際，中共提出了「以武力解決為主，爭取和平方式解決」的思路。七十年代以後，國內外形勢發生顯著變化，中美關係解凍並建交，大陸主動提出「和平統一、一國兩制」方針。這反映了中國共產黨和中國政府在改革開放新時期把自己倡導的和平共處原則用之於解決國家內政問題的努力。[22]進入新世紀，中國共產黨又提出了兩岸關係和平發展的新思路，實現了兩岸政策的又一次調整和創新。

相比較而言，當大陸提出「和平解放」戰略時，臺灣當局仍在執行「武力反攻大陸」政策；當大陸提出「和平統一、一國兩制」方針時，臺灣當局卻拋出「不接觸、不談判、不妥協」。1990年代中期後，大陸不斷呼籲和平統一，臺灣當局反而逐步滑向臺獨迷途。臺灣當局這些不合時宜的主張與作為，增大了和平統一的難度，幾乎把兩岸推向戰爭邊緣，使和平即使勉強得以存續，也只能保持一種僵持的和平狀態，難以持久和深化。

善於擱置爭議，盡最大努力爭取和平，還要求兩岸領導者能夠務實面對雙方將在一個時期共同存在的現實，以民族大義為重，善於擱置分歧，對實現國家統一表現出足夠的耐心和智慧。在這方面，中共領導者同樣率先作出典範。

1950年6月朝鮮戰爭爆發後，美國出兵臺灣，中共中央軍委就停止了原定解放金門等沿海島嶼與進行臺灣戰役的計劃，東南沿海由激戰轉為對峙。[23]朝鮮戰爭結束以後，中央軍委又慎重地確定了從小到大、逐島進攻，由北向南打的解放華東沿海島嶼的方針。

1954年中共注意到，美臺已經結成軍事同盟，臺灣問題不可能短期內解決；同時，蔣介石雖然拒絕和平談判，但是始終還是堅持只有一個中國的立場，並與美國發生矛盾。因此，以毛澤東為首的中共領導雖然考慮軍事鬥爭，但主要戰略目標已轉變為如何打破美國「兩個中國」陰謀，以及如何促成臺灣問題向和平解決方向發展。正因如此，1958年金門炮戰中，毛澤東才提出了這樣的問題：

  對於杜勒斯的政策，我們同蔣介石有共同點：都反對兩個中國，他自然堅持他是正統，我是匪；都不會放棄使用武力，他唸唸不忘「反攻大陸」，我也絕不答應放棄臺灣。但目前的情況是，我們在一個相當時期內不能解放臺灣，蔣介石「反攻大陸」連杜勒斯也說「假設成分很大」。剩下的問題是對金、馬如何？[24]

  對於這一問題，毛澤東後來自己回答說：

  形勢不對了，金門、馬祖還是留給蔣委員長比較好，金、馬、臺、澎都給他。因為美國就是以金、馬換臺、澎這麼一個方針，如果我們只搞回金、馬回來，恰好我們變成執行杜勒斯的路線了。所以十月間回到北京的時候就改變了，金、馬、臺、澎是一起的，現在統統歸蔣介石管，將來要解放一起解放，中國之大，何必急於搞金、馬？[25]

  1958年金門炮戰中毛澤東還說：

  他要拿沿海島嶼交換臺灣，我們原則上是不能交換臺灣。你這個沿海島嶼交我們，臺灣就成為獨立國，這個東西總不可以吧？！在座諸公，可不可以？原則上總不行吧。至於解放，哪一年解放，我們又沒有定期，人民代表大會，人大常委會都沒有作決議，一定要在哪一年哪一月解放。但原則上臺灣一定要解放。[26]

  「中國之大，何必急於搞金、馬？」「原則上要解放但又沒有定期」，這些決策思想的產生當時雖有不得已而為之的因素，但其

中體現的宏大視野和戰略智慧直至今天仍然極具啟發，正是在這種視野和智慧指引下，兩岸和平之路才從無到有、由窄到寬。

三、嚴格限定軍事行動的目標

保持軍事行動目標的有限性，是政治決定軍事的必然要求。軍事行動目標的有限性既是1949年以後兩岸根據形勢變化調整政治目標的反映，也是由於軍事行動手段本身的侷限性所致。1949年後海峽天險的出現，使兩岸在軍事上出現了誰也一時難以吃掉誰的僵局，1950年朝鮮戰爭爆發後美國的介入進一步鞏固了這一局面。由於美國提出「臺灣地位未定論」、「劃峽而治」等主張，中國的主權和領土完整面臨嚴重威脅。在這種情況下，如果兩岸領導集團不希望出現國家領土主權分裂的局面，就必須修改內戰以來奉行的那種透過徹底消滅對方以實現統治整個中國的政治目標，逐漸接受與對方長期共存的現實，學會以軍事鬥爭、政治博弈等各種方式進行鬥爭與交往。既然爭取國家統一、防止國家分裂而不是徹底消滅對方成為雙方持久爭取的政治目標，既然軍事行動只是解決國家統一問題多種手段中的一種，軍事行動的目標就必須是有限的。

嚴格限定軍事行動的目標，表現為在運用軍事手段時嚴格以政治目標約束軍事行動的具體目標。這對大陸來講有雙層含義：一是在逐步把和平統一確立為解決臺灣問題最佳的選擇條件下，軍事行動的目標嚴格限定在服從和服務於和平統一這一最高政治標準，一旦達成政治目標，軍事行動即宣告結束；二是在美國軍事干涉事實上已經成為影響兩岸統一的重要因素時，軍事行動中應儘可能考慮美國因素，儘可能把與美國的衝突限制在可控制的範圍之內。在迄今為止發生的三次所謂「臺海危機」中，大陸軍事決策都貫徹了這一要求。

1954年7月，以毛澤東為首的中共領導人之所以突出「解放臺灣」和沿海島嶼的任務，首先考慮的是當時國際戰略形勢緩和對祖國統一問題的影響。當時，朝鮮南北分裂已成定局，印度支那問題的結局又是越南南北劃界，美國正在纠集英、法、澳大利亞、菲律賓、新西蘭、泰國和巴基斯坦，準備簽訂以「遏制中國」為目標的《東南亞集體防務條約》，同時企圖把臺灣海峽兩岸的分裂局面固定化，突出「解放臺灣」的要求，正是要顯示中國共產黨堅持祖國統一的原則立場，打破分裂中國的陰謀。[27]浙東作戰和所謂「第一次臺海危機」由此而來。在解放浙東島嶼的過程中，人民解放軍對美國的軍事幹涉採取既慎重又不示弱的態度。[28]在用有限軍事行動達到對打擊國民黨軍、顯示堅決反對美國侵略臺灣和分裂中國決心的政治目標之後，中共立即決定停止進攻馬祖，並適時採取了緩和緊張局勢的措施。[29]

　　1958年8月，中共發動金門炮戰的戰略意圖是「直接對蔣，間接對美」。鑒於美國在臺灣海峽很可能長期存在的事實，中共認識到要解決臺灣問題，與美國進行和平談判是必不可少的一個環節。為此，1955年4月亞非會議以後，毛澤東和中共中央逐步確立了爭取和平解決臺灣問題的基本方針。這一努力遭到美國的阻撓。1957年12月起，美國先是中斷中美大使級會談，繼而縱容臺灣蔣介石集團對大陸沿海騷擾破壞，使臺灣海峽再次出現緊張局勢。正是在這種情況下，毛澤東抓住時機決心發動炮擊金門的鬥爭。炮戰迫使美國恢復了中斷九個月的中美大使級會談。當發現美國利用金門炮戰壓蔣介石放棄沿海島嶼，企圖製造「兩個中國」、「一中一臺」時，毛澤東果斷採取「政治仗」的打法，打破了美國分裂中國的企圖，促成了兩岸中國人第一次「擱置爭議、共守一中」的合作，充分體現了中共對軍事行動目標的高度限制。

　　與1958年金門炮戰中「直接對蔣，間接對美」的戰略意圖相類似，1995—1996年解放軍在臺灣海峽的軍事行動的目的是「震懾臺

獨，敲打美國」。這次軍事鬥爭發生在中美關係自1989年夏季開始的持續惡化時期，另一個重要事件是中國政府曾經一再與美國交涉，試圖透過外交方式消除李登輝訪美造成的消極影響，並修復被「嚴重損害了」的「中美關係的政治基礎」。但克林頓政府不願做出足夠的努力來挽救局勢。中國領導人由此斷定，克林頓政府存在某種幻想，以為只要美國稍作姿態，中國就會在李登輝訪美問題上讓步。因此中國政府需要給予有力的反擊，以使美國「真正意識到問題的嚴重性」。從1995年秋季開始的一系列軍事演習，可以認為是中國突出臺灣問題的「嚴重性」和向美國顯示中國的決心與能力的措施之一。[30]

在嚴格使軍事行動目標限定於「把兩岸關係打回和平統一的政治軌道」的同時，中共在籌劃使用軍事行動時也儘可能設想各種情況，採取避免衝突擴大的措施，特別是儘可能避免與美軍軍事衝突。

1949年以後很長一段時間，對國軍事鬥爭是和邊海防聯繫在一起的。為確保國家邊海防安寧，自新中國成立以後毛澤東一直親自掌握邊海防鬥爭的政策。當時規定，中國邊海防部隊要嚴守疆界，不主動惹事，處理外國入侵事件，要從全局著眼，從政治上、外交上著眼，寧可在軍事上失掉某些戰機，也不要使國家在政治上、外交上陷於被動。20世紀50年代美國飛機經常入侵中國領空領海，毛澤東曾確定戰機不得飛出領海作戰，但美機如入侵領空時必須堅決打擊之。60年代初，鑒於當時中國面臨的困難局面及美機一般只是「擦邊」襲擾偵察的情況，經毛澤東決定，中央軍委曾規定對入侵美軍飛機只是嚴加監視，而一般不予攻擊。1963年6月25日，中央軍委在一項指示中明確提出，在邊海防鬥爭中，軍事鬥爭必須服從政治外交鬥爭。必鬚根據中央的既定方針，既要保衛中國領土、領海、領空不受侵犯，又要運用好鬥爭策略，力求保持平靜，避免引起局勢緊張。對敵鬥爭，要既不主動惹事，又不示弱。對兄弟友好

國家，既要友好相待，又要遵循國際慣例，維護國家尊嚴。[31]

在三次「臺海危機」中，中共也採取不主動追擊撤退之敵，只準打蔣艦、不準打美艦，預先公佈演習目的、規模、時間和地點等方法，有效避免了與美國的直接衝突。

2000年以後，針對民進黨執政時期的臺獨分裂活動，大陸組織了一些警示性的、姿態性的三軍聯合演習，意在表達對臺獨行為的強烈不滿、遏制臺獨的意識，但始終很克制，兩岸也沒有真正劍拔弩張地幹起來。

綜上可見，大陸在臺灣海峽採取的軍事行動基本上屬於一種預防性行為，目的是為了避免更大的政治和軍事危機，而且政治目標一旦達成，軍事行動即告結束。另一方面，由於在決策過程中料敵從嚴、謀劃在先，儘可能避免出現強敵介入的局面，並主動採取措施避免緊張形勢升級蔓延，也從來沒有發生過所謂「軍事危機」。這種牢牢使軍事鬥爭高度服從政治目標的做法，使以美國為代表的西方學者用「危機管理」理論研究兩岸軍事安全問題總給人一種隔靴搔癢之感。

四、加強對軍事要素的有效控制

克勞塞維茨在強調軍事必須服從政治時指出：「政治家和統帥應該首先作出的最重大的和最有決定意義的判斷，是根據這種觀點正確地認識他所從事的戰爭，他不應該把那種不符合當時情況的戰爭看作是他應該從事的戰爭，也不應該想使他所從事的戰爭成為那樣的戰爭。這是所有戰略問題中首要的、涉及面最廣的問題。」[32]要創造和平，和平的願望——對使用非和平方式解決衝突的願望的克制——固然重要，同時，對於軍事要素的高度控制也同樣重要。在這裡，軍事要素主要是指武裝力量的建設、調動與部

署、軍隊的重大活動、重要的軍事學術思想與觀點的傳播、國防宣傳、軍事涉外活動等。這些要素是戰略對手相互之間判斷對方戰略企圖的基本依據。有效控制軍事要素，就是保持軍事要素的方方面面高度服從國家政治、外交鬥爭的需要，在國家政治、外交相關機構的統一調控下行事，該保密的保密，無法保密或該公開的行動公開，防止引起對手誤判。把一切軍事要素置於高度控制之下，防止它們自行其是，是保證戰爭始終在政治規定的範圍內進行的重要條件，也是和平之門得以開啟的重要前提。

在兩岸六十多年的軍事鬥爭實踐中，大陸最高統帥部始終強調發揮軍事、政治、經濟、外交等各種鬥爭形式的整體合力，防止因任何一方處置不當，從而招致鬥爭全局上的被動。鑒於此種情況，軍委曾多次指示邊防部隊，要有高度的政治頭腦，加強組織紀律性，嚴格掌握政策界限，一切行動都要從國家全局利益出發，反對只顧軍事需要而忽略政治後果的任何做法。金門炮戰中發生的一件事情極為典型。[33]

金門炮戰開始以後，按照毛澤東的最初預想，主要透過炮擊封鎖金門，最終迫使蔣介石集團放棄金門。但是，關鍵在於美國，因此，打炮的主要目的不是要偵察蔣軍的防禦，而是偵察美國人的決心。因此，不說一定登陸金門，也不說不登金門，而是相機行事。毛澤東還明確要求：宣傳上目前暫不直接聯繫金門打炮。現在要養精蓄銳，引而不發。

但是，在參與指揮的軍事領導層裡，並不都明了毛澤東和中共中央的作戰意圖。8月27日，人民解放軍總政治部用福建前線指揮所的名義，連續播發了一篇廣播稿，敦促防守金門的國民黨軍官兵放下武器，其中提到「對金門的登陸進攻已經迫在眉睫」，引起外電的關注。9月1日前後，毛澤東從外電報導中得知這一情況，嚴厲批評這是違反集中統一原則。他責成中央軍委起草了《對臺灣和

沿海蔣占島嶼軍事鬥爭的指示》稿，9月3日經他核準後下發。

這個指示指出：「臺灣和沿海蔣占島嶼是目前國際階級鬥爭中最嚴重最複雜的焦點之一。」「解放臺灣和沿海蔣介石占島嶼雖然屬於中國內政問題，但實際上已經變成一種複雜嚴重的國際鬥爭，我們不要把這個鬥爭簡單化，而要把它看成是包括軍事、政治、外交、經濟、宣傳上的錯綜複雜的鬥爭。臺灣和沿海蔣占島嶼問題的全部、徹底解決，不是短時間的事，而是一種持久的鬥爭，我們必須有長期打算。」指示對包括炮擊金門在內的沿海鬥爭的方針作出四點規定，強調目前不宜進行登陸作戰，必須有節奏，打打看看，看看打打，海軍、空軍不得進入公海作戰，我軍不準主動攻擊美軍。指示還指出：一切重要的行動和宣傳（言告、談話、口號、社論、新聞、廣播）都必須遵守集中統一的原則，不得自作主張。

臺灣方面也出現過類似事例。2000年6月1日，臺「參謀總長」湯曜明首度證實，「參謀本部」下令在對岸來襲時，第一線部隊不能發擊，第一線指揮員要發射第一槍還要「參謀本部」同意。

兩岸對軍事要素的有效控制，實質是政治對軍事的節制，表明兩岸對使用軍事手段均持高度慎重態度，也是兩岸和平得以延續的重要因素。

五、保持溝通渠道，避免相互隔絕

博弈論中的「囚徒困境」博弈說明，溝通可以降低交往環境的不確定性，減少行為體間的相互誤解、猜疑和不信任，是合作形成的重要條件。心理學研究也表明，互有敵意的決策者，在面臨巨大心理壓力而被迫在短時間內作出決策的情況下，如果缺乏對對方企圖明確而可靠的訊息，就容易對對方作出惡意的解釋，從而導致衝突。為防止這一情況的發生，獲得對方迅速而可靠的訊息成為當務

之急，在敵對方之間建立某種溝通渠道顯得尤為必要。

　　兩岸本來並不缺乏聯繫的渠道。兩岸同胞同文同種，交流聯繫十分方便。特別是1949年以後敗退到臺灣的國民黨軍政人員與大陸中共高層及普通百姓都有割不斷的聯繫。但是，1949年以後，在兩岸政治敵對、交通通訊相對落後，又有海峽天險阻隔的情況下，原來聯繫兩岸民間和軍政人員之間的各種溝通渠道都被切斷了，兩岸處於隔離狀態。同時，在二戰後全球冷戰的大背景下，兩岸的相互敵對與隔絕只是國際上東西方兩個陣營相互敵對與隔絕一部分，東西方冷戰特別是美國及其西方盟國對新生的中華人民共和國政權在政治上和軍事上採取敵視、孤立和圍堵的政策，進一步加劇了兩岸相互隔絕的局面。

　　兩岸相互隔絕加劇了兩岸的敵對，十分不利於兩岸以和平方式解決國家統一問題。從目前公佈的材料看，為打破這種訊息隔絕，兩岸領導人不約而同地都曾利用一些方式試圖保持聯繫，探詢彼此的想法和底線。這些聯繫增進了雙方對兩岸一系列問題的基本態度和立場的瞭解，減少了雙方可能發生的誤解和誤判，影響了雙方兩岸政策的制定，對控制兩岸軍事衝突發揮了積極作用。

　　1955年初，人民解放軍攻占一江山島後，西方所謂的「臺海危機」發展到頂點。美國國會授權總統可以為「協防」臺灣使用武力，並在浙東外海集結航空母艦5艘、巡洋艦3艘和驅逐艦40余艘。中共中央軍委雖暫緩實施了進攻大陳島的計劃，但為向美蔣示威，中央軍委命令空軍1月30日繼續猛烈轟炸大陳島，浙東前指又下達了攻占大陳島的預先命令，毛澤東在接見外賓時表明了嚴正態度。在這種情況下，美國既不願因大陳等島嶼而引發一場大戰，又不好對這些島嶼上的國民黨軍棄之不顧，因此採取了出動艦隻將大陳守軍撤回臺灣的辦法。為避免中美軍事衝突，美國國務卿杜勒斯在中美沒有直接溝通渠道的情況下，只好將此事通知了蘇聯外長莫洛托

夫，並希望能勸說中國方面在國民黨軍撤退時不要加以攻擊。2月2日，毛澤東指示國防部長彭德懷和人民海軍，蔣軍從大陳島撤退時，我軍不向港口及靠近港口一帶射擊。2月5日，美國國務院正式宣布，美國政府已經命令第七船隊和其他部隊幫助國民黨從大陳島撤退。[34]

1955年後，隨著國際形勢的緩和和中共「和平解決」政策的提出，雙方先後都派出或委託「密使」打探消息。在臺灣國民黨當局先後有李次白、宋宜山、許孝炎、曹聚仁，而大陸方面則有章士釗。這些「密使」對緩和兩岸軍事衝突、建立兩岸軍事默契也發揮了重要作用。

據考證，1958年8月23日金門炮戰前幾天，毛澤東曾委託與蔣氏父子有聯繫的香港記者曹聚仁設法傳話給蔣氏父子，表明金門炮戰主要是打給美國人看的，以避免美國人插手使臺灣劃峽而治。[35]而此前，早在1956年，大陸已經透過章士釗、許孝炎將中共主張透過和平談判實現兩岸統一的四條具體辦法轉達給蔣氏父子，並希望蔣介石能在國家統一後回故鄉看看。這些背景為蔣介石頂住美國壓力，堅守「一個中國」立場，決心固守金、馬，並表示「不容為了考慮盟邦態度如何，而瞻顧徘徊」，若至緊急關頭，臺灣將獨立與大陸作戰，提供了有解釋力的說明。[36]

1979年1月1日，中美正式建立外交關係，大陸確定了和平統一的方針，兩岸關係的大環境顯著度改善。雖然兩岸仍未結束敵對狀態，但新的政治環境已經給兩岸接觸提供了更好的條件，特別是兩岸開放交流以後，兩岸聯繫渠道更為多樣。

交流是互信之母，隔絕是誤解之源。越有敵意，越需要加強溝通交流，而不是關閉交流的大門。2008年5月以來，兩岸交流取得了突破性進展。遺憾的是，儘管兩岸都表示出對兩岸和平制度化的強烈願望，但由於各種因素制約，有關兩岸軍事安全互信機制的協

商談判始終未能開啟。兩岸關係跌宕起伏的歷史告訴我們，兩岸同為一家，即使兵戎相見，也屬萬不得已，終須化解恩怨，握手言和。因此，透過開啟兩岸政治談判，務實面對和解決兩岸政治與軍事安全領域的矛盾與問題，而非單方面漫天要價或拒絕接觸，是實現兩岸和平制度化的必由之路。

注　釋

[1].羅慶生：「國防政策與國防報告書」，臺北：揚智文化事業股份有限公司，2000年版，第285頁。

[2].王永誌：《世界年鑒2005》，臺北：「中央通訊社」，2004年版。

[3].《臺港澳大辭典》編輯委員會：《臺港澳大辭典》，北京：中國廣播電視出版社，1992年版。

[4].《臺海「中線」成兩岸統「獨」較量坐標》，《參考消息》，2004年6月11日，第1版。

[5].《趙國鈞：海洋問題　兩岸軍方有默契》，中國評論新聞網，2010年5月27日。

[6].羅慶生：「國防政策與國防報告書」，臺北：揚智文化事業股份有限公司，2000年版，第284—285頁。該書是軍訓教官羅慶生為大專程度讀者編撰的通識性著作，2000年8月初版，2002年臺灣「國防報告書」出版後修訂再版，在臺灣有較大影響。該書把「『不發展核武』及『不發展地對地飛彈』的宣示」，作為長期以來已經形成的兩岸軍事互信的重要「默契」。

[7].宋連生、鞏小華編著：《穿過臺灣海峽的中美較量》，昆明：雲南人民出版社，2001年版，第203—204頁。

[8].鄧小平：《在中央顧問委員會第三次全體會議上的講話》

（一九八四年十月二十二日），《鄧小平文選》第3卷，北京：人民出版社，1993年版，第87頁。

[9].國務院臺灣事務辦公室：《中國臺灣問題外事人員讀本》，北京：九州出版社，2006年版，第322頁。

[10].國務院臺灣事務辦公室：《中國臺灣問題外事人員讀本》，北京：九州出版社，2006年版，第322頁。

[11].國務院臺灣事務辦公室：《中國臺灣問題外事人員讀本》，北京：九州出版社，2006年版，第362頁。

[12].黃嘉樹：《中國新領導核心對臺政策的調整與新意》，中國評論新聞網，2006年3月24日。

[13].《胡錦濤提出新形勢下發展兩岸關係四點意見（2005年3月4日）》，《人民日報》海外版，2005年3月5日第1版。

[14].王銘義、呂昭隆：《兩岸軍事交流悄然啟動》，臺灣《中國時報》，2002年7月17日，第1版。

[15].《兩岸退役將領交流 邁入實質對話》，中國評論新聞網，2010年5月10日。

[16].《臺戰機墜海 大陸漁船救起兩飛行員》，《參考消息》，2003年9月28日，第8版。

[17].牛軍：《三次臺灣海峽軍事鬥爭決策研究》，《中國社會科學》，2004年第5期。

[18].逢先知、金冲及主編：《毛澤東傳（1949—1976）》（上），北京：中央文獻出版社，2003年版，第881頁。

[19].國務院臺灣事務辦公室編：《中國臺灣問題外事人員讀本》，北京：九州出版社，2006年版，第315頁。

[20].牛軍：《三次臺灣海峽軍事鬥爭決策研究》,《中國社會科學》,2004年第5期。

[21].徐焰：《金門之戰》,北京：中國廣播電視出版社,1992年版,第3頁。

[22].《鄧小平文選》第3卷,北京：人民出版社,1993年版,第96頁。

[23].徐焰：《金門之戰》,北京：中國廣播電視出版社,1992年版,第147頁。

[24].吳冷西：《憶毛主席——我親身經歷的若干重大歷史事件片段》,北京：新華出版社,1995年版,第84頁。

[25].逄先知、金沖及主編：《毛澤東傳（1949—1976）》（上）,北京：中央文獻出版社,2003年版,第878—879頁。

[26].逄先知、金沖及主編：《毛澤東傳（1949—1976）》（上）,北京：中央文獻出版社,2003年版,第866頁。

[27].徐焰：《金門之戰》,北京：中國廣播電視出版社,1992年版,第174頁。

[28].例如,1955年2月2日,毛澤東指示國防部長彭德懷和人民海軍,蔣軍從大陳島撤退時,我軍不向港口及靠近港口一帶射擊,即是說,讓敵人安全撤走,不要貪這點小便宜。而2月9日,美軍一架飛機侵入浙東松門島上空,解放軍高射砲兵立即將其擊落墜海。參見《建國以來毛澤東軍事文稿》（中卷）,北京：軍事科學出版社、中央文獻出版社,2010年版,第256頁；徐焰：《金門之戰》,北京：中國廣播電視出版社,1992年版,第187頁。

[29].1955年4月,周恩來總理在亞非會議上表明中國政府願意同美國政府就臺灣地區的緊張局勢進行談判的立場。同年7月13

日，美國政府透過英國向中國政府建議在日內瓦舉行大使級代表的會談，立場得到中國政府的同意。8月1日，中美大使級會議在日內瓦正式開始。

[30].牛軍：《三次臺灣海峽軍事鬥爭決策研究》，《中國社會科學》，2004年第5期。

[31].廖國良、李士順、徐焰：《毛澤東軍事思想發展史》，北京：解放軍出版社，1991年版，第457頁。

[32].[德] 克勞塞維茨：《戰爭論》（上卷），中國人民解放軍軍事科學院譯，北京：解放軍出版社，1964年版，第31頁。

[33].逄先知、金沖及主編：《毛澤東傳（1949—1976）》（上），北京：中央文獻出版社，2003年版，第858—861頁。

[34].《建國以來毛澤東軍事文稿》（中卷），北京：軍事科學出版社、中央文獻出版社，2010年版，第256頁；徐焰：《金門之戰》，北京：中國廣播電視出版社，1992年版，第186頁。

[35].黃嘉樹、劉杰：《兩岸談判研究》，北京：九州出版社，2003年版，第152頁。

[36].全國臺灣研究會編：《臺灣問題實錄》（上），九州出版社，2002年版，第120頁；《1965年兩岸秘約：蔣介石回大陸任國民黨總裁》，中國評論新聞網，2009年10月26日。

第四章 兩岸軍事安全互信機制的重大議題分析

當前，兩岸政治軍事談判尚未開啟，軍事安全互信機制仍是一個討論中的話題，未來該機制能否建立以及具體形式如何仍屬未知。但是筆者認為，無論兩岸政治軍事談判何時開啟，未來兩岸軍事安全互信機制以何種形式出現，有一些議題是無法迴避、必須處理的。比如，臺灣方面一再提及的「放棄對臺動武」、「撤除飛彈」、「海峽中線」、「海峽行為準則」，大陸方面反覆重申的堅持「九二共識」、反對臺獨，以及臺灣武器採購、兩岸共同捍衛中華民族領土主權和海洋權益等等。雖然，當前有關各方對上述每一個具體議題應不應該納入未來兩岸軍事安全互信機制談判的考慮範圍、處理的優先順序是什麼、應該如何解決等問題立場迥異，有的甚至針鋒相對，這無疑為理解和建立兩岸軍事安全互信機制增加了困難。但是筆者認為，正是這些分歧背後蘊藏著的政治和法理衝突，構成了未來兩岸軍事安全互信機制的基本矛盾與運行邏輯；同時，這也是最能體現該機制的「兩岸特色」，反映兩岸軍事安全關係特殊性的東西。不瞭解這些具體議題，看不到各種意見衝突背後的政治、法理較量的特殊性，理解和建構兩岸軍事安全互信機制就會流於形式，失之空泛。本章嘗試對這些議題進行分析，透過梳理其來龍去脈，辨析各方立場差異，探尋可能的解決方式，為理解和建構兩岸軍事安全互信機制提供一些思想方法和「具體素材」。

第一節 政治類議題

　　把兩岸軍事安全互信機制的各種議題區分為政治類議題與軍事類議題的做法是非常勉強的。因為至少從形式上看，臺灣、美國方面有些人對建立兩岸軍事安全互信機制是否應在政治上「預設前提」是有不同意見的。更深層次的問題在於，兩岸軍事安全互信機制涉及的所有議題，都與兩岸政治關係的結構性矛盾及其解決思路密切相關。因此，很難簡單地以政治類議題與軍事類議題截然分開。儘管如此，為了研究與表述方便，我們仍把那些直接涉及兩岸關係政治定位的議題稱為政治類議題。相應地，把那些直接處理兩岸軍事安全事務的議題稱為軍事議題。

　　當前，軍事安全互信機制政治類議題主要圍繞「建立兩岸軍事安全互信機制要不要首先明確一些基本的政治條件」而展開。必須指出，這種提出問題的方式本身就反映出，當前各方討論兩岸軍事安全互信機制問題仍處於初始階段，並未進入實質性問題討論所呈現的侷限性。從建立兩岸軍事安全互信機制的整個過程來看，政治類議題還應包括：兩岸軍事安全互信機制需要解決什麼問題？不能解決什麼問題？如果兩岸軍事安全互信機制不能夠解決兩岸關係存在的所有問題，兩岸軍事安全互信機制在兩岸關係歷史進程中的地位是什麼？有何政治意義？等等。

一、政治條件的有無問題

　　對於建立兩岸軍事互信是否需要政治前提，或者兩岸軍事安全機制是否應包括政治方面的條件，學界有不同意見。美國、臺灣方面一些人認為，兩岸軍事安全互信機制應像歐洲建立信任措施一

樣，是一個只包含純軍事措施的概念。建立兩岸軍事互信機制，不應預設政治前提。[1]大陸方面則認為，建立軍事安全互信機制必須基於一定的政治前提（如堅持一個中國原則，堅持「九二共識」，排除臺獨等）。這一爭論的本質是：在建立兩岸軍事安全互信機制過程中，軍事問題與政治問題是否可以相對分離？如果可以，分離的限度是什麼？

人類社會結束戰爭、締造和平的理論和實踐告訴我們，在一定條件下，軍事問題和政治問題是可以分開處理的。結束戰爭理論認為，所有戰爭的結束都需要解決兩個基本問題：如何停止雙方軍事敵對行動？如何調節引發戰爭的政治分歧？所以，儘管從形式上看戰爭結束的具體行動多種多樣，但戰爭結束其實是有一定規則的，即其各項活動始終圍繞解決這兩個問題而展開。從結束戰爭的理論與實踐看，軍事敵對行為的結束一般先於政治敵對狀態的結束。儘管有的戰爭，例如1939年至1940年的俄芬戰爭，在簽訂和約之前不一定簽訂停戰協定，但是，大部分戰爭的結束還是先停止敵對行動再簽訂和約，有的甚至以簡單停止敵對行動的方式結束戰爭。這說明在大多數情況下，與開啟和平條約談判、處理複雜的政治分歧相比較，達成停止軍事敵對行動協定具有相對的簡易性，因而可以先行一步。

從二戰後世界相關國家和地區化解敵對、建立互信的歷史實踐看，無論是1953年《朝鮮停戰協定》中有關非軍事區的規定，還是1962年古巴導彈危機以後，美蘇為防止軍事危機、避免核戰爭簽署的《美蘇熱線協定》（1963年6月）、《美蘇關於減少爆發核戰爭危險的措施的協定》（1971年9月）、《美蘇關於防止公海水面和公海上空意外事件的協定》（1972年5月）、《美蘇關於防止核戰爭協定》（1973年6月）等一系列機制，還是1973年10月第四次中東戰爭埃及和以色列簽訂的在西奈半島脫離接觸的協議，以及1975年歐安會《赫爾辛基最後文件》提出的建立信任措施，都是在根本

的政治分歧尚未最後解決的情況下，相關方為穩定軍事安全形勢而採取的機制性措施。這些措施為避免衝突擴大、增進相互信任、減少衝突風險以及促進政治分歧的解決發揮了積極作用。

兩岸建立軍事安全互信機制與國際間建立信任措施有本質的區別，但不可否認的是，無論是國際間，還是國內政治集團之間，甚至社會經濟組織之間、人與人之間化解衝突、建立互信的成功實踐，往往都蘊含著一些共通的道理與智慧，它們同樣對兩岸結束敵對具有借鑑意義。兩岸軍事安全互信機制主要規定兩岸在國家統一前如何限制軍事敵對行動、增強雙方在軍事安全領域的互信，以及共同捍衛中國主權和領土完整的問題，這些問題固然紛繁複雜，兩岸各有主張，國際社會也有一些關切，但與解決兩岸政治結構衝突以及未來國家如何實現統一等問題相比，化解兩岸軍事敵對、限制乃至結束軍事敵對行動，還是相對簡單得多。只要雙方互有誠意，軍事上的安排是可以先於政治分歧得到解決的。也就是說，在發展兩岸關係過程中，軍事問題與政治問題是可以分開處理的。

在承認兩岸軍事問題可以與政治問題相分離的同時，一定要注意這種分離的相對性和暫時性。所謂結束戰爭過程中軍事問題與政治問題的分離，是一種實際操作中的暫時分離，而不是軍事問題與政治問題本質上的分離。就像我們面對一桌大餐，一定要一口一口地吃，或者走路時一定要首先邁出一條腿一樣，結束戰爭和敵對狀態面對諸多複雜問題，政治家和統帥通常需要排出處理的先後次序，然後一個問題一個問題地去解決。次序有先後，總的原則是都要解決，前一問題的解決常常預示著下一問題的解決，並為下一問題的解決創造條件。但是，如果我們因此而曲解了這種先後次序，誇大結束軍事敵對行為的相對獨立性，甚或認為有先無後，只要停止戰爭和敵對行為，而對那些引發戰爭的政治目的衝突置之不理，則在理論上有悖於軍事的本質，在實踐中是一種失信和狡辯。在這個問題上，我們應牢記克勞塞維茨的名言：「戰爭不僅是一種政治

行為，而且是一種真正的政治工具，是政治交往透過另一種手段的實現。」[2]因此，「我們在任何情況下都不應該把戰爭看作是獨立的東西，而應該把它看作是政治的工具，只有從這種觀點出發，才有可能不致和全部戰史發生矛盾，才有可能對它有深刻的理解」。[3]

提出兩岸軍事安全互信機制可以先於兩岸政治分歧的最終解決而建立，也是基於這種操作上暫時分離的思想。當前，政治上不統一、軍事上相互敵對是制約兩岸關係穩定與和平發展的兩個基本方面，與處理國家政治上的統一相比較，緩解兩岸軍事敵對、減少雙方在軍事安全領域的內耗具有相對的簡易性。透過建立軍事安全互信機制化解兩岸軍事敵對，不僅是可能的，也能夠為穩定臺海局勢、適應和促進兩岸關係和平發展提供更為堅實的保障。但是應當明確，建立軍事安全互信機制只是解決問題的第一步，政治問題同樣必須面對和解決，儘管可能會遲一些。

兩岸政治問題與軍事問題分離的相對性與暫時性，要求建立兩岸軍事安全互信機制必須以不改變兩岸關係的歷史原貌和現實狀況為基本條件。「世界上只有一個中國，中國主權和領土完整不容分割。1949年以來，大陸和臺灣儘管尚未統一，但不是中國領土和主權的分裂，而是20世紀40年代中後期中國內戰遺留並延續的政治對立，這沒有改變大陸和臺灣同屬一個中國的事實。」[4]軍事安全機制的建立不能改變上述兩岸關係的性質。也就是說，它雖然不能結束兩岸政治敵對，造成國家的政治統一，但也不能改變兩岸同屬一個中國的現狀，損毀未來兩岸共議統一的法律基礎。考慮到國家統一前兩岸對一個中國理解的差異，可允許兩岸對「一個中國」的表述方式有所不同，但必須有共同點，即必須符合「大陸和臺灣同屬一個中國」的基本框架。

在此，我們不妨討論一下這樣一個問題，即何謂在兩岸交流交

往中「預設前提」？堅持兩岸同屬一個中國的歷史原貌和現實狀況是不是「預設前提」？我們認為，所謂「預設前提」，是指在兩岸交流交往過程中，把自己單方面主觀認定的、同時又是錯誤的兩岸關係定位，透過顯性或隱性的方式強加於對方，作為交流交往的先決條件的做法。存在下列兩種情形之一者可視為對兩岸關係預設前提：一種是把兩岸政治上的對立誇大為領土和主權的分裂，把兩岸關係定位於「國與國」的基礎之上。另一種是以領土和主權沒有分裂掩蓋兩岸政治上的對立，以正常統一國家處理內部關係的方式處理兩岸關係。因此，在推進和發展兩岸關係過程中，堅持兩岸同屬一個中國，並不是「預設前提」。因為，無論過去還是現在，無論戰爭還是和平，兩岸同屬一個中國，都是兩岸關係的基本狀態，這既符合國際認知，也符合兩岸各自制度規定。相反，臺灣方面有些人主張，兩岸的未來結局應是開放的，統一是選項，「獨立」也是選項；有的一邊喊「和平不需要條件」，一邊喊「中華民國就是臺灣，臺灣就是中華民國」、「中華民國是主權獨立的國家，主權不及於中國大陸」；還有的赤裸裸地叫囂「臺灣主權獨立」、「兩岸一邊一國」，凡此種種，都是對兩岸關係歷史與現狀的篡改，是真正意義上的「預設前提」。

臺灣和美國許多人以歐洲建立信任措施為例，證明軍事安全互信機制（臺灣稱軍事互信機制或建立信任措施）不應包含政治條件[5]，其實這是莫大的誤解。學界所謂狹義的建立信任措施中確實沒有政治方面的內容和條件，1975年歐安會《赫爾辛基最後文件》中「信任建立措施與安全和裁軍特定面向的文件」部分也只是純軍事領域的措施，但這並不能證明，達成這些建立信任措施不需要政治條件。只要讀一下《赫爾辛基最後文件》「歐洲安全問題」的第一部分「解釋指導參與國之關係的原則」（參見附件）即可明白。

由此還可以提出一個問題，即未來兩岸軍事安全互信機制政治條件的存在方式問題。根據結束戰爭理論關於停戰協定政治前提的

規定，軍事安全互信機制中政治條件的存在方式可以有如下幾種：

第一，政治條件與軍事條件體現在同一文本中。比如，1974年1月18日，埃以兩國簽署了使部隊脫離接觸的協議，協議明確規定：「埃及和以色列不把本協議看成是一個最後的和平協議。本協議是按照安全理事會第338號決議的條款和在日內瓦會議範圍內實現最後、公正、持久的和平的第一個步驟。」[6]歐安會《赫爾辛基最後文件》中政治條件的規定也與建立信任措施的規定在同一文件中，只不過學者們後來專門把建立信任措施單獨作為研究對象，人為地把政治內容與軍事內容割裂開來了。第二，政治條件與軍事條件體現在具有相同效力的不同文本中。比如，1954年7月21日，相關方簽署的《關於在越南停止敵對行動的協定》《關於在寮國停止敵對行動的協定》《關於在柬埔寨停止敵對行動的協定》三個文件中，並沒有涉及政治問題。但是，同一天各方簽署的《日內瓦會議最後宣言》明確指出，法國政府將尊重柬埔寨、寮國、越南三國獨立、主權、統一和領土完整。宣言還確認：「關於越南的協定的主要目的是解決軍事問題，以便結束敵對行動，並確認軍事分界線是臨時性的界線，無論如何不能被解釋為政治的或領土的邊界。」[7]以上文件共同被稱為關於恢復印度支那和平的《日內瓦協議》。

因此可以認為，未來兩岸軍事安全互信機制的存在方式可能有兩種：一種是與兩岸關於軍事領域的各種條款出現在同一協議之中。另一種是不一定與兩岸關於軍事領域的各種條款出現在同一協議中，而是出現在兩岸領導人或者其政治軍事代表共同簽署的協議、聲明或者公報之類的文獻中，這些文件與那些規範雙方軍事領域活動的協議具有相同甚至更高的效力。

二、兩岸軍事安全互信機制的歷史地位

理解和把握兩岸軍事安全互信機制的地位作用，應當把它放到結束兩岸敵對狀態、實現國家和平統一的歷史進程中去考察。兩岸敵對狀態是指自1949年以來就存在著的，由於分別管理臺灣海峽兩岸中國領土和人民的中華人民共和國政府與「中華民國政府」在政治上爭奪「中央政府」地位而導致的對抗狀態。它既體現在雙方政治外交領域的相互敵對和否定，也體現在兩岸自1949年以來所發生的衝突與戰爭，以及為準備針對對方可能發生的戰爭而制定的戰略方針以及軍隊建設、教育訓練、武器裝備研製與採購、軍事外交等所有軍事活動之中。從性質看，兩岸軍事敵對狀態既是國共內戰狀態的延續，屬於一個國家內部新生政權與舊政權殘餘勢力之間的敵對。從主體看，它既包括大陸對臺灣的敵對，也包括臺灣對大陸的敵對。從內容看，自二十世紀八十年代後期以來，兩岸經濟、社會與文化往來日益密切，兩岸敵對主要存在於政治軍事領域。從構成看，兩岸既存在法律意義上的戰爭與敵對狀態，也存在事實上的敵對行為。

　　建立兩岸軍事安全互信機制，是兩岸結束兩岸敵對狀態的第一步。兩岸結束敵對狀態既需要終止敵對行動，也需要處理政治分歧。按照戰爭結束理論，終止敵對行動應當簽訂停戰協定。然而，兩岸的情況比較特殊。一方面，兩岸敵對是內戰遺留問題，當前仍處於敵對狀態。另一方面，雖然戰爭久已不在，但兩岸既沒簽訂和平協議也沒簽訂停戰協定，這使得兩岸仍處於內戰的間隙狀態。兩岸之間的敵對與冷戰時的兩大集團完全不同，他們之間既無戰爭的歷史，也不存在法律上的戰爭狀態，屬於典型的國際間「安全困境」（The Security dilemma）。因此，兩大集團改善關係只需要消除敵意，再加上限制相互間的敵對行為，而不存在什麼結束戰爭狀態的問題；或者說，兩大集團只需要遵循《聯合國憲章》關於和平解決國際爭端的原則，恢復和保持正常友好國家之間的關係就可以了。

兩岸軍事敵對的這種特殊性，決定了兩岸間化解敵意、建立互信，必須在兩岸戰爭與軍事敵對的既有基礎上進行，而不能罔顧兩岸實際，盲目套用冷戰期間兩大軍事集團之間化解敵對的做法。1949年以來兩岸發生的所有戰爭和軍事敵對都屬於內戰範疇，內戰的結束方式與國與國之間戰爭的結束方式當然應有所不同。這是兩岸建立軍事安全互信機制不容迴避的問題。比如，臺灣方面歷來關心所謂「海峽中線」問題。從結束敵對行動的實踐看，劃定敵對雙方控制區域、確定雙方實際控制線是停止敵對行動的首要的也是最基本的做法。然而，兩岸之間的這條線究竟是軍事分界線還是臺灣有些人所謂的「領土界線」？是國家統一前的臨時分界線還是永久分界線？這體現了對待歷史的不同態度，其答案當然是不言自明的。遺憾的是，由於兩岸在「一個中國」問題上的分歧以及其他複雜的政治原因，兩岸政治談判一直未能正式開啟，為防止被臺獨分裂勢力把臨時軍事分界線扭曲為「國界線」、「領土界線」、「主權界線」，大陸即使在實踐中體察臺灣同胞的安全需求與感受，儘量不越「海峽中線」，也不可能承認臺灣當局單方面劃定「臺海中線」的做法。[8]由此可見，儘管由於兩岸多年沒有發生直接衝突和戰爭，當前兩岸對停戰協議的需求已經被建立軍事安全互信機制的需求所取代，未來也有可能提出一些新的說法，但無論這種機制或者協定被冠以何種稱謂，有些問題和法理是不變的，解決這些問題既需要立足時代發展，也需要尊重歷史事實、遵循法理規定。否則正義何在？沒有正義和平必然不能持久。如果後人隨著時間的推移，被一些不斷出現的新概念和名詞所遮蔽，因而忘記了問題的本來面目，肯定提不出什麼管用的解決方法和構想。

　　把建立軍事安全互信機製作為兩岸結束敵對狀態的第一步，要求在發展兩岸關係過程中，不僅兩岸間的軍事敵對問題行為應當得到合理解決，兩岸間的政治分歧特別是未來國家的政治統一問題，同樣必須得到應有重視與合理解決，儘管在時間上可能稍晚一些。

戰爭結束理論認為，停止敵對行動只是軍事行動臨時或永久的中止，但沒有結束交戰雙方法律上的戰爭狀態。《奧本海國際法》指出，停戰協定或休戰協定在任何方面是不可與和約同日而語的，而且也不應該稱它為暫時和約，因為在交戰國之間以及在交戰國與中立國之間，戰爭狀態在各方面仍然繼續存在，只是敵對行為停止而已。[9]法國戰爭法學者夏爾·盧梭儘管把停戰作為戰爭結束的一個環節，但也強調這種協定不是結束戰爭，而僅僅包含戰爭行動的臨時性或決定性的停止。他還引用大量判例說明，停戰協定即使不純粹是，也基本上是一個軍事範疇的協定。停戰協定的效力僅僅是為了停止戰爭行動，並不結束戰爭狀態，這種戰爭狀態連同它的所有法律後果繼續存在。不但國際判例提到這項原則，而且國內談判也提到這項原則。[10]2007年12月出版的《中國軍事百科全書》（第二版）學科分冊《戰爭法》也表述了同樣觀點。

　　建立兩岸軍事安全互信機制的實質是停止兩岸軍事敵對行動。雖然二者稱謂不同，但其中有的道理是相通的。這就要求必須把建立兩岸軍事安全互信機製作為兩岸和平的起點而不是終點。否則，就會產生戰爭法中所謂以簡單停止敵對行動結束戰爭的問題。

　　以簡單停止敵對行動結束戰爭是結束敵對狀態的非正常方式，因其容易造成權利責任的模糊不清而為戰爭法學者所貶抑。根據結束戰爭理論，戰爭狀態的結束一般要透過和平條約或和平協議來實現。結束戰爭如果僅停止敵對行為，不簽訂和平條約或和平協議，就是以簡單停止敵對行為來終止戰爭。對於這種方式帶來的負面效果，《奧本海國際法》曾作過這樣的論述：「既然不締結和約規定原交戰國之間的和平條件，於是就發生了這樣的一個問題：究竟是應該恢復交戰國之間戰前的狀態，即『戰前原狀』呢？還是應該維持敵對行為簡單停止時的狀態即『戰後狀態』（『占有』）呢？大多數作者正確地認為，停戰時存在的狀態，因戰爭的簡單停止而被默認，因此是雙方的未來關係的基礎。」「以停止敵對行為來終止

戰爭，對於那些在停止敵對行為時存在的實際所未解決的各方權利要求並不能予以解決，而這種權利要求還須留等交戰國以特別協定予以解決，或者聽其成為懸案。」[11]兩岸戰爭狀態的結束當然不能完全照搬國際法關於結束戰爭的論述去做，但其道理也有相通之處。假使未來兩岸能夠在軍事與安全領域達成某些互信措施，但如果僅僅止於這些措施，而不對如何解決政治分歧作出進一步協商並取得合理解決的承諾，等於在法理上承認未來國家的統一將是可有可無之事。如果按照臺灣某些人主張的「依據《聯合國憲章》和平解決爭端，不以武力互相威脅」[12]建立兩岸軍事安全互信機制，則相當於在承諾停止軍事敵對行動的同時，也承認了兩岸是兩個相互獨立國家。兩岸關係終局於此，也就沒必要再簽什麼和平協議了。

三、兩岸軍事安全互信機制的政治意義

兩岸軍事安全互信機制必須建立在「一個中國」前提基礎之上。但是，囿於兩岸分裂分治的政治現狀，此處的「一個中國」仍然只是兩岸「各自表述」的中國。因此，兩岸軍事安全互信機制不會也不可能直接造成國家統一的事實。所以，建立軍事安全互信機制，並不能直接導致國家的統一，而只是兩岸結束敵對狀態的第一步。但是，這並不是說兩岸軍事安全互信機制與國家統一沒有關係，更不意味著它無益於兩岸的統一。按照結束戰爭理論的規定，在兩岸和平發展過程中，兩岸軍事安全互信機制一經建立，就等於兩岸遵循共同認可的條件與方式，承諾停止相互間的敵對行為，並為停止敵對行為規定了具體可操作的實施措施。因此，兩岸軍事安全互信機制雖然只是兩岸在軍事領域達成的一項協議，與兩岸和平協議不能等量齊觀，但它的建立不僅結束了兩岸軍事上的敵對，還能顯示出兩岸和平解決政治分歧的堅定決心，其政治目的和影響是

無疑是巨大的。

　　首先，兩岸軍事安全互信機制可以為兩岸和平發展提供必不可少的制度化的保障。正像1991年2月13日臺灣行政院長郝柏村在年終記者會中指出的那樣，除非兩岸簽訂「停火協議，否則兩岸還是處於交戰狀態」。與二十年前相比，今天的兩岸關係已經發生巨大變化，但郝柏村當年指出的兩岸法律上的「交戰狀態」仍沒有結束。這種狀態是不正常的，也是制約兩岸關係和平發展的深層次障礙。正是由於這個原因，歷史上兩岸確實都各自表達過和平的願望，但這並沒能制止曾經發生的危機。國共領導人固然可以相逢一笑，但卻不能處理中國內戰留在兩岸的複雜問題。事實上就在兩黨領導人握手的那個時期，兩岸軍事對峙卻日趨加劇。二十多年過去了，儘管兩岸人員、經貿、文化交流取得重大突破，但兩岸軍事敵對狀態卻始終沒能結束，從而衍生出許多新的矛盾和問題。因此，兩岸透過平等協商，尋求透過一種合適的方式結束兩岸軍事敵對，成為推進兩岸關係和平發展不可迴避的問題。當然，由於時代的變遷，今天如果再以「停火協議」結束兩岸軍事敵對顯得不合時宜，同時傳統意義上的「停火協議」也不足以解決多年來兩岸軍事敵對衍生的各種新問題，於是才產生了軍事安全互信機制議題。但需要強調的是，未來兩岸軍事安全互信機制無論以什麼形式、什麼名稱出現，無論時代的變遷賦予它多少新的內容，它都不可能繞開本應由「停火協議」所解決的那些老問題。否則，就不可能排除兩岸關係和平發展中的潛在威脅。

　　只要兩岸敵對狀態沒有正式結束，兩岸和平發展就是脆弱的和不充分的。正是在這個意義上，著名臺灣問題專家黃嘉樹教授曾經把和平區別為三個層次：由力量保障的和平屬於低度和平，由和約保障的和平屬於中度和平，由共同的利益紐帶所保障的和平屬於高度和平或稱永久和平。他進一步指出，條約能否簽訂未必取決於雙方力量是否均衡，因為有時戰爭中很強勢的一方也能與很弱勢的一

方簽訂和約。和約通常是力量對決後的結果，它是把雙方都願意妥協避戰的意願文本化、制度化。正因為和約對和平的保障是制度化的保障，它比力量均衡更為可靠，所以稱其為中度和平。[13]建立兩岸軍事安全互信機制反映了把兩岸和平制度化、條約化的努力。兩岸關係和平發展需要機制保障，這個機制應該體現在政治關係、經貿關係、軍事關係、國際空間等各個方面。但是，由於兩岸軍事敵對與兩岸政治敵對緊密關聯，軍事安全問題與兩岸政治對立被有的學者形象地稱為兩股越纏越緊的「線繩」，共同構成兩岸關係的「死結」[14]。因此，儘管透過「商談結束這種軍事對峙狀態」的提議已經三十多年，並且當前兩岸民間各種交流的制度化業已取得突破性進展，但兩岸軍事安全領域的制度機制仍然一片空白，這不能不說是兩岸關係和平發展的一大缺失和隱患。

鑒於當前兩岸「政治僵局」，臺灣方面提出可採取兩岸各自發表和平宣言的方式，而大陸方面始終堅持必須透過兩岸政治軍事談判協商解決。對此筆者認為，建立軍事安全互信機制實非各自發表和平宣言所能完成和替代。共同簽署協議之所以成為結束敵對的常規做法，是因為單方面發表宣言只是單邊自我約束行為，只有雙方正式認可，才能對雙方有約束力。更為重要的是，雙方共同認可的書面協議可以有效防止實施過程中責權不清、互不買帳的爭議。面對臺獨勢力的各種曲意解讀，大陸不可能不考慮單邊承諾帶來的種種弊端。而如果大陸在聲明中加上排除臺獨等條件限制，則又與《反分裂國家法》以及近年來大陸多次表態的精神別無二致。而這只能算是一種自我限制的措施，仍難以消除臺灣方面對大陸單邊定義、單邊解釋、單邊行動的不安全感。另外從技術上看，兩岸軍事安全領域的問題十分繁雜，如果要建立機制需要制訂很多具體的行為規範，這是宣言這種簡明的文告所難以承載和說明的。因此，兩岸軍事安全互信機制是兩岸和平發展框架中不可缺少的重要組成部分，對兩岸關係和平發展具有不可替代的巨大作用。

其次，兩岸軍事安全互信機制可以為兩岸簽訂和平協議創造條件。兩岸和平協議是兩岸透過政治談判達成的規定雙方在國家統一前政治定位、權利和義務以及處理相互間各種關係基本準則的框架性文件。兩岸和平協定的簽訂，意味著兩岸將不再有衝突和戰爭之虞，政治方面的交往亦將基本實現正常化，兩岸關係和平發展進入有制度化保證的新時期。正因如此，從理論上講兩岸簽訂和平協議比建立軍事安全互信機制態難度更大、要求更高、涉及的問題更為複雜。對於兩岸這樣兩個長期以來敵意甚深、彼此又難以有效約束對方的行為體來說，建立機制是增進互信、改善關係的最佳選擇。兩岸軍事安全互信機制的主要功能是匯聚預期、約束行為、維護秩序。建立兩岸軍事安全互信機制不僅可以顯著改善兩岸軍事安全環境，亦有利於增進兩岸互信，使雙方有條件在更為寬鬆的政治環境下協商解決相互的政治問題，共同促成和平協議的達成。

另外，鑒於兩岸政治分歧十分複雜，不可能一下子解決，有學者提出了「和平協議不可能一步到位，也不能急於求成」的思想，強調應從實際出發，由易到難，能做的先做，不能做的暫時不做，有爭議的問題，可以擱置起來，留待將來解決。兩岸在和平發展的過程中，必然會逐漸增進互信，在這個基礎上，和平協議還可以得到不斷地充實和提升 [15]。政治決定軍事，既然政治分歧需要逐步彌合，兩岸軍事安全領域的矛盾也不可能一下子完全結束，兩岸軍事安全互信機制的建立也應該是一個逐步完善的過程。在這一過程中，兩岸軍事安全互信機制可以將兩岸在軍事安全領域的預期一步一步匯聚起來，轉化成雙方的權利和義務，既能使兩岸互信積小為大、積少成多，也可以把這些行之有效的規則進一步充實到兩岸和平協議中去，使之獲得更高的法律約束力，不斷豐富和充實兩岸和平協議的內容和層次。

最後，兩岸軍事安全互信機制可以為兩岸實現最終統一積累條件。「兩岸復歸統一，不是主權和領土再造，而是結束政治對

立。」[16]兩岸統一也不是政府管理的人口和地域的簡單相加,而是兩岸政治、經濟、社會、文化、國際空間等各方面的有機融合,兩岸政府、軍隊和人民之間的溝通信任程度是反映國家統一條件是否成熟的重要指標。兩岸分離六十多年,除了軍事上敵對以外,還在意識形態、政治制度、社會生活和國際空間方面呈現出巨大差異,這些差異同樣是阻礙統一的深層因素。由於現在和未來一個時期兩岸統一的條件尚不具備,確保兩岸關係和平發展是當前比較現實的選擇。建立兩岸軍事安全互信機制,就是為了在國家統一前經由兩岸在軍事安全領域的各種交流接觸渠道,透過平等協商限制和終止兩岸敵對行動,建立起雙方都能認可和遵守的規則和方法,確保兩岸關係和平發展。在此條件下,逐步解決兩岸在政治、經濟、社會、文化和國際空間的矛盾和問題,為國家統一積累條件。因此,兩岸軍事安全互信機制的建立雖不能直接導致國家的統一,但卻有助於培育和加強兩岸政府和軍隊之間的聯繫和信任,也有助於促進兩岸人民的友好往來和情感共融;它雖然沒有也不可能直接解決兩岸政治分裂的問題,但對促進國家統一具有重大意義,是促進兩岸和平統一的機制。

第二節 軍事類議題

在一個中國原則基礎上,兩岸軍事安全互信機制中的軍事議題原則上應由兩岸共同協商決定,只要其中某一方覺得有必要,都可以提出來共同討論。十幾年來,從官方的表態看,臺灣方面提出了許多非常具體的議題,如「海峽中線」問題、「放棄對臺動武」、「撤除飛彈」、非軍事區、海峽行為準則,等等。大陸官方則從未主動提出過具體議題,但態度是開放的,即只要承認一個中國原則,所有這些議題都可以在兩岸軍事安全互信機制談判中加以討論。美方學者提出的議題大致與臺灣方面相似,但一般不像臺灣那

樣明確具體。

　　筆者認為，由於兩岸軍事安全互信機制尚未建立，且該機制涉及的軍事議題確實繁多複雜，尤其是各方對該機制的需求與認知差異很大，學界對這些議題的輕重緩急，甚至有的議題是否應成為兩岸軍事安全互信機制的議題有不同看法是可以理解的。在此，筆者暫不對各方學者軍事議題選擇的妥當與否進行評判，只就各方議論較多，且筆者認為未來兩岸軍事安全互信機制應該處理的主要軍事議題作一簡要分析。

一、「海峽中線」及「軍事緩衝區」問題

　　在兩岸軍事安全互信機制語境下，所謂「海峽中線」問題實質是國家統一前兩岸軍隊如何劃分軍事分界線問題。自從兩岸軍事安全互信機制提出以後，這一問題在臺灣藍綠陣營的規劃中均占有極其重要的地位。1999年民進黨「跨世紀中國政策白皮書」提出的限制性措施為「設立緩衝區，商定臺海中線遭遇行動準則」。2001年中美撞機事件發生後，2002年陳水扁當局的「國防報告書」提出「機艦不越過海峽中線」、「劃定兩岸非軍事區，建立軍事緩衝地帶」，在報告書區分的近程、中程、遠程規劃執行項目中，該項目屬於中程階段的執行項目之一。2004年5月26日，臺灣國防部單方面公佈「海峽中線」的準確位置，試探大陸口風的意味非常濃厚。2006年5月「國家安全報告」中提出「雙方應思考設立非軍事區，包括移除戰鬥人員、設備與部署的導彈，藉以創造時間和空間的上緩衝地帶」；「採取預防軍事衝突的措施，如軍機、軍艦近距離接觸的規章與程序」；「建議兩岸共同商討劃定軍事緩衝區。雙方機艦非必要不得進入該區域，若必須進入應事先知會。」馬英九上臺以後，也多次提到該問題。2009年兩岸實現直航，臺灣當局拒絕開放最為便捷的經「海峽中線」進入臺島的航線，馬英九稱，「海峽

中線是空軍演訓場所，實在無法開放，不是我們不願意或故意刁難，而是與安全有關」。2009年臺國防部公佈的「四年期國防總檢討」把未能「訂立海峽行為準則、雙方機艦遭遇行為協定」作為「臺海間『信心建立措施』迄今仍進展有限」的主要表現之一。2010年7月16日，臺灣行政院長吳敦義在「立法院」就軍事互信談判接受質詢時，把「海峽中線，彼此飛機和船隻遇到紅線時，不要立即開火，要保持冷靜等」以及「他們的潛艦別進入臺灣本島周圍，以免引起臺灣人民的恐慌」等作為兩岸軍事互信談判的首選議題。

臺灣當局和民眾之所以對「海峽中線」如此重視和敏感，是因為在臺灣方面看來，「海峽中線」實為臺灣的生存線。臺灣當局是中國境內一個獲得了統治地區內部民眾支持並擁有獨立武裝力量的政權組織，臺、澎、金、馬以及周邊地（海）域是其存在的物質和空間基礎，也是其安全防禦的基本依託。而所謂「海峽中線」是臺灣本島西側軍事防禦的最外緣，一旦「海峽中線」被突破，南北狹長、東西防禦縱深極短的臺灣本島幾乎處於門戶大開、無險可守的狀態。多年來臺灣始終把大陸視為其唯一的軍事威脅，因此，臺灣當局和民眾對於「海峽中線」附近區域兩岸軍事行動的高度關注是可以理解的。

臺灣民眾對「海峽中線」的擔憂還由於下述事實而增強，即在兩岸政治談判以前「海峽中線」又是大陸無法認可和接受的。首先，從法理上看，所謂「海峽中線」實質是雙方的軍事分界線，作為停戰協定的首要問題，軍事分界線的劃分必須經過雙方談判決定。囿於兩岸無法相互承認的政治現實，兩岸雖多年沒有發生戰爭，但停戰談判卻始終沒有進行，停戰協定也無從產生。因此，從戰爭法角度看兩岸現在仍處於戰爭的間隙階段，「海峽中線」仍是一個隨時可以改變的實際控制線。

其次,從戰爭實踐看,所謂「海峽中線」是上個世紀五十年代美國「協防臺灣」時美方炮製的,其實是當時兩岸以及美國軍事力量對決的產物。改革開放以後,隨著大陸綜合力量的增強,兩岸軍力對比發生了明顯有利於大陸一方的傾斜,在這種情況下所謂「海峽中線」能夠持續多久,很自然地成為臺灣關心的重要問題。

第三,更根本的問題在於兩岸政權的結構性矛盾。根據國際法規定,一個國家只能有一個合法政府。20世紀70年代以前,兩岸互爭正統,相互都把對方作為「叛亂政權」和武力剿滅的對象,「中線」問題當然不需考慮。1979年以後大陸提出了「和平統一、一國兩制」的基本方針政策,90年代以後臺灣也正式表明了和平的意願,兩岸政權的結構性問題出現了和平解決的可能。但為防止兩岸分裂長期化、「兩個中國」「劃峽而治」以及臺獨勢力分裂國家,在兩岸政治談判遲遲不能開啟、臺灣當局對兩岸統一沒有明確承諾的情況下,大陸始終不能承諾放棄對臺使用武力,也不能認可臺灣單方面劃定的「海峽中線」。

可以看出,所謂「海峽中線」問題本質是如何劃分兩岸軍事分界線的問題。如果兩岸根據協議劃定了軍事分界線,就等於大陸明確承認了臺灣當局事實上的控制範圍。正因如此,「海峽中線」可稱為臺灣當局的「生存線」。嚴格地說,這是停戰協定應解決的問題。但是兩岸歷史上並未簽訂任何停戰協議,並且自20世紀90年代以來,由於兩岸在「一個中國」問題上的分歧以及其他複雜的政治原因,兩岸政治談判一直未能正式開啟,為防止臺獨勢力把臨時軍事分界線演變成「國界線」、「領土界線」、「主權界線」,大陸即使在實踐中不越「海峽中線」,也不可能承認臺灣當局單方面劃定「臺海中線」的做法。

但是,由於未來兩岸軍事安全互信機制談判,是在兩岸在對一個中國原則已經形成共識的基礎上啟動的,屆時情況將發生重大改

變。由於臺獨的可能性已經被排除，根據現階段兩岸擱置政治爭議、共同維護兩岸和平發展大局的基本政策，兩岸應可以討論軍事安全互信問題。縱觀國內外軍事安全互信的實踐，軍事安全互信至少應包括以下內容：

第一，在特定的時期內停止敵對行動，不以消滅對方為軍事戰略目標；第二，承認對方在特定的區域內擁有合法存在、治理與從事商定的軍事活動的權利；第三，有條件地限制針對對方的軍事活動；第四，建立起聯繫溝通的管道與裁決糾紛的程序。要解決這些問題，首要的也是最基本的是在地理上劃分出雙方軍事存在範圍，承認對方在這一區域內從事符合商定的軍事行動的權利。因此，臺灣方面多年來堅持的劃分「海峽中線」問題便具有了相當的合理性。

面對這種情況，大陸應充分理解臺灣當局及民眾在國家統一前對劃定軍事分界線問題的關切，透過兩岸共同協商，解決兩岸劃分軍事線問題，並且制訂雙方軍用艦機在軍事分界線附近區域行為規則，使臺灣民眾獲得可預期的安全感。

實際上，只要雙方堅持一個中國原則，透過協商談判解決這一問題並不十分困難。最主要的是雙方應共同承諾兩岸軍事分界線並非「國與國」之間的分界線，也不是兩岸的永久分界線。軍事分界線只是兩岸為結束國家統一前兩岸軍事敵對行動做出的暫時性安排，不能被解釋為政治的或領土的邊界，也不能說是永久分界線。特別是臺灣方面，不能隨意把它說成是「國境線」，也不能使用諸如「邊界」以及要求大陸「尊重現有邊界現狀」[17]等似是而非的提法。兩岸對於一個中國原則的承認和不分裂中國的承諾，既應體現在建立軍事安全互信機制的相關文件中，也應體現在雙方共同遵守各項規約的整個過程中。另外，考慮到各自防衛和軍事行動需要，應本著理解與合作的原則，在不危及對方安全的情況下，在雙

方商定的區域內應給予對方軍用艦機無害通行的權利，具體處理方法可由雙方談判商定。

二、「放棄對臺動武」問題

要求大陸「放棄對臺動武」，並把放棄對臺使用武力作為與大陸談判解決政治議題的先決條件，是自李登輝以來臺灣歷任領導人的一貫主張。1990年5月，李登輝在就職演說強調：「如果中共當局能體認世界大勢之所趨及全體中國人的普遍期盼，推行民主政治及自由經濟制度，放棄在臺灣海峽使用武力，不阻撓我們在一個中國原則下開展對外關係，則我們願以對等的地位，建立雙方溝通管道，全面開放學術、文化、經貿與科技交流……以奠定彼此間相互尊重、和平共榮的基礎」。[18]1995年4月8日，李登輝在「李六條」講話中，指責「中共當局一直未能宣布放棄對臺、澎、金、馬使用武力，致使敵對狀態持續至今」。宣稱「當中共正式宣布放棄對臺、澎、金、馬使用武力後，即在最適當的時機，就雙方如何舉行結束敵對狀態的談判，進行預備性協商」。回絕了此前江澤民關於舉行兩岸談判的建議。

無獨有偶，2000年5月20日，陳水扁在就職演講中提出所謂「四不一沒有」承諾時，特地在其前面加上「只要中共無意對臺動武」作為條件，這與李登輝1990年的表述方式如出一轍。

相比較而言，馬英九在2008年就職演說中並沒有放大「放棄對臺動武」議題，只是重申今後將繼續在「九二共識」基礎上，儘早與大陸恢復協商。但是，進入2009年3月16日，「國防部長」陳肇敏提出把「放棄對臺動武」作為與大陸進行軍事交流的前提。同一天公佈的臺灣首部「四年期國防總檢討」報告在指責大陸「仍保留對臺使用武力的選項」。2010年10月10日，馬英九在「雙十」談話

中再次呼籲大陸應儘早實現撤除飛彈。值得注意的是，其談話並未得到民進黨肯定，民進黨發言人林右昌表示，撤飛彈並非重點，馬英九應要求大陸放棄武力攻臺。

大陸認為，不承諾放棄使用武力是「和平統一、一國兩制」方針的重要組成部分。1984年鄧小平曾把它稱為一種「戰略考慮」，並囑咐「我們要記住這一點，我們的下一代要記住這一點」。[19]雖然和平統一方針提出30多年來，大陸不斷提高使用武力的門檻，2005年制定《反分裂國家法》進一步限制動武時機，但始終沒有承諾放棄使用武力。當然，大陸主張透過適當方式就兩岸軍事問題包括軍事部署的有關問題進行接觸交流，顯示出這也並非是一個不可討論的問題。[20]

總的看，兩岸在「放棄對臺動武」問題上形成了一個死結。臺灣把它作為開啟軍事安全互信機制談判的前提，而大陸則把它作為一個議題。釐清這一問題，首先必須抓住這一問題的實質，看看它究竟對兩岸意味著什麼。

筆者認為，在兩岸簽訂體現一個中國原則的和平協議之前，大陸保留對臺使用武力的權利，是彰顯兩岸同屬一個中國、中國領土主權沒有分裂的不得已選擇。是否放棄使用武力不是一個軍事議題，而是一個政治議題，至少是一個具有高度政治意涵的議題。擁有和使用武力，特別是以武力制止分裂、維護國家主權和領土完整，是國際法普遍承認的主權國家不可剝奪的權利。世界上只有一個中國，但中國卻處於政治上的分裂狀態。在兩岸沒有簽訂和平協議的情況下，戰爭或者保持最低程度的軍事敵對成為顯示兩岸同屬一個中國的唯一選擇。正因如此，以1958年金門炮戰為轉折點，兩岸在停止大規模的戰爭後，又不得不保持象徵性炮擊；以1979年發表《告臺灣同胞書》為轉折點，兩岸在停止前沿陣地象徵性炮擊後，大陸也絕不可能作出放棄使用武力的承諾。在中美關係正常化

進程中，中國政府堅持臺灣問題是中國的內政，其解決方式美國無權干預，目的也是突出中國對臺灣的主權。否則，如果兩岸在沒有簽訂關於共同維護中國主權和領土完整不被分裂的和平協議之前，即宣布完全停止敵對行動，按照戰爭法規定這應屬於以簡單停止敵對行為來結束戰爭的做法，在法律上意味著使國家的統一成為可有可無的懸案。因此，不承諾放棄使用武力並不像某些人認為的僅僅是一種威懾，更本質的問題在於它代表了國家統一前，至少在體現一個中國原則的和平協議簽訂前，大陸方面維護中國主權和領土完整不被分裂的訴求和權利。由是觀之，六十多年來，並非大陸不想和平不愛和平，而是國家政治分裂的特殊形勢使兩岸無法和平，至少在和平協議簽訂以前仍將是這樣。這不是大陸對臺灣人民的不友善，而是中國處於政治分裂狀態的現狀使然，是兩岸政治結構衝突在軍事領域的必然體現。

自李登輝以來，臺灣方面總是把1991年4月30日宣布終止「動員戡亂時期」作為對大陸的善意表示，在國際社會刻意塑造一副備受打壓的模樣。臺灣當局的這一做法顯然十分奏效。然而從維護國家主權不分裂的角度來看，臺灣當局宣布終止「動員戡亂時期」究竟是否包含善意卻很成問題。根據臺灣當局自己的說法，「這個宣告在兩岸關係上有兩個重大含義：第一，它表示中華民國政府正式而且率先放棄片面以武力方式追求國家統一；第二，中華民國政府不在國際上與中共競爭『中國代表權』」。[21]從結束戰爭理論看，臺灣當局企圖以單方面宣布停止敵對行為的方式結束兩岸戰爭狀態，其真實目的是想迫使大陸宣布放棄使用武力，最終兩岸以簡單停止敵對行動的方式結束兩岸戰爭狀態，以造成「兩個中國」並存的事實。另外，即使從信任建立的角度看，臺灣當局宣稱的「善意」也實在過於牽強，以此脅迫大陸放棄使用武力則顯得不公。因為，在相互合作建立信任過程中，所謂表示合作的願望或者讓步，是指讓出了對自己有價值的東西，「如果因為這種行為而承受了越

大的風險或代價,那麼就被認為體現了越強的(合作)決心」[22],也最有可能得到對方善意的回報。而臺灣當局的這一舉動實際上只是收回了一項早已淪為笑柄的政策而已。

透過以上分析可知,不承諾放棄使用武力追求國家的統一,是國家政治處於政治分裂狀態,並且兩岸對國家統一沒有達成共識的情況下,大陸方面維護國家主權不分裂的無奈選擇。大陸當然知道和平統一的價值,即使在臺獨勢力猖獗時期,大陸仍然鄭重宣誓:「只要和平統一還有一線希望,我們就會進行百倍努力。」[23]大陸一再提議建立軍事安全互信機制,就是想透過兩岸共同協商解決如何限制甚或有條件放棄使用武力問題。可以預想,如果在簽訂和平協議時,臺灣方面能夠就未來國家的統一前景作出明確承諾,大陸肯定會就和平解決兩岸政治分歧作出更加明確的承諾。屆時,國家政治分裂狀態下中國主權完整的象徵,將不再是發動戰爭的權力,而是雙方正式簽訂的和平協議。但是,如果在兩岸對未來國家統一問題沒有形成明確共識以前,就要求把放棄使用武力作為開啟兩岸軍事安全互信機制談判的前提,無異於要求大陸未戰先降、放棄對國家統一追求。臺灣當局對此應當明了,但卻再三要求大陸做出承諾,是在故意吃大陸的豆腐,也是拒絕談判最沒創意的託詞。

三、「撤除飛彈」問題

「撤除飛彈」與「放棄對臺動武」有著緊密聯繫,但也有明顯區別。首先該議題比較具體,從操作上可以分割,不像放棄對臺動武那樣非此即彼,因而在談判中是可以靈活處理的議題。再就是由於臺灣「朝野」的炒作,該議題已經具有了顯著的政治意義。

飛彈議題的形成可追溯到1995年,是年7月解放軍在臺灣澎佳嶼海域實施導彈試射演習,此後臺灣社會對安全威脅問題形成了一

種簡單的思考邏輯：臺灣的「國防」安全問題，來自中共武力威脅，其武力威脅在於針對臺灣部署的飛彈；臺灣的安全系於美國對臺的安全承諾，而美國的航母投射到臺海，即是此安全防衛承諾的保證。[24]在這種心理基礎上，臺灣社會無論藍綠都對撤除導彈表示了不同程度的支持，特別是在一些政治勢力的炒作下，「撤除飛彈」由一個軍事上的假議題變成了政治上的真議題。

以馬英九為首的國民黨執政集團對撤導議題顯示出矛盾的態度。首先，馬英九個人對這一問題的認識總的看是清醒和務實的。陳水扁時代大肆炒作導彈議題，國民黨領導人連戰、馬英九等不以為然，認為建立軍事互信機制比撤除飛彈更有意義[25]。馬英九執政後，根據兩岸關係先經後政的處理順序，也不急於解決撤飛彈問題。2010年7月1日，馬英九在記者招待會上表示，他以前曾多次呼籲大陸撤除飛彈，如果兩岸要進行和平協議的談判，就要大陸先撤飛彈；但他覺得政治與經濟應先暫時分開處理，撤飛彈的問題，不是那麼容易可以談出結果，政治的問題，不是只有飛彈，還有很多問題，但這個時候處理的時機、條件都還沒有成熟。大陸方面也很清楚，他們也不覺得時機到了，所以先把兩岸能夠處理的問題先處理。[26]

第二，作為地區領導人馬英九不能不對臺灣社會高度敏感的撤飛彈問題表示關注。2010年7月30日，中國國防部發言人耿雁生表示，只要是堅持一個中國，撤飛彈困難不大，撤導彈和軍事部署都可以在軍事互信基礎下討論。撤飛彈問題再成臺灣社會熱點。9月22日，溫家寶在美國指出，隨著兩岸關係的發展，相信（大陸）最終會撤走對臺導彈。臺「總統府」9月24日以新聞稿肯定撤彈說的正面意義，10月10日，馬英九進一步表示，撤除導彈應該儘早實現。11日，吳敦義在「立法院」答詢時，表示希望大陸在不設定前提下，能「當下、立刻」達成承諾，以展現兩岸往和平發展的具體誠意。13日，臺陸委會也以發佈新聞稿形式提出呼籲。12月22日，

「陸委會主委」賴幸媛在會見海協會會長陳雲林時,再次就大陸對國軍事部署與臺灣參與「國際空間」一事,向陳雲林表達臺灣的立場與看法。

第三,為防止一些民眾產生兩岸關係走得過快的顧慮,馬英九也把撤飛彈作為推遲兩岸軍事安全機制談判的藉口。2009年3月16日,陳肇敏在「立法院」首度提出,「國軍」與對岸進行軍事交流的前提,必須包括中共先放棄對臺動武、撤除對臺飛彈、去除「一中」框架等三要素。[27]臺2009年「國防報告書」,雖將軍事互信機制納入其中,但又重彈「撤飛彈」前提。2009年5月,馬英九又提出撤除指向臺灣的飛彈,是談判和平協議或軍事安全互信機制的前提。[28]外界普遍認為,這表明馬當局並不希望那麼快與大陸建立軍事互信機制,北京方面倒是有這個意願推動。[29]如果對比一下前述2010年7月1日馬英九的談話可以看出,把撤飛彈作為開啟軍事安全互信機制談判的前提確實只是他推遲談判的藉口。

關於大陸對撤除飛彈的立場,2010年10月14日中評社發表的評論概括得比較到位,該評論把大陸關於如何才可以撤導彈的具體思考歸結為三點:一、兩岸必須接觸商談,才有可能撤導彈;二、大陸不會單方撤導彈,此動作與兩岸軍事互信掛鉤,不以構建互信關係為前提,沒有撤導彈的可能;三、撤導彈不是口號,更不是選舉政治語言,而是要切實為兩岸的和平負責任。[30]

筆者認為,大陸在撤飛彈問題上的堅持是有其道理的。首先,大陸在東南沿海部署一定數量的導彈確有其國防需要,並不一定完全針對臺灣。大陸邊海防漫長,軍事安全威脅複雜多元,飛彈部署是大陸海防的一環,很難說就是專門針對臺灣的。一些臺灣的退役將軍對此是明了的。[31]

其次,大陸已經明確表示,撤飛彈問題可以談,意思就是,它可以成為雙方軍事安全互信機制談判的議題,但不是這一談判的前

提。軍事安全互信機制談判屬於結束敵對行動的談判，它是在雙方存在敵對行動的狀態下進行的。如果談判之前敵對行為已經停止，就不需要進行談判了。1951年7月10日朝鮮停戰談判中美國談判代表發言的第一句話就是：「只有在達成停戰協定以後，敵對行動才停止。」[32]美國談判代表迫不及待地說出這句話，明顯帶有威脅的意味，但其中的道理卻是符合戰爭法理的。

另外筆者注意到，馬英九曾表示：「如果兩岸要進行和平協議的談判，就要大陸先撤飛彈。」[33]馬英九使用的是和平協議談判而不是軍事安全互信機制談判。根據結束戰爭理論，軍事安全互信機制談判與和平協議談判是不同的，前者主要解決停止軍事敵對行動問題，後者主要調節兩岸政治衝突，前者是為後者準備條件的。通常和平協議談判開啟之時，大部分軍事問題已得到雙方比較滿意的解決。撤飛彈不能作為軍事安全互信機制談判開啟的前提，但對於和平協議談判則可另當別論。馬英九準確的用語反映出他心目中的兩岸和平路線圖，也顯示出他專業的法律素養和對兩岸事務的嫻熟把握。

最後，撤飛彈只是民進黨中一些人挑動臺灣民眾仇視大陸的藉口。民進黨一些人經常以撤飛彈問題挑動臺灣民眾仇視大陸。2010年9月22日溫家寶提出在紐約表示「這個問題（撤飛彈）最終會實現」，外界普遍認為這是大陸的善意表示，但民進黨林右昌卻強調，不須誇大與美化，撤飛彈當然是一件好事，但不是最重要的事，因為飛彈撤除之後，隨時可以再重新佈置回來。民進黨認為，重點在於北京是否願意放棄武力犯臺，這才是臺灣人民最關心的事。[34]10月10日，馬英九在「雙十」講話中呼籲大陸撤除飛彈，反倒引起民進黨發言人林右昌表示，撤飛彈並非重點，馬當局應要求中方放棄武力攻臺，馬英九也應提出具體作為，不要口號治國。[35]這兩個例子顯出這樣一種訊息：民進黨不斷炒作撤飛彈議題，但其目的並不是為瞭解決這一議題，撤飛彈只是民進黨煽動臺

灣民眾仇視大陸的議題而已。

但是，大陸面對的挑戰也是明顯的。首先，儘管大陸部署導彈威攝臺獨是合理合法的，「但這對『臺獨』老百姓沒有說服力，因為飛彈沒有長眼睛，『臺獨分子』額頭上也沒有刻『臺獨』兩字，怎麼分辨？」[36]經過多年的炒作，撤除飛彈問題雖是軍事上的假議題，但卻成為政治上的真議題。在臺灣無論藍綠、軍方和民間都對撤飛彈有高度期待。對於解決的方法，有退役將領認為，大陸應加強宣傳，讓臺灣老百姓知道飛彈不是對付臺灣。[37]還一種意見認為，大陸如果能夠撤飛彈，象徵意義絕對比實質意義還大，如果想要向臺灣人民表達善意的話，就應該逐步撤除對臺飛彈。[38]也有學者認為，如果大陸能夠從先撤除部分飛彈開始，以及調整一些軍事上的作為，降低對臺的敵意，將有助於營造兩岸進一步進行軍事互信機制協商的氛圍。[39]也有臺灣學者形象地把飛彈後撤稱為啟動兩岸軍事安全互信機制的「開關」。[40]

筆者認為，以上意見值得關注。其實，議題和前提只是時間的先後而已，互信的建立、善意的表達總需要一方先行一步。況且，導彈部署雖具有戰略意義，但不像承諾放棄使用武力問題那樣非此即彼、不可分割，而是具有操作層面議題的特徵，是可以在空間與數量上進行分割的。如果兩岸真有誠意進行軍事安全互信機制談判，撤導問題不應成為談判開啟的障礙。大陸的多次回應已經顯現出了這方面的誠意和靈活性。

四、臺灣武器採購問題

臺灣武器採購問題是兩岸建立軍事安全互信機制不得不涉及的重要問題。分析這一問題的解決之道也必須放到大陸、臺灣、美國三邊互信互動的大框架中去。

1979年中美建交，美國「承認中華人民共和國是中國的唯一合法政府，承認中國關於只有一個中國、臺灣是中國一部分的立場」。但是，美國不久又制定了《臺灣關係法》，作為繼續向臺灣出售武器和提供所謂「防務保障」的「法律憑據」。《臺灣關係法》公然主張，「以非和平方式包括抵制或禁運來決定臺灣前途的任何努力，是對太平洋地區的和平與安全的威脅，並為美國嚴重關注之事」，規定「美國將向臺灣提供使其能夠足夠自衛能力所需數量的防禦物資和防禦服務」。在中國政府的強烈反對之下，1982年中美發表《八一七公報》，美國政府承諾：「它不尋求執行一項長期向臺灣出售武器的政策，它向臺灣出售的武器在性能和數量上將不超過中美建交後近幾年供應的水平，它準備逐步減少它對臺灣的武器出售，並經過一段時間導致最後的解決。」但是，1982年7月中旬，中美《八一七公報》簽署前夕，雷根向臺灣方面通報了美國的「六項保證」：（1）美國不會同意設定期限停止對臺灣的武器出售；（2）美國不會同意就對臺灣出售武器問題和中華人民共和國進行事先磋商；（3）美國不會在臺北和北京之間扮演調解人的角色；（4）美國不會同意中華人民共和國的要求，而重新修訂《臺灣關係法》；（5）美國沒有改變其對臺灣主權問題的立場；（6）美國不會對臺灣施加壓力，迫使其與中國共產黨談判。

　　美國這樣做的目的是維護美國的國家利益。對於這種「腳踏兩隻船」的「雙軌」政策，大陸和臺灣都不滿意。

　　大陸認為，臺灣問題是中國的內政，應由兩岸中國人共同決定。美國透過售臺武器，對臺灣提供安全承諾，違反了國際法基本準則，也違背了中美建交時美國只與臺灣保持非官方關係的承諾，對中國的和平統一構成了障礙。每當大陸對美國售臺武器提出抗議時，美國總是解釋這符合美方定義的一個中國政策，並保證堅持以三個公報為基礎發展中美關係，但是，在兩岸政治分歧懸而未決、中美軍事安全關係始終處於不正常狀態[41]，特別是臺獨勢力已經

成為兩岸和平的重大隱患時，中國有充分理由質疑美方堅持一個中國原則的誠意。售臺武器屢屢影響中美關係正常發展，責任不在大陸。

臺灣對美國的這種做法也有意見。中美建交之初，在美臺關係的善後處理中，臺灣要求美國必須承認臺灣的「國家」地位，建立「政府對政府」的關係，遭到美國嚴詞拒絕。美國保留了對臺灣的安全承諾，但在履行安全承諾方面美國刻意保持模糊。總的看，在兩岸相對和平時期，保持一定數量的對國軍售是美履行對臺安全承諾的主要方式。儘管臺灣對這種關係定位並不滿意，但由於在安全上只能仰仗美國，不得不接受這一現實。另外，在現實中臺灣也時常對美國售武過程中的質量價格問題頗有微詞。

兩岸建立軍事安全互信機制將是對原來大陸、美國、臺灣三邊安全關係的改變。如果軍事安全互信機制能夠建立，原來相互隔絕和敵對的兩岸軍事安全關係可望被一種緩和的、適度開放和可預期的軍事關係所取代。即使目前兩岸軍事安全互信機制尚未建立，當前兩岸軍事和平對峙的狀態也比陳水扁時期劍拔弩張的對峙狀態大為改善。臺灣武器採購的外部條件確實發生了巨大變化。

從大陸的觀點來看，兩岸軍事安全機制的建立意味著兩岸軍事敵對透過雙方協議認可的方式得到改善。在這種情況下，即使從美國關心兩岸「和平解決」的企圖來看，美國對國軍售的必要性也已經顯著降低。但是，大陸的這一堅持顯然沒有得到美國的認可。據臺灣媒體報導，2002年江澤民在會見美國總統布希時，曾提出以凍結甚至後撤飛彈換取美方停止或降低降低對國軍售的質與量，但美國基於其軍售利益考量，此事不了了之。[42]2011年1月胡錦濤主席訪美以後，「美國在臺協會（AIT）」主席薄瑞光稱，這次「胡奧會」，中國本想簽署公報，但美方拒絕。他說，美方在與中國會談過程中，將臺灣放在心上（We kept Taiwan in mind），顧及不損害

任何臺灣利益。[43] 2008年馬英九上臺以來，美國分三批共向臺灣地區出售了價值180多億美元的軍售。這顯示美國將不會放棄對國軍售的政策，即使在兩岸關係改善時也是這樣。

　　從臺灣馬英九當局的觀點來看，美國維持對國軍售是其安全的重要保障。即使兩岸關係得到改善，臺灣都會堅持向美國採購武器。馬英九非常強調向美國購買武器的重要性。2011年2月11日，馬英九在會見「美國在臺協會」臺北辦事處長包道格時，特別稱讚美國總統歐巴馬在日前「奧胡會」後記者會特別提到「與臺灣關係法」，讓人感覺美國與臺灣在軍事方面的合作還會繼續。馬英九還說，臺灣強調所採購的武器，一是防禦性的，二是我們無法製造，三是用於汰舊換新。[44]馬英九堅稱美國售臺武器有利於維持臺灣與大陸談判時的信心，有利於兩岸和平與繁榮。2010年10月28日，馬英九在會見美國兩岸問題學者時表示，從2005年開始，兩岸軍事平衡逐漸向大陸傾斜，引起臺灣和周邊國家的高度關切，這樣的發展長遠對臺灣是不利的。繼續採購防衛性武器，維持最起碼的「國防」武力，才能讓兩岸擴大交流，促進和平繁榮。[45]馬英九特別強調售臺武器是「中華民國」「國防」需要。2011年2月17日，馬英九接受美國《華盛頓郵報》專訪，記者問，既然兩岸人民都同意關係漸趨穩定，為何「貴國」還在發展自己的飛彈系統，而且打算向美採購F-16C/D戰機，不是應該減少武器採購嗎？馬英九回答：我們改善兩岸關係目的是追求和平與繁榮，但「中華民國」是一個「主權國家」，必須要有我們的「國防」，我們與大陸進行協商時，希望以一個有充分自我防衛能力的情勢下去進行，我們不希望在恐懼中進行協商，這是一個非常重要的原則，所以必須向國外採購自己無法製造的防衛性武器來汰舊換新，這是一個「國家」生存發展所必要的。[46]

　　馬英九堅持採購美武器的主張有著廣泛的民意基礎。據臺灣《遠見》雜誌2010年10月公佈的民調顯示，62.5%的人仍認為大陸

不可能在2012年撤除對臺飛彈；當詢及民眾若大陸撤除對臺飛彈，臺灣是否就應該停止向美國購買「國防」武器，有65.7%表示不同意停止（其中很不同意40.4%、有點不同意25.3%），18.6%表示應該停止，15.6%未明確表態。[47]對此，淡江大學美洲研究所教授陳一新指出，北京應該瞭解，一方面想要與臺灣建立軍事互信機制，一方面又想要求美國停止對國軍售，絕對是行不通的。如果北京繼續堅持這樣做，不僅兩岸軍事互信機制的諮商終將遲遲無法啟動，而且也會影響到兩岸政治定位與和平協議的談判。[48]

然而，如果兩岸能夠啟動建立軍事安全互信機制進程，大陸、美國、臺灣圍繞臺灣軍購問題的傳統立場都將程度不同地面臨一些新的挑戰。就大陸而言，臺灣當局的安全需求與美國的頑固立場似乎顯示，大陸在短時期內期望美國停止對國軍售可能是不現實的，即使在兩岸關係明顯改善、軍事安全互信機制逐步建立的條件之下。這使大陸陷入兩難，是繼續表示強烈抗議，甚至不惜中斷兩國在其他領域的交流與合作？還是在一定條件下對售武問題表示一定程度的容忍？

新的形勢也使馬英九當局面臨新的問題。一方面，在兩岸關係和平發展、臺灣經濟不景氣的背景下，投入大量資金採購武器，確實與全面改善兩岸關係、建立互信的大環境不協調，也不利於臺灣經濟的振興。另一方面，馬英九當局又唯恐照顧不到美國利益，失去美國的安全承諾。有學者指出，隨著兩岸關係的改善，馬英九似乎更擔心美國因此停止軍售，或削減臺灣購買的項目，從而使臺灣失去長期以來的安全依靠。從2010年美國對兩岸退役軍人交流表示關注，擔心在兩岸諮商與談判中被置身事外，[49]以及在南海問題和中日釣魚島爭端激化的背景下，美國向臺灣明確表示兩岸關係的改善不應針對第三方[50]等事件來看，馬當局的擔憂確實並非空穴來風。

長期以來在臺灣武器採購中穩居主動地位的美國也並非沒有麻煩。隨著中國力量的增強，特別是中美共同利益的日益融合，越來越多美國有識之士認識到美國對國軍安全承諾潛藏的風險，主張重新檢討美國對臺安全承諾、調整對國軍售政策的呼籲不斷出現。2011年，喬治·華盛頓大學教授查爾斯·格拉澤（Charles Glaser）在《外交事務》雜誌2011年3、4月合刊上發表文章，提出美中避免戰爭需要美國在政策上有所改變，特別是在美國感到棘手的臺灣問題上。格拉澤指出，美國現行政策是為減少臺灣宣布「獨立」的可能性設計的，美國的政策表明如果臺灣宣布「獨立」，美國不會幫助臺灣，然而一旦發生攻擊，不管源於何處，美國都會發現自己置於保護臺灣的壓力之下。格拉澤建議美國應當考慮從它對臺灣的承諾中後撤，這樣就能消除美中之間最明顯和爭議性最大的衝突點，為兩國今後幾十年更好的關係鋪平道路。格拉澤的言論當時在臺灣和美國外交學界引發強烈反響，被稱為「棄臺論」。其實所謂「棄臺論」並非主張美國立即放棄臺灣，而是指出了美國對臺安全承諾、軍售政策與美國國家利益的自相矛盾之處，強調應在變化的形勢下重新思考這一問題。雖然其目的仍是維護美國利益，但就這一點而言無疑更具更寬廣的視野和更長遠的戰略眼光，也得到越來越多有識之士的贊同，其中包括美國前總統國家安全事務助理布熱津斯基（Zbigniew Kazimierz Brzezinski）、美國前駐華大使芮效儉（J.Stapleton Roy）、美國原太平洋美軍司令普理赫（Joseph W.Prueher）、美國前參謀長聯席會議副主席比爾·歐文（Bill Ovens）、卡內基國際和平基金會高級研究員史文（Michael Swaine）、喬治·華盛頓大學教授沈大偉（David Shambaugh）等。

　　既然中國力量的發展、中美共同利益的增加、兩岸關係的緩和乃至軍事安全互信機制的簽訂，都不能自動解決臺灣武器採購這一困擾各方的問題，就需要各方展現出新的思維，形成規避風險的合力。

從大陸、美國、臺灣三方圍繞臺灣軍購問題的博弈態勢看，解決這一問題的主動權掌握在美國手中，美國對華戰略新思維的構建無疑具有至關重要的作用。

　　第一，美國應更明確地堅持一個中國政策。多年前鄧小平曾經指出：「坦率地說，美國這樣做（對臺售武），並不會對中華人民共和國構成了不起的威脅，但是對我們用和平方式、談判方式解決統一問題製造了障礙。」[51]鄧小平的這段談話表明，大陸對美國售臺武器消極後果的真正擔心主要在於政治層面而非軍事層面。不管美國如何辯解，美國售臺武器的理由很難被中國大陸接受。如果美國認為必須保留這一政策，又不想過於刺激中國大陸對國家統一的擔心，首先必須以更加明確的方式表述堅持一個中國原則、反對臺獨的基本立場。美方承認並履行一個中國原則，是中美關係正常化的基礎，是中美三個聯合公報的核心，是美國政府和人民基於國際法基本原則對中國政府和人民的莊嚴承諾。然而，臺灣臺獨勢力的成長壯大，是中美建交時所不具有的新形勢，已經對兩國確認的一個中國原則構成現實挑戰。在臺獨勢力事實上已經成為兩岸關係最大現實威脅和情況下，美國一方面堅持對國軍售，另一方面又表示「兩岸的統一與分裂須經臺灣人民同意」，這無疑大大抵消了中國政府反對臺獨的效果。因此，美國在表達「須經臺灣人民同意」時，還應明確表示反對臺獨的立場，或者至少應該表示「兩岸的統一與分裂應由兩岸人民同意」。僅強調須經臺灣人民同意，等於變相地剝奪了美國政府正式承認的中華人民共和國政府以及十三億大陸同胞對於臺灣的主權訴求。

　　如果美國只管賣給臺灣武器，但卻以兩岸問題是中國人的內部事務為由，對於掌握美制武器的臺獨勢力破壞兩岸關係和平發展作壁上觀，就等於為臺獨勢力提供了保護傘。當形勢失控，大陸不得不採取武力手段時，美國就會面臨被拖入戰爭的風險。這也是那些主張重新思考美國對國軍售的有識之士所指出的問題。

第二，美國應當認識到，作為中華人民共和國的建交國，美國對中國境內的一個地區出售武器違反了國際法基本準則，違背了中美建交時對一個中國原則的承諾，是對中國主權和中國人民感情的傷害。美國的這一做法與美國南北戰爭期間英國不顧美國的強烈反對堅持向美國南方叛亂政府出售武器是同樣的道理。因此，如果美國在未來一個時期確實不能停止對國軍售，美國至少應該像當年中美發表《八一七公報》那樣，再次表明美國「不尋求執行一項長期向臺灣出售武器的政策」，「並經過一段時間導致最後解決」等立場，以對中國政府的正義立場和中國人民的感情有個交代。

第三，美國在售臺武器數量和質量的選擇上應當以某種適當方式與大陸進行溝通，並顧及到大陸的態度和感受。在當前大陸、臺灣、美國三方軍事安全關係的互動中，任何雙邊的行為都會影響到第三方。認為在售臺武器上只需美臺同意、大陸無權置喙[52]的想法是一種典型的單邊行動、製造對抗的霸權思想，與美國承諾的「樂見雙方探討建立軍事安全互信機制」[53]、「支持兩岸關係和平發展」、「減少誤解、誤讀、誤判，增進瞭解，擴大共同利益，推動兩軍（中美——引者注）關係健康穩定可靠發展」[54]是相互矛盾的，與當前兩岸之間、中美之間培育和深化戰略互信的努力是相悖離的。

第四，美國應當真誠歡迎和鼓勵臺灣改善兩岸政治軍事關係的行動，不能動輒對臺灣施以顏色。由於臺灣1949年以來與大陸為敵，又處於相對弱小的地位，臺灣在軍事安全上不得不依賴美國。美國不能濫用這種權力優勢動輒對臺灣施以顏色。2009年下半年以來，美國在兩岸軍事安全互信機制問題上對臺灣當局發出的種種帶有威脅意味的信號說明，這一擔心不是多餘的。

就中方而言，也應認識到，一旦兩岸開啟軍事安全互信機制談判，臺灣代表必然主張雙方均不能以中央對地方的態度，要求對方

接受某些苛刻條件。比如，臺灣不反對大陸向俄羅斯買武器，但大陸也不能反對臺灣向美國買武器。在可以預見的未來，任何限制臺灣向美國購買武器的要求，都必然會遭到臺灣的堅決反對。大陸不能指望，兩岸簽訂一紙軍事安全互信協定，就馬上能夠完全解除臺灣的安全顧慮，臺灣就會不再尋求武器採購。在兩岸秉持一個中國的共識、共同建構和平發展框架的大前提下，臺灣軍隊的長期存在將是事實，其武器的補充與更新也是合理要求。在兩岸未統一前，要臺灣把滿足其武器更新的任務交給大陸來承擔，是強人所難，也是不可能的。因此，不管我們如何不情願，在兩岸共同堅持一個中國原則、共謀和平發展的大前提下，可以考慮適當降低對臺灣武器採購的敏感性。可以合理推測的是，屆時美國可能也不會樂意出售很先進的武器給臺灣了。而大陸在這一問題上的政策微調，不僅有助於建立兩岸軍事安全互信機制，也有助於減少中美關係出現不必要的動盪。當然，如果兩岸關係和平發展趨勢因臺獨勢力破壞出現重大逆轉則另當別論。

最後，臺灣當局應當考慮問題是，大量從美國購買武器，固然有助於增強臺灣民眾的安全感，也能提振民眾對執政當局維護「國家安全」能力的信心，但是，僅靠強化美國軍事安全關係，同時卻拒絕與大陸討論改善軍事安全關係（包括建立軍事安全互信機制）的做法，究竟能夠在多大程度上改善臺灣的安全環境？客觀地說，2008年以來，大陸不僅在經濟上「讓利」，在軍事安全領域也表現出很大善意，與2008年以前軍事上劍拔弩張的高壓態勢形成強烈對比。這當然與馬英九當局奉行承認「九二共識」和反對臺獨的立場直接相關，但同時也說明，大陸謀求兩岸和平的態度是真誠和一貫的，只要臺灣當局能夠回到一個中國框架中來，大陸願意和平解決兩岸之間的政治分歧，包括主動提議商談建立軍事安全互信機制。在這種情況下，臺灣當局應當思考的問題是，為購買武器而大肆渲染的大陸軍事威脅論究竟還有多少現實依據？既然臺灣地區政治選

舉的週期性，決定了臺灣地區領導人宣稱的所謂「不獨」只能是任期內「不獨」，現任領導人如何保證採購的大批美製武器不會成為未來臺獨勢力以武護「獨」的工具？如果難以做到，臺灣的長久安全又如何保證？

總之，在建立軍事安全互信機制的過程中，大陸、臺灣與美國都應考慮對方的合理關切。只有大陸與美國、臺灣與美國以及兩岸之間的互信同時都增強了，兩岸建立軍事安全互信機制才能更順利。當然，這種互信以不違背一個中國原則為前提，而且應該是可持續的。

五、機制執行情況的監察與監督問題

機制執行情況的監察與監督是兩岸軍事安全互信機制的重要問題，主要涉及對機制運行情況的調查評估，主要包括對兩岸在機制運行過程中提出的意見進行調查、通報以及對違約責任的認定、處理等事務。監察監督通常是停戰談判後期的重要議題，由於兩岸軍事安全互信機制談判至今尚未啟動，這一機制大致輪廓還不清楚，兩岸官方對於軍事安全互信機制執行情況監察監督的表態還只是一些傾向性意見。但鑒於機制執行情況的監察監督是機制運行的重要方面，仍有必要加以研究。

一般來說，應當建立一個委員會履行軍事安全互信機制執行情況的監察監督責任。不管這個委員會冠以何種稱謂，有兩個問題是不可避免的。一是委員會的組成，二是監察監督的內容與方法。

委員會是否允許國際社會中的第三方參加，是兩岸軍事安全互信機制執行情況監察監督的重要問題。臺灣方面一向主張兩岸軍事安全互信機制的核查監督應由第三方參與實施。2006年臺灣公佈的「國家安全報告」在「建構兩岸和平穩定的互動架構」中強調，要

「突破兩岸僵局、臺灣和平議題國際化」的設想。基於這種認識，臺灣當局提出了避免兩岸軍事衝突的一系列措施，其中包括「設立一個獨立的監督委員會」，但未對監督委員會的組成和運作進行具體說明。而2004年2月3日陳水扁提出的「三二〇和平公投理由書」中使用的表述是「設立由中立客觀人士所組成之監督委員會」[55]。根據上下文可以合理地推斷，無論是「獨立的監督委員會」，還是「由中立客觀人士所組成之監督委員會」，陳水扁當局要求第三方參與的意圖非常明確。

從學者的研究看，臺灣大部分學者都傾向於希望借助第三方參與，或者是邀請亞太地區的組織或對話機制共同參與 [56]，還有的提出要聯合國為驗證組織。[57]臺灣學者提出的理由主要是：（一）大陸有毀約動武的可能；（二）強調臺灣缺乏談判人才；（三）應考慮美國的利益，以消除美方戒心。（四）臺灣缺乏查證能力，必須借助第三國或者國際組織的力量。

至於機制的執行監督方式，臺灣學者大多借鑑建立信任措施中的核查措施，提出空中監偵及攝影、邀請觀察員實地檢查等措施[58]。

大陸方面還沒有對軍事安全互信機制的執行監督發表過正式看法，究其原因應是現在談這一問題為時尚早。另外，大陸學者對這一問題的研究也較少。但是，基於大陸對於兩岸問題性質的一貫立場，可以合理地認為，大陸接受所謂第三方力量監督機制執行情況的可能性極小。

筆者認為，如果兩岸能夠就停止軍事敵對行動達成一些協定，應當建立一個委員會負責對協定的執行情況進行監察監督。至於這個組織的組成是否需要請第三方或國際組織參加，需根據實際需要決定。如果雙方確有能力和信心完成機制的執行監督工作，硬要國際力量介入也會使事情變得更複雜。但是，如果沒有第三方或者國

際組織的參與，軍事安全互信機制就無法運轉和維持，請第三方國或國際組織參與也是可以討論的問題。從國內外的歷史經驗看，第三方或者國際組織的參與，並不是衡量這一機制是否是國際機制的重要因素，也不是制約兩岸未來統一的主要因素。比如，抗日戰爭勝利後的國共談判，美方曾擔當調解人，這是第三方介入的先例，並不意味著當時國共任何一方「出賣主權」。再比如，1954年7月20日在印度支那停止戰爭行動的《日內瓦協定》和1973年1月27日關於在越南停止戰爭的《巴黎協定》都創立了由國際監察和監督的委員會，交戰國代表不參加。然而這既沒有在形式上影響越南的獨立、主權、統一和領土完整[59]，也沒有阻擋後來越南南北方的統一。相反的例子是，1953年7月的《朝鮮停戰協定》保持了國際停戰委員會的傳統形式，這個委員會不包括任何第三方的成員。然而，它卻未能阻止後來朝鮮半島的分裂。

　　兩岸軍事安全互信機制是中國境內兩個相互敵對的政權之間在一個中國原則上擱置政治爭議、共同維護兩岸關係和平發展而在軍事安全領域建立的約束和結束雙方敵對行為的機制。但是，如果沒有國際力量參與，臺灣方面確實不具備履行對兩岸軍事安全機制執行情況監察監督的能力，或者臺灣方面就難以接受和確認監察監督委員會的有效性，只要雙方能夠保證不分裂國家領土和主權完整，是否邀請第三方參與機制的監督核查並不是一個不能討論的問題。至於第三方的資格應由雙方共同協商決定，原則上在臺海具有重大利益的國家不應成為第三方。據此原則美國就不應介入。臺灣方面有些學者認為可以請新加坡介入。

　　關於監察監督的具體職能，筆者認為應隨著軍事安全互信機制的建立和發展過程來確定。兩岸軍事安全互信機制是一個逐步建立和發展的過程，在這一過程中，雙方在軍事安全領域面臨的諸多問題會漸次得到解決，影響問題解決先後次序的因素主要有兩個：一是問題的難易程度，比如雙方一些軍事訊息的透明，二軌、民間學

者以及雙方軍事院校和中低級軍官的交流等相對容易,可能會優先得到實行。二是問題的緊迫程度,比如所謂「海峽中線」問題、雙方軍用艦機在「中線」區域的行為規則問題,一向是臺灣方面關注的首要問題,達成協議的時間也可能會早一些;相反,像撤除飛彈、減少前沿部署、限制軍事演習、降低武器採購質量和數量等問題,雖能造成降低敵意的作用,但這些問題不僅難度大,也不像「海峽中線」問題那麼緊迫,解決的時間就可能會遲一些。監察監督措施應配合兩岸軍事安全機制的建立進程實施。鑒於這一進程目前尚未開啟,目前討論具體的實施辦法為時尚早。由於同樣的原因,監察監督的內容、難易程度,特別是兩岸彼此的信任與合作程度都尚未確定,現在簡單地說需要或者不需要第三方或國際力量介入監察監督都是不合時適的。

需要指出的是,學界關於對機制執行情況的監察監督僅涉及軍事方面。考慮到未來兩岸軍事安全互信機制不可能僅包括軍事內容,一個中國、「九二共識」應是其內容的重要組成部分,也是對機制執行情況監察監督不可或缺的基本內容。與對軍事協定執行情況的監察監督一樣,政治協議執行情況的監察監督也不排斥來自國際社會的意見建議,但因涉及兩岸人民主權權利,由兩岸中國人組成的委員會應發揮決定性作用,具體設想將在第五章陳述。

注　釋

[1].例如,臺灣「國防大學」莫大華指出,海峽兩岸的信任建立措施應由中共提出,並不設定政治談判的先決條件,以此展現中共的政治誠意。參見莫大華:《中共對建立「軍事互信機制」之立場:分析與檢視》,《中國大陸研究》(臺北),第42卷第7期,1999年7月。

[2].[德]克勞塞維茨:《戰爭論》(上卷),中國人民解放軍軍事科學院譯,北京:解放軍出版社,1964年版,第30頁。

[3].[德]克勞塞維茨：《戰爭論》（上卷），中國人民解放軍軍事科學院譯，北京：解放軍出版社，1964年版，第31頁。

[4].胡錦濤：《攜手推動兩岸關係和平發展 同心實現中華民族偉大復興——在紀念〈告臺灣同胞書〉發表30週年座談會上的講話》，新華社北京2008年12月31日電。

[5].例如，臺灣國防部2004年頒行的《「國軍」軍語辭典》對「軍事互信機制」的解釋：是指「透過增加各國在軍事領域的公開性與透明度，限制軍事部署與軍事活動，表明沒有敵意，增進各國在安全上的相互信任感，減少相互之間軍事活動的誤解及誤判，以避免引發武裝衝突、戰爭的危險」。

[6].新華社國際部：《中東問題100年》，北京：新華出版社，1999年版，第208—210頁。

[7].何春超：《國際關係史資料選編（1945—1980）》，北京：法律出版社，1988年版，第238頁。

[8].2004年5月26日，臺灣防務部門領導人單方面公佈了「海峽中線」的明確位置，大陸立即作出反應，不承認這種單方面的舉動。參見《臺海「中線」成兩岸統獨較量坐標》，《參考消息》，2004年6月11日，第1版。

[9].[英]勞特派特修訂：《奧本海國際法》（下卷第二分冊），王鐵崖、陳體強譯，北京：商務印書館，1973年版，第68頁。

[10].[法]夏爾·盧梭：《武裝衝突法》，張凝等譯，北京：中國對外翻譯出版公司，1987年版，第143頁。

[11].[英]勞特派特修訂：《奧本海國際法》（下卷第二分冊），王鐵崖、陳體強譯，北京：商務印書館，1973年版，第58頁。

[12].《民主進步黨跨世紀中國政策白皮書（1999年11月5日）》，劉傳標編：《對臺政策文獻彙編》，福建省海峽文化研究會，2006年版，第295頁。

[13].黃嘉樹：《兩岸和平研究：路徑與架構》，中國評論新聞網，2007年9月1日。

[14].卜睿哲：《臺灣的未來——如何解開兩岸的爭端》，林添貴譯，臺北：遠流出版事業股份有限公司，2010年版，第141頁。

[15].陳孔立：《和平與發展的聯想》，載周志懷主編：《新時期對臺政策與兩岸關係和平發展》，北京：華藝出版社，2009年版，第114頁。

[16].胡錦濤：《攜手推動兩岸關係和平發展 同心實現中華民族偉大復興》，《人民日報》2009年1月1日，第1版。

[17].類似觀點參見翁明賢、吳建德：《兩岸關係與信心建立措施》，臺北：華立圖書股份有限公司，2005年版，第485頁。

[18].臺灣「行政院大陸委員會」：《臺海兩岸關係說明書》，1994年7月5日。轉引自全國臺灣研究會：《臺灣問題實錄》，北京：九州出版社，2002年版，第760頁。

[19].鄧小平：《在中央顧問委員會第三次全體會議上的講話》（一九八四年十月二十二日），《鄧小平文選》第3卷，北京：人民出版社，1993年版，第87頁。

[20].《馬英九期待大陸盡快撤導彈？楊毅回應》，中評社北京2010年10月13日電。

[21].臺灣「行政院大陸委員會」：「臺海兩岸關係說明書」，1994年7月5日。轉引自全國臺灣研究會：《臺灣問題實錄》，北京：九州出版社，2002年版，第761頁。

[22].D.G.Pruitt，Negotiation Behavior，New York：Academic Press，1981，P.125.轉引自唐永勝，徐棄郁：《尋求複雜的平衡——國際安全機制與主權國家的參與》，北京：世界知識出版社，2004年版，第28頁。

[23].《胡錦濤提出新形勢下發展兩岸關係四點意見（2005年3月4日）》，《人民日報》海外版，2005年3月5日，第1版。

[24].傅應川：《兩岸軍事互信機制的議題及其未來走向》，香港，《中國評論》，2011年1月號。

[25].劉潛如：《確保臺灣安全和平協議更具體可行更勝撤飛彈》，《中央日報》（臺北），2005年5月6日，第2版；邢新研：《專訪馬英九：防「獨」甚於促統》，《中國新聞週刊》，2005年7月25日。

[26].《馬英九：談撤飛彈時機未成熟 政經應分開》，中國評論新聞網，2010年7月1日。

[27].《兩岸軍事交流，陳肇敏首提3要素》，聯合早報網，2009年3月16日。

[28].傅應川：《兩岸軍事互信機制的議題及其未來走向》，香港，《中國評論》，2011年1月號。

[29].《臺國防部：兩岸設軍事互信機制 環境還不成熟》，聯合早報網，2009年3月17日。

[30].《快評：從楊毅的回應看大陸關於撤導彈的思考》，中國評論新聞網，2010年10月14日。

[31].沈方枰：《大陸應該更加清楚說明飛彈部署不是針對臺灣》，中評社思想論壇「兩岸如何建立軍事互信」，香港，《中國評論》，2011年1月號。

[32].汪徐和，任向群：《20世紀十大談判》，北京：世界知識出版社，1998年版，第190頁。

[33].《馬英九：談撤飛彈時機未成熟 政經應分開》，中國評論新聞網，2010年7月1日。

[34].《民進黨稱不須誇大與美化「最終撤彈」說》，中國評論新聞網，2010年9月24日。

[35].劉性仁：《兩岸間獨與武之間的循環論證》，中國評論新聞網，2010年10月20日。

[36].沈方枰：《大陸應該更加清楚說明飛彈部署不是針對臺灣》，中評社思想論壇「兩岸如何建立軍事互信」，香港，《中國評論》，2011年1月號。

[37].沈方枰：《大陸應該更加清楚說明飛彈部署不是針對臺灣》，中評社思想論壇「兩岸如何建立軍事互信」，香港，《中國評論》，2011年1月號。

[38].《丁守中：撤除對臺飛彈 象徵比實質意義大》，中國評論新聞網，2010年10月11日；鄭旗生：《大陸應該有信心並以仁者的態度面對臺灣》，中評社思想論壇「兩岸如何建立軍事互信」，香港，《中國評論》，2011年1月號。

[39].王高成：《飛彈與軍售問題》，中評社思想論壇「兩岸如何建立軍事互信」，香港，《中國評論》，2011年1月號。

[40].翁明賢、吳建德：《兩岸關係與信心建立措施》，臺北：華立圖書股份有限公司，2005年版，第507頁。

[41].美國不僅以對國軍售問題牽制中國大陸，而且始終沒有放鬆對華高技術產品的出口，並反對歐盟解除對華武器禁運，美國的這些行為使中美軍事安全關係始終處於不正常狀態。

[42].陳一新：《妥為因應中共後撤飛彈之議》，《中國時報》（臺北），2002年11月28日，第15版。

[43].《薄瑞光稱中方想簽聯合公報　美拒絕》，中國評論新聞網，2011年1月25日。

[44].《馬英九：美國軍事合作還會繼續》，中國評論新聞網，2011年2月11日。

[45].《馬英九：維持最起碼武力才能讓兩岸擴大交流》，中國評論新聞網，2010年10月28日。

[46].《馬英九：兩岸處於60年來最穩定情況》，中國評論新聞網，2011年2月18日。

[47].《遠見民調：馬滿意度升8%　信任度增6.3》，中國評論新聞網，2010年10月22日。

[48].《陳一新：兩岸軍事互信展開空中對話》，中國評論新聞網，2010年8月2日。

[49].《美官員對臺灣沒交待清楚兩岸協商情節感不滿》，中國評論新聞網，2010年12月9日。

[50].黃嘉樹：《關於兩岸政治談判的思考》，中國評論新聞網，2010年12月31日。

[51].崔天凱、龐含兆：《新時期中國外交全局中的中美關係——兼論中美共建新型大國關係》，王緝思主編：《中國國際戰略評論2012》，北京：世界知識出版社，2012年版，第5頁。

[52].比如，2012年7月，小布希時期的美國前總統國家安全事務助理哈德利（Stephen Hadley）稱，他首次從中方那裡聽到一種說法：協議是在我們弱小時達成的，現在我們更強大了，我們的利益必須占更大的份量，諸如美國對國軍售這樣中方關切的政策必須改

變。哈德利認為，中方的這種主張讓美方感到麻煩，對處理雙邊關係也是一種挑戰。這種意見一方面看上去有其一定的價值，但另一方面又是以相當具有干擾性的方式來應對棘手問題，而不是以合作來處理分歧。參見：《哈德利：中國強大臺灣問題會更棘手》，中國評論新聞網，2012年7月19日。

[53].《王毅會見美政要 美方樂見兩岸建軍事互信機制》，新華網，2009年6月26日。

[54].《中美發佈聯合聲明 提出加強中美關係促高層交往》，中國新聞網，2011年1月20日。

[55].何榮幸、吳明杰：《陳「總統」：兩岸應簽和平協議 互承管轄權》，《中國時報》（臺北），2004年2月4日，A4版。

[56].吳建德、張佩茹：《臺海兩岸建立軍事互信機制之可行性分析：信心建立措施的觀點》，《國防政策評論》（臺北），2000年第1期；翁明賢、吳建德：《兩岸關係與信心建立措施》，臺北：華立圖書股份有限公司，2005年版，第510頁。

[57].莫大華：《中共對建立「軍事互信機制」之立場：分析與檢視》，《中國大陸研究》（臺北），第42卷第7期，1999年7月。

[58].翁明賢、吳建德：《兩岸關係與信心建立措施》，臺北：華立圖書股份有限公司，2005年版，第510頁。

[59].《關於在越南結束戰爭、恢復和平的協定》第一條即規定：美國和其他國家尊重一九五四年關於越南問題的日內瓦協議所承認的越南的獨立、主權、統一和領土完整。

第五章 兩岸軍事安全互信機制的總體構想

　　兩岸軍事安全互信機制的基本構想，是指為緩和乃至結束兩岸軍事敵對而採取的各種方法措施以及實現路徑的總體安排或設想。在兩岸政治軍事談判尚未開啟，未來兩岸軍事安全互信機制仍然充滿各種變數的情況下，要想準確描繪該機制的宏偉圖景確實充滿挑戰。然而，這也並非不可及。固然，建立兩岸軍事安全互信機制只是結束兩岸軍事敵對狀態、締造臺海和平目標的工具選項之一，除此之外，兩岸領導者或可透過其他途徑達致和平，從而創造出自己的歷史。「但是他們並不是隨心所欲地創造，並不是在他們自己選定的條件下創造，而是在直接碰到的、既定的、從過去承繼下來的條件下創造。」[1]一旦他們決意拿起軍事安全互信機制這一工具，隨著兩岸和平進程的開啟，兩岸關係發展的歷史邏輯必然與建立軍事安全互信機制的內在邏輯相互作用，從而使這一機制的輪廓變得大致清晰並可以描述。在上一章議題分析的基礎上，本章首先分析學界提出的主要構想，然後提出筆者關於未來兩岸軍事安全互信機制總體構想。

第一節　對學界提出構想的評析

一、大陸學界提出的構想

　　2008年以來，隨著兩岸關係由緊張動盪轉向和平發展，建立軍事安全互信機製成為一種現實可能，大陸學者紛紛提出未來兩岸軍

事安全互信機制的構想。

2008年9月，大陸臺灣問題專家李家泉撰文指出，兩岸軍事互信機制的內容，在建立政治互信機制的基礎上，軍事互信機制可以包含有以下內容：（1）臺灣軍隊對大陸保持相對獨立的地位；（2）兩岸軍隊互稱對方為「友軍」；（3）宣布結束兩岸長期存在的敵對狀態；（4）兩軍開展相互友好訪問，退役和現役軍人都可參加；（5）兩軍可以互派代表參觀對方的軍事演習；（6）臺灣軍備應保持在不威脅對岸安全的水平；（7）兩軍可以相互通報自己的重大軍事行動，如軍演等；（8）雙方均不派遣軍情人員至對方進行干擾破壞。[2]

2009年1月，大陸軍事科學院研究員羅援撰文指出：海峽兩岸建立軍事安全互信機制，應該從廣義的互信機制著眼，從狹義的互信機制入手。規劃上應該先搞好頂層設計，勾畫出一個路線圖。只要認同一個中國原則，雙方談的內容應該是開放的；方法應該是靈活務實的；層級上，應該由第二軌道發展到第一軌道；程序上，最好由易到難，循序漸進。在條件成熟時，可以直奔雙方最關注的核心問題，否則應該先掃清外圍障礙，談一些雙方已有共識的問題，談一些最緊迫的事務性問題，談一些非敏感的非傳統安全問題，逐漸積累共識，培植信任，最後再協力攻堅。[3]

2009年2月，大陸軍事科學院世界軍事部副部長王衛星撰文指出：雙方應儘早從建立兩岸防務部門之間的信任開始，進行實質性的交流接觸，共同設計規劃《兩岸軍事互信機制未來發展路線圖》，開展務實合作，早日打開局面。王衛星認為，這個路線圖的內容似可考慮包括設立軍事熱線、預先通報重大軍事演習、實現退役將領互訪、推動院校和智庫人員交流、共同舉辦軍事學術研討等；也可以包括協商兩岸軍事部署調整，逐步減少以至停止敵對性軍事活動；還可以包括在非傳統安全領域廣泛開展軍事合作，聯合

舉行反恐演習，相互通報有關情報，合作開展海上救援，等等。這些措施，可以先易後難、先民間後官方，先個案後整體，循序漸進的程序，逐步予以推動。歸根到底，就是將兩岸軍方的交流、接觸，分階段、分領域、分層次地逐步推及到更高層面和更深層次，帶動兩岸其他關係朝著和平穩定的方向持續發展，為兩岸達成和平協議最終實現祖國統一，奠定良好基礎。[4]

2010年8月，中華文化發展促進會秘書長鄭劍研究員在《中國評論》月刊八月號發表專文《透過戰略合作達成兩岸軍事互信》。作者強調建立政治互信是建立軍事安全互信機制的首要問題，如果這個問題得到圓滿解決，其他諸如是先結束敵對狀態，達成和平協定，再建立軍事安全互信機制；還是軍事安全互信機制與結束敵對狀態、達成和平協定同時解決；或者先建立軍事安全互信機制，後結束敵對狀態、達成和平協定；軍事安全互信機制有關協議如何監督、約束；軍事安全互信機制的可信性如何保證等等問題，應當會迎刃而解。在談到軍隊在推進兩岸建立政治互信中的作用時作者指出，作為兩岸軍隊來說，目前在推進兩岸建立政治互信上也是大有可為的。一是加強交流，二是密切合作。所謂兩岸軍隊的戰略合作，目前可做的是用軍事手段共同維護海峽兩岸、中華民族的共同戰略利益。如共同維護釣魚島、東海、南沙領土主權和海洋權益，共同維護領空安全、民生利益、海外利益等等。[5]

二、臺灣學界提出的構想

相比較而言，臺灣方面提出兩岸軍事安全互信機制構想時間更早，內容也更具體一些。自從「國統綱領」提出了區分近程、中程、遠程實現「國家統一」的規劃以來，臺灣一直有學者（其中有些具官方背景）都按照近程、中程、遠程的思路對建立兩岸軍事互信提出過比較具體的構想。[6]如陳必照、翟文中等人，依據兩岸情

勢走向的三個階段，提出了自己的構想（表5-1）。

表5-1 臺灣翟文中、陳必照等所提兩岸軍事安全互信機制構想[7]

	翟文中		陳必照等
近程階段	1. 資訊透明化	衝突避免階段	1.「國防」資訊公開，增加軍備透明度
	2. 退伍軍事人員交流		2. 以和平方式解決爭端
	3. 軍事演習事前通報		3. 海上人道救難協議
	4. 派遣軍事聯絡官至海基會與海協會		4. 軍事演習慎選區域、時機，軍事行動及演習事先告知
	5. 設立海事搜尋與救難機制		5. 危險軍事意外報告制度
	6. 現役軍官參與第二軌道對話		6. 禁止製造及使用生物武器
	7. 現役軍官至第三國的學會進行學術研究		7. 透過海基會與海協會建立定期協商管道
	8. 現役軍官參與第三國開辦的國際軍官計畫		8. 建立第二溝通管道
	開展海事合作		9. 開闢兩岸安全對話管道，設置研議小組機制，匯聚共識
	展現和平解決台灣問題的政治意願		1. 結束對立狀態，簽訂兩岸和平協定
	對釣魚台與南沙群島爭議採取一致立場		2. 不針對對方採取軍事行動
	簽署中程協議		3. 裁減軍備

續表

	翟文中		陳必照等
中程階段	1. 軍事首長定期安全對話	建立信任階段	4. 軍事資料交換
	2. 工作階段軍事人員交流		5. 劃定兩岸非軍事區，建立軍事緩衝地帶
	3. 軍事資訊與作業程序的交流		6. 建立兩岸領導人熱線制度
	4. 建立兩岸領導人直接聯繫管道		7. 軍事人員交流互訪
	5. 艦艇相互訪問以及聯合搜救演習		8. 共同開發南海地區資源
	6. 建立危機預防中心	強化和平階段	1. 兩岸領導人互訪
	7. 開放軍事基地提供對方檢查		2. 建立高層人員安全對話
	8. 公開交戰規則以及簽署防止危險軍事活動協定		3. 相互派員觀察軍事演習
	9. 相互觀摩對方軍事演習		4. 雙方軍事基地開放參觀
	10. 劃定兩岸非軍事區或緩衝區		5. 兩岸設立聯絡處
	11. 建立台海非核區，禁止雙方使用大規模毀滅性武器		6. 交換地區安全情報
	12. 簽署停戰協定或和平協定		7. 海軍艦艇相互訪問
遠程階段	1. 飛彈與反飛彈系統部署的限制		8. 驗證性措施
	2. 限制雙方學習的形式、規模與時間		9. 聯合軍事演習
	3. 建立查證措施		10. 年度執行評估措施
	4. 聯合軍事演習		

臺灣學者翁明賢、吳建德參照國際間建立信任措施的分類方法提出如下構想（表5-2）。

表5-2 臺灣翁明賢、吳建德所提兩岸軍事安全互信機制構想 [8]

措施	具體作為規劃	實施狀況與優先性	台灣負責單位	協辦單位	目前執行可能性
宣示性措施	1. 尊重現有「邊界」現狀	近程	「國安會」	「內政部」「陸委會」	低
	2. 尊重雙方「主權」完整	近程	「國安會」	「外交部」「陸委會」	低
	3. 避免武力威脅	近程	「國安會」	「國防部」「陸委會」	中
	4. 互不干涉「內政」	近程	「國安會」	「外交部」「陸委會」	低
	5. 和平解決衝突	近程	「國安會」	「陸委會」「國防部」	中

續表

措施	具體作為規劃	實施狀況與優先性	台灣負責單位	協辦單位	目前執行可能性
透明性措施	1. 軍事演習與活動預先告知	近程	「國防部」	「陸委會」	中
	2. 演習時間、種類、內容、意圖事先告知	近程	「國防部」	「陸委會」	低
	3.「國防」資訊交流	遠程	「國防部」	「陸委會」	中
	4.「國防白皮書」公布	已實施	「國防部」	「陸委會」	高
	5. 軍事基地開放參觀	遠程	「國防部」	「陸委會」	低
	6. 兵力規模、裝備類別與數量、部隊地點、武器發展計畫公布	遠程	「國防部」	「陸委會」	低
	7. 相互觀察參加軍事演習	中程	「國防部」	「陸委會」	低
溝通性措施	1. 建立領導人與雙方指揮中心熱線；	近程	「國安會」	「交通部」	低
	2. 危險軍事意外通報制度；	近程	「國安會」	「陸委會」	中
	3. 中低階軍事人員、專家與單位交流	中程	「國防部」	「陸委會」	高
	4. 設立衝突預防中心；	遠程	「國安會」	「國防部」	低
	5. 加強軍政首長溝通與對話；	遠程	「國安會」	「行政院」 「陸委會」	低
	6. 成立通訊與查證網路；	中程	「國安會」	「交通部」	中
	7. 設置定期區域安全對話中心或會議；	中程	「國安會」	「陸委會」 「外交部」	中
限制性措施	1. 限制大規模軍事演習；	中程	「國安會」	「國防部」	中
	2. 限制軍事演習次數；	遠程	「國安會」	「國防部」	低
	3. 限制武器部署種類；	遠程	「國防部」	「陸委會」	低
	4. 裁減邊境駐軍；	遠程	「國防部」	「陸委會」	低
	5. 設立非軍事區；	遠程	「國防部」	「陸委會」	低
	6. 戰略武器與飛彈互不瞄準；	中程	「國防部」	「陸委會」	中
	7. 不參加針對對方的軍事同盟；	遠程	「國防部」	「外交部」	低

續表

措施	具體作為規劃	實施狀況與優先性	台灣負責單位	協辦單位	目前執行可能性
查證性措施	1. 空中監視及攝影	中程	「國防部」	「陸委會」	中
	2. 邀請觀察員實地偵察	遠程	「行政院」	「陸委會」	低
綜合安全性措施	1. 人員保障	近程	「行政院」	「內政部」	高
	2. 經濟合作與環境保護	近程	「行政院」	「環保署」、「經濟部」、「國科會」	高
	3. 共同科學及學術研究計劃	近程	「行政院」	「教育部」	高
	4. 毒品防治、犯罪防治、罪犯遣返及共同打擊犯罪	部分實施	「行政院」	「內政部」、「法務部」、「海巡署」	高
	5. 軍事學術、體育與文化交流	近程	「行政院」	「國防部」、「教育部」	高

　　淡江大學國際事務與戰略研究所碩士王裕民根據這一思路對具體措施作了進一步充實，提出自己的構想。王裕民按照信任建立措施的難易度、敏感性，規劃成近程、中程、遠程的時序，將短期較可能達成的項目列為「近程」目標，稍具困難度或不具有急迫性的置於「中程」階段；技術難度高，中短期不易達成的納入「遠程」。王裕民還根據實施的層級，把這些措施區分為三個層級，領導階層指臺灣的「總統府國安會」與大陸的國家主席及中央政治局，指揮階層指臺灣的「行政院」與大陸的國務院，幕僚階層指臺灣的國防部、陸委會與大陸的國防部與國臺辦。另外，他還從這些措施中選擇出現階段最可行項目，選擇的標準是：低政治性、低機密性、低技術性、高安全性、高迫切性、具人道主義、符合雙方利益（見表5-3）。

表5-3 臺灣王裕民所提兩岸軍事安全互信機制構想

功能	具體內容	時程	階層	現階段最可行項目
宣示性措施	1. 結束敵對狀態，簽訂互不侵犯條約	中程	領導階層	○
	2. 兩岸定期舉行台海安全會議	中程	領導階層	
	3. 戰機互不逾越「海峽中線」	近程	領導階層	○

續表

功能	具體內容	時程	階層	現階段最可行項目
透明性措施	1. 定期公布「國防報告書」	近程	指揮階層	○
	2. 公布年度軍事演習之時間、地點、規模、類型	近程	指揮階層	○
	3. 開放雙方軍事基地互訪	中程	幕僚階層	
	4. 新武器裝備性能及部署資料互相公開	中程	指揮階層	
	5. 「國防」武力發展計畫公開	中程	指揮階層	
	6. 艦隊互訪交流	中程	幕僚階層	
	7. 戰略部隊調動及移防相互通知	中程	指揮階層	
	8. 公布晉升將領級指揮官名單	近程	指揮階層	○
	9. 相互參加對方航空展	近程	指揮階層	
	10. 空軍特技小組互訪表演（配合航空展）	近程	幕僚階層	
溝通性措施	1. 設立「國防部」（參謀本部）通報查詢熱線	中程	幕僚階層	
	2. 國防大學及軍事院校師生互訪	中程	幕僚階層	
	3. 軍事學術研究機構交流互訪	近程	幕僚階層	○
	4. 設立聯合衝特防治中心互派聯絡官	中程	幕僚階層	
	5. 各軍總司令定期互訪	中程	指揮階層	
	6. 「國防部長」（參謀總長）定期會議	中程	指揮階層	
	7. 設立兩岸最高領導人熱線	遠程	領導階層	
	8. 設立兩岸領導人對話會議	遠程	領導階層	
	9. 舉辦軍事學術研討會實施交流	近程	幕僚階層	
	10. 互派聯絡官	近程	指揮階層	
	11. 金馬防部及南京軍區第一線最高指揮定期會議	中程	指揮階層	
	12. 兩岸領導人不定期高層互訪	遠程	領導階層	

續表

功能	具體內容	時程	階層	現階段最可行項目
限制性措施	1. 簽訂「海峽行為準則」	近程	領導階層	
	2. 雙方裁判前線兵力，各撤軍若干數量及軍務部署	近程	指揮階層	
	3. 對於演習規模、數量、時間加以限制	中程	指揮階層	
	4. 不以核生物武器瞄準、攻擊對方	近程	指揮階層	
	5. 不以「駭客」攻擊對方資訊系統	近程	指揮階層	
	6. 成立非軍事區（我方自金馬撤軍，中共兵力後退500公里）	中程	領導階層	
	7. 簽訂軍機空中接近行為規範	近程	幕僚階層	○
	8. 簽訂軍艦海上接近行為規範	近程	幕僚階層	○
	9. 兩岸設置軍事禁限航區	近程	指揮階層	
驗證性措施	1. 邀請雙方軍事人員參觀演習	中程	幕僚階層	
	2. 開放空中偵察、地面電子及定點檢查	遠程	幕僚階層	
	3. 實施聯合軍事演習	遠程	指揮階層	
綜合安全性措施	軍民共同救災、救難	近程	幕僚階層	○

資料來源：王裕民《兩岸建立軍事互信機制之研究》，淡江大學國際事務與戰略研究所碩士在職專班碩士論文，第175—196頁。

三、美國學界提出的構想

美國學者提出的構想，影響最大的是李侃如等提出的「中程協議」。[9]近年來，華府智庫戰略暨國際研究中心（CSIS）也提出了一些建議報告。2010年1月12日研究中心發表了由葛來儀（Bonnie Glaser）執筆的訪問研究報告。在正式談判建立軍事CBM時機仍不成熟的情況下，報告建議兩岸先展開近期（near-term）軍事CBM，包括擴大兩岸「國防白皮書」內容、提供更多各自軍事活動訊息、

擴大對不使用大規模毀滅性武器的保證、更進一步改變軍事演習，例如大陸軍演不以臺灣為目標、彼此進行小規模軍事部署調整等。[10]

在眾多美國學者的研究成果中，最詳細具體的應是布魯金斯學會資深研究員兼東北亞政治研究中心主任卜睿哲（Richard C.Bush）提出的方案。2005年春天，正當兩岸關係波譎雲詭之時，卜睿哲在美國出版了他的新書Untying the Knot：Making Peace in the Taiwan Strait，該書2010年5月被翻譯成漢語，由遠流出版事業股份有限公司出版，題名為《臺灣的未來——如何解開兩岸的爭端》 [11]。在該書第10章《紓緩壓力 調和歧異》中，作者提出了透過談判調節兩岸主權和安全的路線圖。

同多數美國學者一樣，卜睿哲認為，北京和臺北之間存在的互不信賴，可能使得想要一次到位就解決所有問題的「大交易」不切實際，可行的方法是打造一個解決問題的過程。對於如何開啟這一過程，卜睿哲並不同意當時中國大陸對兩岸恢復談判訂下的前提條件，但是，他也不排斥，而是主張雙方接觸必須以某種形式的互信為基礎。卜睿哲認為，成功的談判必須有概念基礎，讓每一方承認和接納另一方的需要。因此，在兩岸接觸的過程中，首先必須宣誓一些原則，以達成某種諒解和信心。因為，即使恢復了某種溝通，互相信任也使雙方需要有某種正式諒解，提供初期的相互擔保、並打造往前進展的過程。卜睿哲還具體指出了兩岸宣示原則的三大目的：第一，它宣布了雙方已經講好了什麼。譬如，他們可以同意探討政治結合的形式，讓組成單元具有主權，北京可以實現它的歷史目標（統一），臺灣也可以保有它的政治地位。每一方或許也可以保證會在採購及部署先進軍事武器時知所節制。第二，宣示原則可以讓每一方表明它不會做什麼，以便讓對方放心。譬如，臺北可以做出類似陳水扁初次就職「總統」時所宣告的承諾，表明不會採取激烈行動。第三，原則也可定下後續在各個議題上面的片面步驟和

雙邊談判之行動計劃，規定好這些步驟是有條件的、互惠的，才可逐步建立彼此信心。

卜睿哲認為，原則宣誓之後，還必須建立解決兩岸在經濟、政治及安全領域的具體機制。因為，原則宣誓之後它本身解決不了兩岸衝突或消除安全兩難，即使它提供瞭解決的框架。它只會打造一個進程。這個進程要成功，它應該最大化鼓勵合作，並且最小化必會持續不退的互不信任。接下來，卜睿哲論提出瞭解決兩岸經濟、政治和安全領域問題的方法。在安全領域他提出，這涉及軍事意向和力量。第一步將是簽訂協定、終止敵對狀態。這個構想當然是在二十多年前首次提出，但是由於中國把它和一個中國原則連結在一起而沒有進展。不過宣誓原則應該就會切斷此一連結，打開正式結束從19世紀40年代末迄今的衝突之路。第二步就是建立前文所述的一些信心建立措施。這裡必須有個先決條件，那就是中國必須認為運用這類措施降低臺灣不安全感，符合北京更大的利益，一旦它發生，兩軍就可開始討論具體措施以降低緊張、培養對彼此意向更大的可預測感。第三步或許是討論新的軍事採購。這裡還是需要一個概念上的突破，那就是人民解放軍必須清楚理解到，它有系統的建軍驅使臺灣尋求防禦武器，以及美國提供武器給臺灣。很明顯，任何武器控制的安排都會和美國未來對國軍事關係連結在一起。

卜睿哲強調，上述功能議題談判應與兩岸政治對話同步進行。他指出，公平地講，就各種功能事項和敏感的安全議題談判，臺灣得到的好處大過北京的好處。前者便利臺灣的經濟發展，後者可降低臺灣的不安全感。北京在主權議題上面讓步，將是臺北的勝利。從北京的角度看，危險在於臺灣會不會利用它的善意、不往它的最高優先邁進（又是安全兩難）。要緩和這種顧慮、讓北京放心漸進過程一定會有滿意的結果，雙方可能應該與功能議題談判平行，也進行政治討論，研究如何實現新的政治結合。雙方必須處理下列棘手問題：臺北當局可保留什麼「主權」權力；什麼樣的權力它和北

京要讓渡給新的中央政府；什麼樣的政治權利臺灣人民要放棄或者受限、以交換在大結合下的好處，也讓北京放心；在新的政治結合下，臺灣在國際體系的角色是什麼；新結合又和美、臺安全關係有什麼新的關聯。這些議題愈是得到充分討論，因此出現的體制就愈可能讓雙方互蒙其利。

關於兩岸和解過程中的背信行為，卜睿哲也提出瞭解決的方法。他指出，在任何類似的安排中，永遠難免有一方或雙方皆要詐欺騙的可能性。擬定路徑圖並不會使利用敵手善意的誘惑就消失。如果義務要以互惠、有條件的基礎去遵守，不能履行義務就會使進程停止，甚至逆轉。要處理這個無法避免的問題，需要有聯合監理、協調的機制，得到雙方政治領導人的授權，監督各種談判，注意出現的問題，討論若陷低潮要灌輸活力，若出現欺騙行為要確定責任歸屬，若原先安排顯然已無法奏效要立刻修正。不僅雙方之間必須有協調機制，雙方內部也需要有協調機制。卜睿哲還提出了另一個防止欺騙的方法，就是替協定找國際保證人。如果出現問題，他們可以介入找出障礙所在，恢復動力。接下來，他討論了美國的角色問題。不過，他顯然否定了美國充當兩岸調節人的可能性。他指出，在目前的環境下，有太多因素限制美國有理由擔負主要的調停角色，在程序或實質上提供便捷。但是，他也認為，美國或可充當傳遞訊息、提供知識的角色。知識上提供便捷和傳遞訊息，風險較小，可以紓緩兩岸互不信任和有瑕疵的決策系統之衝擊。但是，它們應該設計為促成兩岸之間更好的溝通方式——直接對話——讓他們自己去排除分隔他們的障礙。

上述路線圖能否導致兩岸和平，卜睿哲本人也沒有把握。他指出，最理想的結果是，兩岸可以發揮創意，加上相當的技巧和節制，讓過程與實際相互補強，俾能在符合各自目標、保護其利益下解決了爭端。雙方都不可能得到想要的一切，但是兩岸修睦的好處一定大過活在現狀或面臨可能爆發衝突的代價。政治敵對和軍事威

脅會成為過去，兩岸人民可以從經濟、社會和文化的交流上共蒙其利。在這個幸福快樂的脈絡裡，自從五十多年前衝突開始就捲入其中的美國，也可卸下身為國際領導人的一個重擔。但是，死結也可能解不開。

四、對學界提出構想的評析

各方專家學者提出的構想從形式到內容都差異很大，但仍可以用以下標準去分析評判。

首先，一個中國原則的體現程度。大陸學者非常注重貫徹和體現一個中國原則，在提出具體措施時用詞嚴謹，從不使用引起歧義的詞彙；而臺灣學者則不然，比如提出「結束敵對狀態，簽訂互不侵犯條約」、「尊重現有邊界現狀」、「尊重雙方主權完整」、「互不干涉內政」等等，儼然把兩岸關係視為「國際」關係。相比較而言，美方學者並沒有這樣做。即使像卜睿哲這樣對臺灣懷有深厚情感，甚至傾向於認為臺灣也應擁有一些「主權」的學者，在呼籲「臺灣要自立自強」[12]時，提出的「頭一個問題就是務實還是務虛？要注重象徵議題還是實質內涵？」卜睿哲還提醒「臺灣的民眾需要更清楚理解其統治當局的法律身份」，「它（臺灣）若僵硬地堅持經不起公開辯論檢討的一些立場——那些不符合臺灣的情勢和全球化經濟的部分——它的損失將更大」。雖然卜睿哲的一些觀點本筆者並不認同，但他這種面對現實的精神確實值得稱道。

其次，兩岸軍事敵對特殊性的體現程度。臺灣和美方學者大多照抄照搬國際上對建立信任措施的分類，將兩岸軍事安全互信機制的具體措施區分為宣示性、透明性、溝通性、限制性、驗證性等類別。這種分類方法的優點是通用性強，「放之四海而皆準」，用到研究兩岸軍事安全關係似乎也並無不妥，缺點是不能體兩岸現軍事

安全衝突的特殊性。相比較而言，大陸學者在研究中雖沒有明確提出措施類別，但認真研讀他們提出的這些構想可以看出，他們非常注重根據兩岸軍事安全關係的特殊性研究問題、提出對策。

再次，構想中的偏好與盲點。偏好與盲點是學者們提出構想時有意無意突出或者忽視的內容，其根源是構想者過於關注自己設定的目標，在理論視野與政策偏好上表現出來的片面性。從內容構成看，大陸學者大多強調交流接觸的重要性，認為只要開啟兩岸軍事交流，雙方談起來，其他問題都好解決。臺灣方面則全都是「一攬子」式的構想，從交流接觸到「海峽中線」，再到演習通報、定期會晤、飛彈問題、放棄使用武力問題以及監察監督等，只要與臺灣安全相關的問題都提出來並作出規劃。兩岸關於軍事安全互信機制內容構想的上述差異是兩岸社會軍事安全感覺落差的直接反映。

偏好與盲點還體現在具體議題的設置及其解決方案上。比如所謂「海峽中線」問題，其實質是軍事分界線的劃分問題，一般來說是結束戰爭和敵對行動的首要問題。只要兩岸堅持一個中國原則，不造成「兩個中國」或者「一中一臺」的事實，劃分軍事分界線並無不可。臺灣當局一直十分關心這個問題，但大陸學者對此鮮有提及，可能的原因是出於對歷史上「劃峽而治」陰謀的擔心，因而有意無意地迴避這一問題。而臺灣有的學者強調「尊重現有邊界現狀」，似乎所謂「邊界現狀」已經是一個早已解決的問題。臺灣王裕民在論文中把「戰機互不踰越『海峽中線』」劃歸「現階段最可行項目」，這反映了臺灣當局與民眾對於「海峽中線」問題的高度關注和敏感；但作者同時認為這一措施具有「低政治性」特點，則顯示作者沒有理解劃分軍事分界線在結束戰爭與敵對中的重要政治影響與政治敏感性，因此他也不瞭解，為什麼「海峽中線」大陸即使在實踐中儘可能不越過，但卻始終不予正式承認的原因。

再比如，對於驗證性措施，臺灣學者都十分強調這一措施，有

的甚至提出請國際力量參加。但是他們往往只從軍事上著眼，忘記了像體現一個中國原則的「九二共識」等政治內容也是軍事安全互信機制不可或缺的重要組成部分，是決定機制性質的東西，對於「九二共識」的遵守情況也應成為核查的內容。相比較而言，美國學者卻提出了必須首先宣誓原則以確立互信基礎、功能性議題談判應該與政治對話同步進行的觀點。大陸學者一般不涉及核查問題，可能因為機制尚未建立，考慮這一問題為時尚早；也可能因為過於強調政治前提的緣故，對臺灣方面的安全關切缺乏設身處地的體察；還有一種可能是，從心底里就拒絕接受這類措施，尤其是臺灣提出的有「中立客觀人士」參與的核查。實際上在軍事安全互信機制建立的過程中，採取適當形式進行核查對於增進互信是有其必要性的。美國國防部長可以參觀大陸戰略指揮中心，臺灣方面為什麼不行？

美國學者提出的構想也存在不少盲點。多年來，美國對兩岸和平的關注是始終如一的，但也有一些學者對兩岸的統一心懷疑慮甚至極力阻撓。特別是在陳水扁時期，美國學者提出的軍事安全互信機制構想顯然被陳水扁的表面言辭所迷惑，有意無意地往偏袒臺獨的方向靠攏。

對於兩岸軍事安全互信機制這樣一個大陸、臺灣、美國各有堅持、對抗性、博弈性很強的議題，各方提出的構想存在一些偏好與盲點是正常的，而沒有偏好與盲點則是不正常的。正因如此，在研究與建構兩岸軍事安全互信機制過程中，保持理論上的清醒與自覺、保持相互之間充分的交流與碰撞才顯得尤為必要。畢竟盲點的多少直接決定著各方對軍事安全互信機制認知交集的大小，也從根本上決定了所提構想的可行性和生命力。軍事安全互信機制議題產生以來諸多構想的遭遇說明了這一點。

最後，可操作性。從形式上看，臺灣、美國學者提出的構想非

常具體豐富,並且對每一項措施的類別、難易程度、時間先後、執行部門、是否可以目前先行實施等都作出明確說明,給人的感覺是操作性比較強。但事實上,對於政策構想的設計來說,可操作性與構想方案的細緻程度是兩個不同的衡量標準。可操作性首先取決於是否符合實際,然後才是構想方案的細緻程度。有的政策構想設計得過於細緻反而失去彈性,降低了可操作性。從這一角度看,大陸學者提出的構想確有一些因過於籠統而影響了操作性,但也有一些因為不那麼具體細緻反而有更大的彈性,因而更容易操作。相反,臺灣一些學者提出的構想,由於沒能體現兩岸軍事敵對的特殊性質以及化解兩岸軍事敵對的特殊要求,雖然形式上貌似細緻縝密,但實際上卻沒有任何可操作性。

第二節 兩岸軍事安全互信機制的總體構想

一、未來兩岸軍事安全互信機制的內容體系

　　所謂兩岸軍事安全互信機制,是指海峽兩岸的政權及其領導下的武裝力量,為緩和兩岸軍事敵對、增進兩岸軍事互信、促進兩岸關係和平發展,在一個中國框架基礎上,透過平等協商而訂立的一整套調節兩岸軍事安全關係的基本原則、基本措施、具體規則和決策程序。基本原則統領基本措施、具體規則和決策程序,基本措施、具體規則和決策程序貫徹體現基本原則。

　　未來兩岸軍事安全互信機制由基本原則、基本措施、具體措施等三個部分組成(見下頁圖5-1)。

　　(一)基本原則

基本原則是指兩岸就兩岸關係中的重大問題而達成的約定，具有最高的統領意義，是決定兩岸軍事安全互信機制性質與發展方向的總體要求。比如，這一機制是國際機制還是一個國家內部兩支軍隊之間的機制？是導向統一的機制還是走向分裂的機制，抑或是維持現狀的機制？是著眼化解兩岸內部衝突、追求兩岸和平發展的機制還是共同應對外來威脅、聯合針對第三方的機制？是臨時組建的機制還是長期堅持的機制？是建立在完全平等、共同合作基礎之上的機制還是建立在一方主導一方為輔的基礎之上的機制？等等。這些都是建立兩岸軍事安全互信機制必須回答的問題。對這些問題的回答，主要體現於基本原則之中。透過這些基本問題的規定，明確兩岸軍事安全互信機制框架之下，雙方對兩岸關係現狀的共同認知、在這種狀態之下兩岸各自擁有的基本權利，以及維護這種權利、解決矛盾分歧的大致行動計劃。只有把這些基本問題規定好了，才可逐步建立彼此信心，進一步確立兩岸軍事安全互信機制應解決的基本問題，建立具體的行為規則。當然，未來兩岸軍事安全互信機制不是一成不變的，隨著兩岸互信程度的變化，兩岸軍事安全互信機制的具體規則也將發生一些變化，但只要機制的基本原則保持不變，兩岸軍事安全互信機制的變遷就會維持在一個大致穩定的範圍，我們仍可稱之為機制的內部變化。但是，如果基本原則被偏廢或者拋棄，就意味著它已經不再是原來的機制，而是演變為某種新的機制。

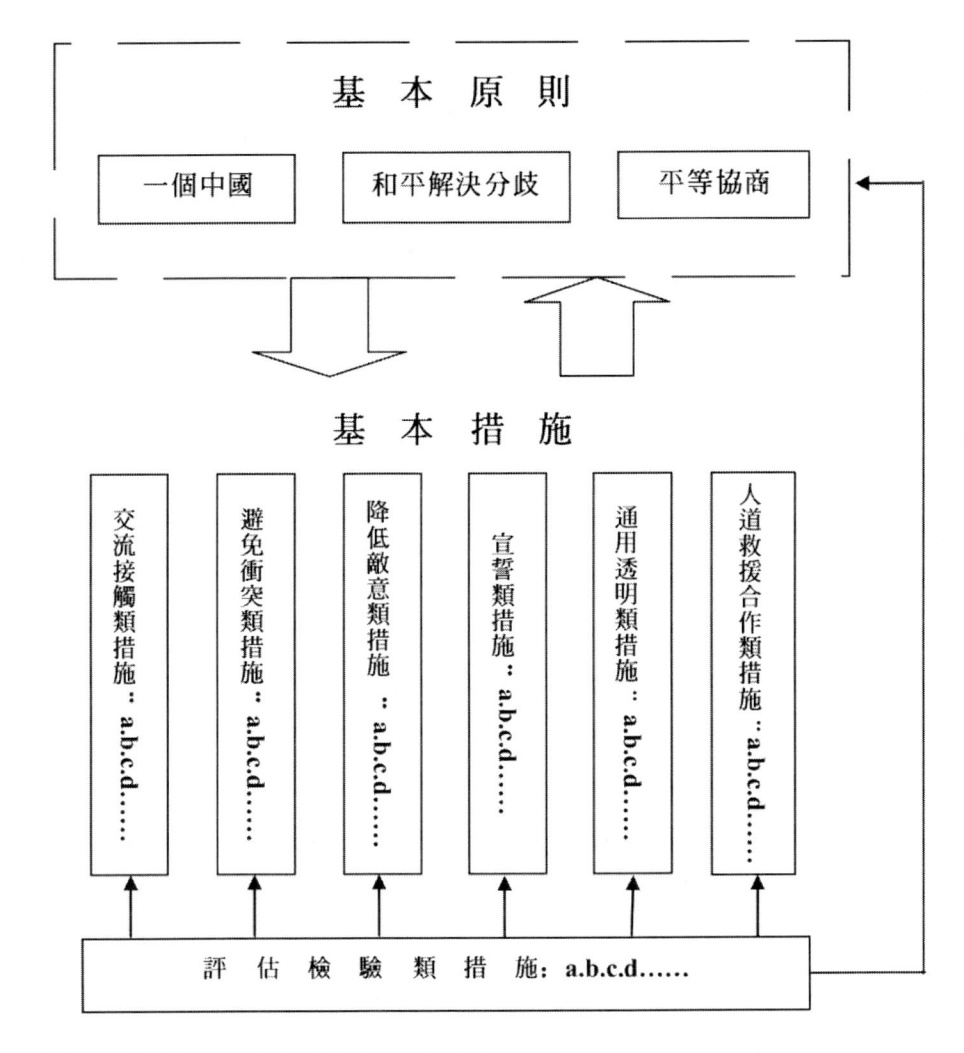

```
                    基 本 原 則
        ┌─────────────┬──────────────┬─────────────┐
        │  一個中國    │  和平解決分歧 │   平等協商   │
        └─────────────┴──────────────┴─────────────┘

                    基 本 措 施
 ┌──────┬──────┬──────┬──────┬──────┬──────┐
 │交流  │避免  │降低  │宣誓  │通用  │人道  │
 │接觸  │衝突  │敵意  │類措  │透明  │救援  │
 │類措  │類措  │類措  │施：  │類措  │合作  │
 │施：  │施：  │施：  │a.b.c.d│施：  │類措  │
 │a.b.c.d│a.b.c.d│a.b.c.d│……  │a.b.c.d│施：  │
 │……   │……   │……   │      │……   │a.b.c.d│
 │      │      │      │      │      │……   │
 └──────┴──────┴──────┴──────┴──────┴──────┘

        評 估 檢 驗 類 措 施：a.b.c.d……
```

圖5-1 未來兩岸軍事安全互信機制構想

兩岸軍事安全互信機制的基本原則應包括如下三項：

1.一個中國原則。一個中國原則是兩岸軍事安全互信機制的首要原則，是影響兩岸軍事安全互信機制形成、發展與變遷的最重要因素。一個中國原則有著特定的涵義，即世界上只有一個中國，兩岸同屬一個中國，中國的主權和領土完整不容分割。這一內涵是不

能分割和曲解的。1992年兩岸達成的「九二共識」，兩會各自口頭表述的文字雖然不同 [13]，但其核心是雙方都承認一個中國。堅持一個中國原則，就表明兩岸軍事安全機制不是「國與國」之間的軍事互信機制，而是一個中國內部兩支軍隊之間的機制。在一個中國原則上建立兩岸軍事安全互信機制，代表著兩岸軍事敵對狀態的基本結束，雖然沒有結束兩岸政治上的分裂狀態，也沒有損害未來兩岸統一的法律基礎。

2.和平解決分歧原則。既然在中國的版圖之內存在兩個互不相容的公權力系統是一個不爭的事實，同時雙方透過協商達成了擱置主權代表權爭議，容忍對方在一個中國框架內存在的共識，和平解決兩岸分歧就是處理兩岸關係的當然準則。和平解決分歧原則要求大陸必須充分理解和照顧到臺灣的安全顧慮，合情合理地解決兩岸在軍事安全領域的各種矛盾和問題。把和平解決兩岸分歧作為處理兩岸關係的基本準則，意味著在一個中國原則之下，臺灣當局軍政系統獲得了來自大陸的安全承諾，從制度上消除了臺灣當局和民眾不安全感產生的根源，是臺灣安全環境的重大改善。

3.平等協商原則。平等協商是和平解決兩岸分歧原則在兩岸對話與談判過程中的具體化，它要求兩岸在建立軍事安全互信機制的談判中地位完全平等，不搞強加於人。

上述三項原則共同規定了兩岸軍事安全關係的性質，它們之間既相互獨立，又相互聯繫和制約，缺少任何一項，都會使軍事安全互信機制的性質發生改變。沒有一個中國原則，就失去了兩岸和平解決分歧的政治基礎，更談不上任何形式和內容的協商。沒有和平解決分歧原則，兩岸協商結束軍事敵對就是一句空話。沒有平等協商，在討論兩岸軍事安全問題的過程中一方為主一方為輔，其他兩項原則的堅持就成為問題；即使堅持了其他兩項原則，兩岸軍事安全互信機制也已經不是本來意義上化解軍事敵對的機制，而是演變

為兩岸統一的機制。兩岸軍事安全互信機制必須是互惠的，而且必須以雙方最基本的互信為條件。上述三項基本原則共同確定了軍事安全互信機制維持現狀的性質，符合兩岸關係現狀，體現了兩岸平等互惠的相互關係。

（二）基本措施

基本措施相對於具體措施而言，是規範兩岸軍事安全關係某一問題領域各種具體措施的統稱。兩岸軍事安全互信機制需要解決多方面問題，其中每一方面的問題都需要訂立若干具體措施，我們把解決某一方面問題的若干具體措施的集合，稱為基本措施之一種。比如，在簽證停戰協議時，可以把與軍事分界線相關的事務作為一個問題領域，與這一問題領域相關的規則可能包括：分界線的劃分，分界線附近海空域軍用艦、機行為規則，非軍事區或軍事緩衝區的劃定，等等。在未來建立兩岸軍事安全互信機制時，也會面臨所謂「臺海中線」問題、海峽地區兩岸軍用艦、機行為規則問題，以及臺灣方面提出的非軍事區、軍事緩衝區等問題。在建立兩岸軍事安全互信機制語境下，我們把所有這些措施稱為避免衝突類措施，是構成未來兩岸軍事安全互信機制的基本措施之一。

基本措施對兩岸軍事安全互信機制的功能與性質具有重要影響。如前所述，基本措施確定的依據是問題導向，每一種基本措施都是針對某一特定問題而提出的。不難理解，對未來兩岸軍事安全互信機制來說，要解決什麼問題，不解決什麼問題，是影響該機制功能甚至性質的重要因素。例如，兩岸聯合維護中華民族固有領土主權和海洋權益問題。近年來，在中國南海、東海釣魚島領土主權和海洋權益受到侵蝕的背景下，一些學者提出了兩岸共同維護南海、釣魚島主權議題，認為建立兩岸軍事安全互信機制可以先從共同維護南海、東海中華民族固有領土和海洋權益問題做起。在此，我們暫不討論兩岸共護主權的可能性，而是要強調這樣一個事實：

是否把共護主權列為未來軍事安全互信機制需要解決的問題，會使該機制在功能和性質方面呈現出重大差異。因為，共護主權需要兩岸聯合，如果把兩岸共護主權確定為未來兩岸軍事安全互信機制需要面對和解決的問題，就需要制定兩岸軍事力量共同協作的規則措施，兩岸軍事力量勢必會出現某種程度的策應甚至聯合。包含了這種議題的兩岸軍事安全互信機制，從其功能看，已經不僅具有化解敵意、防止誤判等功能，而且具有了聯合行動、共同應對外部威脅的功能；從其性質看，已經不單純是內向型軍事安全機制，而且具有了外向型軍事機制的某些特點。從建立兩岸軍事安全互信機制議題演變的歷史和當前實際看，未來相當長一個時期內建立這種類型的軍事安全互信機制顯然是不現實的。因此，本書提出的構想沒有把共護主權列為兩岸軍事安全互信機制的基本措施。除非兩岸關係及其外部環境發生重大改變，否則，把兩岸共護主權列入未來兩岸軍事安全互信機制應解決的問題，不僅事實上難以做到，也不符合兩岸建立軍事安全互信機制議題的初衷，甚至會產生副作用。

基於以上思考，我們把軍事安全互信機制的基本措施分為以下七類：

1.交流接觸類措施。囿於國際法關於主權排他性、不可分的原則規定，兩岸政治上呈現「零和格局」，軍事上處於敵對和隔絕狀態。即使當前兩岸表示暫時擱置政治爭議，互不否認對方存在，但決不會相互承認對方主權。這種政治上的結構性衝突一直是使兩岸政治談判遲遲不能開啟的重要因素。20世紀90年代初，兩岸為促進交流建立了海協會、海基會定期會晤這樣一種特殊的機制，但兩會作為一種民間機製為兩軍提供的交流渠道是十分有限的，而且兩會機制的運作同樣必須以一個中國原則和「九二共識」為前提。兩岸軍事敵對的這一特點與冷戰時兩大集團的軍事敵對不同，冷戰時的兩大軍事集團的國家之間特別是美蘇都建立了正式外交關係，在發生衝突時雙方一般都能透過外交渠道保持必要的聯繫。兩岸軍事上

的隔絕狀態，使交流接觸類措施在軍事安全互信機制中具有特別重要的意義。如果未來兩岸能夠透過探索，以適當的方式在兩岸軍隊之間建立起直接的交流措施，特別是使這種交流措施即使在兩岸關係相對緊張時和戰爭期間，或者至少在戰爭開始後的一段時間仍能發揮作用，對兩岸減少誤會、化解敵意、增進互信以及控制危機都會有相當正面的作用。我們把未來兩岸軍事安全互信機制中建立和規範兩岸軍事方面交流的各種規則，統稱為交流接觸類措施。

2.避免衝突類措施。兩岸歷史上曾發生過戰爭，而且這個戰爭至今還沒有在法律上正式結束。這是兩岸軍事敵對與冷戰時期東西方兩大軍事集團在歐洲形成的軍事敵對的根本區別。兩大軍事集團之間的敵對屬於國際間的，更為重要的是，他們冷戰期間在歐洲大陸從未發生過戰爭，也不存在法律上的戰爭狀態，屬於典型的國際「安全困境」。因此，兩大集團只有化解敵意的問題，而無停止敵對行動、結束戰爭狀態的需要。換句話說，兩大集團只需要恢復正常國家之間和平共處的關係就可以了。兩岸軍事敵對的這一特殊性，決定了如果要在兩岸間化解敵意、建立互信，決不像臺灣某些政黨和政治人物說的只需要「關係正常化」，而是首先要停止敵對行動，解決類似劃分軍事分界線，建立非軍事區或者軍事緩衝區，制定前沿部隊脫離接觸、防止誤判等問題，這些都是傳統意義上停火協定應規定的內容。我們把未來兩岸軍事安全互信機制中與傳統停火協議內容相似的那些規定，統稱為避免衝突類措施。

3.化解敵意類措施。武器裝備的高科技化、兩岸及國際環境的變遷，使兩岸軍事敵對衍生出一些需要面對和解決的新問題。比如，如何限制針對對方的進攻性高技術武器問題、如何處理臺灣武器採購問題等。這是當前兩岸軍事敵對關係與上個世紀70年代以前兩岸軍事敵對的不同之處，顯示兩岸軍事敵對程度之尖銳、涉及領域之廣泛，遠甚於其他任何分裂國家。由此可以合理地推斷，即使未來兩岸在一個中國原則基礎上籤訂了劃分軍事分界線以及前沿部

隊脫離接觸的一系列協議，兩岸間軍事上敵意仍不可能完全消除。對於臺灣來講，為維持「政權」的生存，維護其周圍屬於中國的領土領海主權，包括防範來自大陸的軍事「吞併」（現實中可能不會發生，但卻沒有理由禁止臺灣當局作這種推測與防範），臺灣都會保持必要的武裝力量，甚至與外國發生某種軍事關係，如採購武器。從大陸方面看，為防止臺獨勢力捲土重來，大陸有理由繼續保持足夠的軍事威攝。所有這些都有可能引起對方的敵意和誤解。如何把這種難以避免的相互猜疑與防範限制在合理的範圍之內，是未來兩岸軍事安全互信機制應解決的問題。我們把解決這一問題而採取的具體措施統稱為降低敵意類措施。

4.宣誓類措施。宣誓類措施是指兩岸以通告、白皮書、聲明、施政報告、談話等文本形式宣布承擔某種義務，以表明沒有敵意或節制軍事敵對行為。宣誓類措施可以分為單邊宣誓措施或共同宣誓措施。1949年迄今，兩岸只使用過單邊宣誓的方式，如1958年金門炮戰中大陸發表《中華人民共和國國防部告臺灣同胞書》，宣布暫時停止炮擊，後又宣布「單日打雙日不打」；1979年1月1日發佈《大陸人大常委會告臺灣同胞書》，宣布停止炮擊，等等。臺灣方面，1958年10月以後，蔣介石以「光復大陸」代替軍事「反攻大陸」的口號，並明確「光復大陸以三民主義為主，以軍事為輔」，從而將1953年提出的「軍事第一，反攻第一」修改為「政治為主，軍事為從」；1981年4月國民黨「十二全」後，蔣經國表示「中華民國統一大陸的主要憑藉是三民主義而非武力」，也可稱得上是「節制」軍事敵對行為的宣誓類措施。在未來兩岸軍事安全互信機制建立過程中，共同宣誓的意義遠大於單邊宣誓，可視為軍事安全互信機制建立的代表。但並不能因此輕視單邊宣誓的作用。就其效力而言，單邊宣誓雖然是單方面決策的結果，但一經公佈，其道德約束力並不遜於共同宣誓。尤其需要指出的是，兩岸政治上的結構性矛盾，使雙方共同宣誓難度很大。因此，在兩岸政治軍事接觸的

初始階段，如果雙方能夠善用單邊宣誓，把單邊宣誓行為嵌入兩岸良性互動的過程之中，單邊宣誓未必不能造成雙邊宣誓的作用。當然，從兩岸和解的遠景看，最終還需採取共同宣誓措施。

5.通用透明類措施。通用透明類措施是指那些有助於增強兩岸軍事透明度和軍事互信，但影響範圍又不僅限於兩岸的措施。比如，定期公佈國防報告書、演習事先通報等。這類措施的效力不僅作用於兩岸，並且不需事先協商，單方面就可以公佈，所以嚴格講它不應是兩岸軍事互信的內容，至少不能把這類措施作為評判兩岸軍事安全互信機制是否建立的評價指標。但是，考慮到此類措施對增進兩岸軍事安全互信確有正面作用，在實踐中也是雙方判斷對方軍事政策的重要依據，我們也把它們認定為兩岸軍事安全互信機制的基本措施之一，稱之為通用性透明類措施。

6.人道救援合作類措施。考慮到在重大災難、兩岸人員經貿交流、兩岸經濟作業以及兩岸海空軍在臺海地區軍事活動中發生意外事故的人道救援中，為最大限度地提高救援效益，必要時確實不應排除使用軍事力量參與救援的可能，我們把人道救援合作類措施作為未來軍事安全互信機制一項基本措施。這是本構想七類基本措施中唯一可由兩岸軍事力量參與，且帶有合作意義的措施，其前提條件是確有需要、數量有限、僅用於人道救援的目的，並應基於雙方約定。我們把處理這一問題的所有規則統稱為人道救援合作類措施。

7.評估檢驗類措施。在我們提出的各種基本措施中，評估檢驗類措施是一種具有基礎意義、影響機制運行全局的措施。任何機制的有效運行離不開對執行情況的監督與核查。對兩岸軍事安全互信機制各種規則的遵守情況進行核查評估，或者對違約行為的申訴調查，也需要制定許多相應的程序和規則。我們把這些程序和規則統稱為評估檢驗類措施。需要注意的是，評估檢驗的內容不僅包括各

類基本措施及具體措施的執行情況,也包括對機制基本原則執行情況的評估檢驗,以驗證雙方行為是否符合一個中國原則,是否符合和平解決分歧以及平等協商等原則。

與冷戰時期歐洲兩大軍事集團與世界其他地區建立信任措施的實踐相比,本構想提出的未來兩岸軍事安全互信機制六類基本措施在名稱上有某些相似之處,但具體內容、解決的問題和體現的法理有很大區別,這是需要讀者特別注意的。

(三)具體措施

從化解兩岸軍事敵對、建立軍事安全互信機制需要解決的各種現實問題出發,根據上述基本措施的分類標準,對未來兩岸軍事安全互信機制的具體措施列舉如下:

1.交流接觸類具體措施。交流接觸的具體措施很多,如退役將領互訪、院校和智庫人員交流、共同舉辦軍事學術研討、前沿部隊指揮員的會晤、艦隊互訪、軍事基地的開放、參加對方航展、設立熱線、互派聯絡官、高層軍政領導人互訪等問題,都需要建立相應規則。

2.避免衝突類具體措施。避免衝突主要指在軍事分界線附近如何脫離接觸、防止誤判。這方面需要建立很多具體措施,例如,臺灣方面十分關注並且早就提出的劃分軍事分界線問題(臺灣方面稱「海峽中線」問題)、簽訂海峽行為準則、簽訂軍機空中接近行為規範、簽訂軍艦海上接近行為規範、劃定非軍事區,等等。根據結束戰爭理論關於「明文規定權利以資慎重」的原則,軍事分界線的劃分、脫離接觸等重大問題的解決必須透過交戰雙方談判,以書面協議的方式予以規定。不簽訂協議解決兩岸前沿軍隊如何劃分軍事分界線和脫離接觸的問題,就意味著兩岸仍處於戰爭的間隙狀態,臺灣的安全就得不到協議的保障。因此,這類具體規則是臺灣當局和民眾最為關心,也是未來兩岸軍事安全互信機制談判中臺灣當局

首先要提出的問題。其實在一個中國原則之下，這些規則的建立並不十分困難。

3.化解敵意類具體措施。主要包括：限制發展、部署和購買針對對方的高技術進攻性武器的各種措施，部隊換防調動事先通報的辦法，限制針對性軍事演習的次數、規模、時間、地點的規定，以及雙方戰略意圖的個別溝通措施等。

4.宣誓類具體措施。可能的方式包括：就兩岸和平問題各自發表聲明承擔義務、共同發表和平宣言、簽署和平協議等。

5.通用透明類具體措施。主要是定期公佈國防報告書、演習事先通報等。

6.人道救援合作類具體措施。主要包括海空難救援的具體規則、合作應對自然災害的具體規則以及合作應對重大災難事故的具體規則。

7.評估檢驗類具體措施。建立信任措施中的驗證性措施，如空中偵察、地面電子監測、觀察員實地檢查等，只要需要並取得雙方同意，原則上都可以列入未來兩岸軍事安全互信機制的評估檢查類措施。由於對機制基本原則執行情況的評估是評估檢驗類措施的重要內容，而機制基本原則涉及兩岸政治關係的重要問題，評估起來十分複雜，兩岸似應成立一個專門的委員會，專司評估檢驗職能，委員會的設置可與兩岸政治類機制一併考慮。

二、建立兩岸軍事安全互信機制的路徑選擇

路徑選擇是政策執行者為達到政策目標而在現實中採取的各種行動先後次序的選擇。路徑選擇對於政策執行的成效及成敗具有重要影響。領導者確定各種行動先後次序主要考慮兩方面的因素：一

是各種具體行動本身的因果關係；二是現實操作中的便利。

　　兩岸敵對六十多年，在軍事安全領域積累的矛盾繁多而複雜。作為處理兩岸軍事安全領域矛盾問題、謀求兩岸和平的政策選項，兩岸軍事安全互信機制內容十分廣泛，任何一個具體問題的解決都是兩岸和平的重要進步。從這個意義上講，兩岸軍事安全互信機制的建立，也可以借鑑先易後難的處理方式，靈活便利地加以推進。但是，兩岸軍事敵對的化解又是有規律的，這種規律要求在建立軍事安全互信機制的過程中，不可能總是繞著難題走，而是必須正視和解決那些影響全局的結構性問題。在兩岸軍事安全領域，存在一些看似非常簡單卻延宕多年不能解決的問題，原因就是結構性問題的制約，使各種問題常常呈現一種易中有難、難中有易，或者一方之易反為另一方之難的複雜關係。建立兩岸軍事安全互信機制的路徑選擇，既要遵循先易後難的便利原則，又必須遵循建立軍事安全互信機制的內在邏輯，勇於面對和解決制約兩岸和平的結構性問題。

　　上述基本原則、基本措施的關係已經體現了筆者對未來兩岸軍事安全互信機制各項行動內在邏輯的理解。從大的類型看，從交流接觸類、避免衝突類、降低敵意類再到評估檢驗類，措施次序的排列大致體現了筆者對各種措施實施的先後次序的理解。首先是開啟交流。不交流接觸，不開啟談判，兩岸就不可能結束敵對，解決諸如劃分軍事分界線、脫離接觸等臺灣當局關心的問題。其次是避免衝突。避免衝突的首要問題是劃分軍事分界線，以及確立雙方軍事力量在軍事分界線附近區域的行為規則。不劃分軍事分界線，臺灣當局就不能獲得合法的也是起碼的生存權（儘管不是永久的），所謂防止誤判與擦槍走火就是一句空話。從這個意義上說，兩岸政治領域的交流接觸開啟以後，面對首要的問題是確定兩岸在軍事上實際控制的區域，在一個中國原則基礎上，雙方承諾不以武力謀求改變目前實際控制線。如果這一過程進展順利，就奠定了雙方進一步

協商消除敵意措施的基礎，從而進入到建立消除敵意措施階段。反之，如果無視這一問題的存在，片面強調所謂降低大陸敵意與威脅，就可能會欲速則不達，甚至適得其反。尤其是故意渲染某些議題，企圖超越或掩蓋這一問題時更是如此。例如，臺灣方面一直炒作的「撤除飛彈」問題，按照上述次序應屬於降低敵意類措施。當溫家寶總理表示這一問題會最終解決時，民進黨立即表示：撤飛彈當然是一件好事，但不是最重要的事，因為飛彈撤除之後，隨時可以再重新佈置回來。[14]這充分說明，炒作歸炒作，實際上民進黨也不急於解決此問題。但凡頭腦稍微冷靜的人都知道，對於臺灣當局和民眾來說，解決「撤除飛彈」問題遠不如解決「海峽中線」問題那樣重要與迫切。

基於同樣的道理，儘管「海峽中線」問題對於臺灣方面如此重要和迫切，但由於兩岸軍方沒有交流接觸，談判遲遲不能進行，即使堅持一個中國原則、承認「九二共識」的國民黨泛藍集團在臺灣執政，劃分軍事分界線問題也不能自然得到解決。

相比較而言，人道合作救援類措施是受政治因素影響最小的措施。因此，即使在2000年至2008年兩岸關係相對緊張的時期，兩岸（主要是大陸方面）包括軍事力量在內的各種力量也能主動配合對方，採取一些臨機自發的合作救援行動，這主要基於對生命的敬重和兩岸血濃於水的民族感情的考慮。如果未來兩岸能夠建立軍事安全互信機制，這方面的合作應該能夠進一步得到機制的保障，合作救援的時效也會更加明顯，從而更好地造福於兩岸軍民。

在本構想提出的七類基本措施中，比較特殊的是評估檢驗類措施。評估檢驗類措施作用於兩岸軍事安全互信機制的各類措施，並包括基本原則的執行情況。因此，此類措施的外延必然是隨著軍事安全互信機制建立過程、互信程度而呈現開放、變動的特徵。兩岸在建立軍事安全互信機制的進程推進一步，客觀上都會要求評估檢

驗類措施跟進一步。基於同樣道理，在兩岸連軍事分界線都沒有劃定，或者兩岸就導彈議題還沒有形成基本的解決思路時，就幻想深入到對方的軍事基地或導彈陣地去檢查也是不現實的。

從交流談判、避免衝突、降低敵意，再到評估檢驗，以上各類措施環環相扣的邏輯和時間上的先後次序，是結束戰爭基本規律在建構兩岸軍事安全互信機制過程中發揮作用的結果。從這個意義上講，某項措施實行的先後次序，其實與難易程度、迫切程度既有關係，又無關係。因為，所謂迫切程度、難易程度常常只是代表了單方面的判斷，而只有雙方（有時可能還要考慮第三方的因素）都認為某項措施很迫切、較容易、利大於弊時，該措施才有可能優先得到實施。這就提出了政策推行中的操作便利問題。

從操作便利的角度看，上述幾項基本措施的先後次序也並非完全不可以打亂，但前提是雙方應秉持善意，在一個中國原則下暫時擱置而不是故意否認某些問題的存在。當然，首要的還是先交流接觸。

交流是互信之母，隔絕是誤解之源。越是有敵意，越要加強溝通交流，而不是關閉交流的大門。兩岸關係錯綜複雜的發展歷史告訴我們，兩岸應探索建立一種常態化的交流機制，其中包括軍事方面的交流機制，並且使這種機制不因兩岸敵意的增加而中斷。畢竟兩岸同為一家，即使兵戎相見，也屬萬不得已，終須化解恩怨，握手言和。因此，完全沒有必要一有風吹草動就中斷交流。況且，只要兩岸相互配合默契，建立適宜的交流機制，也並不必然導致「主權」上的相互承認，從而改變兩岸關係的性質。推進兩岸軍事安全互信機制，當前最重要的就是從擴大交流入手。不交流，不接觸，不談判，兩岸軍事安全互信機制永遠只能是空中樓閣。

當然，交流接觸也是分層次的。政治軍事談判是兩岸交流接觸的最完備形式，必須由兩岸官方授權實施。如果囿於條件所限，開

啟兩岸政治軍事談判確有困難，民間交流應該可以先行。從退役將領到現役軍人，從純民間的學術交流到「二軌」會談，從院校智庫教學科學研究人員到指揮軍官，從低層次到高層級，從秘密渠道到公開渠道，從一般性訪問接觸到開展正式談判，在不同階段、領域和層次上，許多工作可以分開來做。就交流的議題而言，既可以直接觸及劃分軍事分界線等屬於結束軍事敵對、避免衝突的問題，當然也可以就降低敵意的各項議題，甚至如何檢驗評估等問題交換意見。就避免衝突與降低敵意兩岸措施而言，也不一定非要前一類措施實行之後，再實施後一類措施。如果兩岸能夠在一個中國原則基礎上，首先就降低敵意達成部分解決措施，同樣有益於化解兩岸軍事敵對，增進兩岸互信，促進兩岸關係和平發展。關鍵在於兩岸能夠互釋善意、累積互信，而互信的基礎就是堅持體現一個中國原則的「九二共識」。

注　釋

[1].《馬克思恩格斯選集》，第1卷，北京：人民出版社，1995年版，第585頁。

[2].李家泉：《關於兩岸軍事互信和政治互信的關係》，中國評論新聞網，2009年9月25日。

[3].《羅援少將：兩岸建立軍事互信，有九大好處》，中國評論新聞網，2009年1月5日。

[4].王衛星：《兩岸軍人攜手共建軍事安全》，中國評論新聞網，2009年2月3日。

[5].《兩岸軍事安全互信機制須創特殊模式》，中國評論新聞網，2010年8月29日。

[6].參見本文第一章第一節相關內容。

[7].此表由翁明賢、吳建德製作，參考翟文中：《兩岸軍事信

心建立措施的建構：理論與實際》，《「國防」政策評論》（臺北），第四卷第一期，2003年秋季，第48—58頁；陳必照主持：《兩岸建立軍事互信機制之原則與作法》，臺灣「行政院大陸委員會」專案研究報告，2000年11月，第180—199頁。參見翁明賢、吳建德：《兩岸關係與信心建立措施》，臺北：華立圖書股份有限公司，2006年9月版，第482—483頁。

[8].資料來源：翁明賢、吳建德主編，王昆義、沈明室等著：《兩岸關係與信心建立措施》，臺北：華立圖書股份有限公司，2006年版，第483—485頁。

[9].參見本文第一章第二節。

[10].《美智庫：兩岸應營造環境 建立軍事信心機制》，中國評論新聞網，2010年1月13日。

[11].卜睿哲：《臺灣的未來——如何解開兩岸的爭端》，林添貴譯，臺北：遠流出版事業股份有限公司，2010年版。以下卜睿哲的主要觀點主要取自本書第10章，第310—349頁。

[12].卜睿哲：《臺灣的未來——如何解開兩岸的爭端》，林添貴譯，臺北：遠流出版事業股份有限公司，2010年版，第383—388頁。

[13].海基會表述為：「在海峽兩岸努力謀求國家統一的過程中，雙方雖均堅持一個中國的原則，但對於一個中國的涵義，認知各有不同。」海協會表述為：「海峽兩岸均堅持一個中國的原則，努力謀求國家統一，但在海峽兩岸事務性商談中，不涉及一個中國原則的政治含義。」引自《中國共產黨總書記胡錦濤與親民黨主席宋楚瑜會談公報（二〇〇五年五月十二日）》，《人民日報》，2005年5月13日，第1版。

[14].《民進黨稱不須誇大與美化「最終撤彈」說》，中國評論新聞網，2010年9月24日。

第六章 兩岸軍事安全互信機制的未來前景

　　2008年5月，兩岸關係因以馬英九為代表的泛藍集團在臺灣取得執政地位而迎來了一個難得的歷史機遇期。兩岸本應抓住這一新的歷史機遇，充分借鑑世界各個國家和地區建立和平機制的優秀理論成果，深入總結和吸取兩岸謀求和平與安全互信的歷史經驗與教訓，開啟兩岸軍事交流與接觸的大門，透過協商談判建立軍事安全互信機制，為兩岸和平與安全提供製度化保證。但由於各種複雜的原因，兩岸政治軍事談判遲遲不能進行，關於軍事安全互信機制的討論仍處於各說各話的階段。隨著馬英九任期結束的臨近，人們臆想中的一個個所謂「機遇之窗」都悄然而去。與2008年相比，和平協議、軍事互信等政策目標似乎更加遙不可及。人們不禁會問，臺海兩岸兩支軍隊持續了六十多年的敵對狀態難道真的如此宿命般地不可改變嗎?兩岸軍事安全互信機制的未來前景究竟會如何?本章首先分析描述兩岸政治互信、台灣政治、美國因素、大陸的政治創新等四種因素對建立兩岸軍事安全互信機制的作用機理；考慮到兩岸軍事對抗是兩岸建立軍事安全互信機制不容迴避的大背景，本章用一節篇幅討論軍事對抗對兩岸軍事安全互信機制前景的複雜影響；最後對未來10至15年建立兩岸軍事安全互信機制的幾種可能作出前瞻性分析。

第一節 影響兩岸軍事安全互信機制未來前景的主要因素

一位美國談判能手曾經指出，雙邊談判需要達成三項協議——一項是談判桌上雙方需要達成的協議，另外兩項是每一方內部需要達成的協議。[1]與普通雙邊談判的不同之處在於，由於以美國代表的國際勢力幹涉，建立兩岸軍事安全互信機制實際上可能不只需要達成三項協議，而是四項、五項，甚至更多。因此，影響建立兩岸軍事安全互信機制的因素也更為複雜。

一、兩岸政治互信

兩岸政治互信是指兩岸公權力機關圍繞彼此權力性質、相互關係定位以及處理與發展相互關係基本原則等問題而相互抱持的期待及信心。兩岸政治互信是具體的、歷史的，它產生於特定的歷史條件，同時也針對特定的問題而存在。比如，二十世紀五十年代金門炮戰中，兩岸形成了共同堅持一個中國原則的默契，這一默契為兩岸彼此之間在一定程度上容忍對方存在提供了可能。但是，由於當時兩岸對未來中國政治前景的設想毫無交集，因而雖然兩岸都堅持中國未來必將統一，但現實中都以「漢賊不兩立」的態度處理彼此關係。再比如，1992年兩會達成的「九二共識」奠定了兩岸事務性交往的基礎，也一度成為兩岸政治互信的基石，至今也還發揮重要作用。但是，由於「九二共識」不能解決兩岸官方交流中產生的身份確認問題，因而它不足以成為兩岸政治交流與談判的互信基礎。

兩岸軍事安全互信機制是兩岸公權力機關為把兩岸關係和平發展的初期階段推向兩岸關係和平發展的穩固階段而在軍事安全領域

採取的一系列措施。作為建立軍事安全互信機制重要組成部分和前提的兩岸政治互信同樣具有和平發展初期的階段性特徵。首先，它不能違背一個中國原則，也就是說，這種政治互信應當建立在對「兩個中國」、「一中一臺」和「臺灣獨立」排除的基礎之上。其次，它只是一個維持兩岸政治現狀的互信，而不是一個直接達成統一目標的政治互信。從這一階段性特徵出發，兩岸政治互信可能包括以下兩個方面：

對中國大陸來說，它希望臺灣當局在以後相當長的歷史時期能夠信守堅持「九二共識」、反對臺獨的基本立場。對於臺灣當局來說，它希望大陸能夠在這一歷史時期能夠充分體認到兩岸並未統一這一事實，適當滿足臺灣當局在「國際空間」、軍事安全等方面的需求。

以上兩個方面概括起來就是：在兩岸關係和平發展的歷史階段，大陸方面希望臺灣當局能夠給予它「不獨」的承諾與信心；臺灣當局則希望大陸方面能夠給予它「不統」的承諾與信心；二者缺一不可。由此可見，僅就滿足兩岸關係和平發展的需要而言，兩岸政治互信還有很長的路要走。

為鞏固和發展兩岸政治互信，大陸提出了「一個中國框架」的概念。2012年7月28日，全國政協前主席賈慶林在第八屆兩岸經貿文化論壇開幕式上發表講話指出，當前，增進政治互信就是要維護和鞏固一個中國的框架。兩岸雖然尚未統一，但中國的領土和主權沒有分裂。一個中國框架的核心是大陸和臺灣同屬一個國家，兩岸關係不是「國與國」關係。兩岸從各自現行規定出發，確認這一客觀事實，形成共同認知，就確立、維護和鞏固了一個中國框架。在此基礎上，雙方可以求同存異，增強彼此的包容性。2012年11月，大陸把「一個中國框架」寫入了中共十八大報告。十八大報告還指出，希望雙方共同努力，探討國家尚未統一特殊情況下的兩岸政治

關係,作出合情合理安排。這同樣是對建立兩岸政治互信的主張。學界普遍認為,「一個中國框架」是一個更有包容性的概念,是將剛性的「一中原則」和保留差異的「九二共識」冶於一爐。[2]筆者認為,作為一個包容性更強的概念,「一個中國框架」包含極大的善意,值得臺灣方面認真思考與對待。首先,「一個中國框架」並沒有直接處理兩岸統一的問題,因而也就不存在所謂「統一即投降、被統治」的疑慮問題 [3]。其次,「一個中國框架」又是對兩岸關係現狀的準確描述和規範,是對臺獨、「兩個中國」、「一中一臺」的排除,從而把兩岸關係定位為既非一個正常的統一國家內部兩個部分之間的關係,也非國與國之間的關係。「一個中國框架」所體現的政治互信與建立軍事安全互信機制所需要的政治互信在程度上是相當的,可以作為建立兩岸軍事安全互信機制的政治基礎。

必須指出的是,兩岸政治互信的建立不僅是某個特定的名詞與概念的確立,更存在於兩岸圍繞政治問題相向而行、良性互動的過程,體現為一種相互理解、相互包容、共同維護兩岸大局的互動關係。蘇起在評價「九二共識」在馬英九時期改善兩岸關係的作用時所指:「再怎麼說,它只是一個名詞。如果要比喻,它比較像冰山露出水面的一角。真正促成兩岸和解的,是隱藏在水面下、國共兩黨之間自2005年以後建立起來的政治互信。」[4]「國共高層不少人親身經歷過兩岸關係的幾度翻轉,深知兩岸關係的基礎仍屬脆弱,互信易說不易做,易失不易得,所以在處理相關細節時多能謹小慎微,力求雙贏。」[5]蘇起的論述指出了兩岸建立政治互信的兩個關鍵:一是兩岸政治互信名與實的關係,即兩岸政治互信不論以何種方式表述,都必須具體為兩岸黨政之間的信任關係。二是達成兩岸政治互信的路徑,蘇起以「謹小慎微」一語道破「存異」之艱難。

總之,建立兩岸政治互信,「僅在『堅持一中』的意願上『求同』是不夠的,還必須找到『存異』的路徑與方法,才能使兩岸關

係真正轉入和平發展的軌道。」[6]為此兩岸都有責任創造更大空間,做出更大努力。

二、臺灣政治

臺灣的大陸政策始終是台灣政治博弈的結果,在兩岸軍事安全互信機制議題上也不例外。所謂臺灣政治因素,簡單地說就是國、民兩黨各自代表一部分臺灣民眾,圍繞建立軍事安全互信機制這一議題,在臺灣現行「民主憲政」制度之下而展開的博弈及其結果。

一般地說,國民黨對建立兩岸軍事安全互信機制是贊成的。在國民黨榮譽主席連戰先生2000年臺灣總統選舉文宣、2005年4月訪問大陸發表的「胡連會」新聞公報中,都有建立軍事互信機制的內容。2008年馬英九當選後,多次提出將建立兩岸軍事互信機制與簽署和平協議作為重要施政目標。2011年10月17日,馬英九在連任選戰中仍然提出,未來十年將在滿足三個前提條件的情況下,審慎斟酌是否洽簽兩岸和平協議,迫於民意壓力,三天後又把「公民投票」作為條件是否成熟的標準。[7]雖然馬英九當局沒有將建立軍事安全互信機制付諸實施,上述事實足以顯示,擱置處理兩岸軍事安全互信機制問題,似乎不是馬英九領導的國民黨執政當局的本意。國民黨的這種態度是建立在多年來國共兩黨在堅持「九二共識」、反對臺獨的政治互信的基礎上的。可以預計,即使未來國民黨進入後馬英九時代,在國、共兩黨政治互信不發生逆轉的情況下,預計國民黨將會繼續堅持,至少不會排斥建立兩岸軍事安全互信機制的主張。

民進黨則不然。民進黨至今仍堅持「臺獨黨綱」,認為維護臺灣「事實上的獨立地位」,最終爭取到法理上的「臺灣獨立」,才是臺灣的核心利益所在。在這種認知下,民進黨在陳水扁時期就對

建立兩岸軍事互信機制提出了很多版本，但前提都是「一邊一國」、臺灣「主權」「事實獨立」。2008年以後，民進黨一面炒作大陸軍事威脅，一面極力杯葛與抹黑馬英九當局緩和與改善兩岸關係的一切措施。這其中固然有政黨惡鬥的成分，但更重要的原因在於，馬英九當局在「九二共識」基礎上與大陸發展關係，與民進黨「一邊一國」的臺獨理念有原則區別。從民進黨「轉型」的艱難程度看，在可預見的將來，很難指望民進黨會主動放棄「一邊一國」的理念。

在國、民兩黨主張相對甚遠的情況下，未來建立兩岸軍事安全互信機制政策，離不開臺灣「憲政」體制的調節。2011年10月，當馬英九提出「兩岸和平協議」議題遭到民意反彈以後，馬英九進一步把「公民投票」作為條件是否成熟的標準，稱「公投」沒過，就不會簽和平協議。2012年臺灣選舉中，民進黨候選人蔡英文也提出了所謂「臺灣共識」。雖然蔡英文並沒有清楚地解釋「臺灣共識」的具體含義，但無疑這只是為其臺獨理念找一種新包裝。以臺灣現有政治生態情況看，當局的大陸政策必須得到多數民眾的認可。因此，和平協議必須經由「公投」透過才能生效很難改變。然而，未來建立兩岸軍事安全互信機制是否也需要「公投」呢？這取決於臺灣當局的認知。筆者以為，未必。因為建立軍事安全互信機制雖然也需要兩岸共同簽署一些文件，但它畢竟只是穩定臺海局勢、強化兩岸和平的舉措，其複雜程度與作用範圍要小於和平協議，締結資格與批准層級方面也應低於和平協議。如果把建立軍事安全互信機制理解為從兩岸軍事交流、對話發展到逐步解決各具體問題的漫長過程，進行公民投票就更無可能與必要。但是，如果要形成具有約束力的具體措施，「立法院」的監督批准看來是難以避免的。

經過2008年以來的幾次反覆，在臺灣，啟動建立軍事安全互信機制步伐的政治門檻變得更高了。這當然為未來建立軍事安全互信機制帶來了更大的難度，但這只是問題的一方面。另一方面，這也

並非完全是一件壞事,第一,不管是「公投」還是「立法院」批準,它本身都有整合民意的作用。第二,批準層級高意味著合法性強,如果協議能夠透過,執行起來阻力更小。因此,所謂門檻升高只反映了臺灣民眾意願對臺灣當局大陸政策影響力的提升,它是臺灣現行民主政治框架之下藍綠博弈的產物。這並非簡單意味著建立軍事安全互信機制更加高不可攀,但啟示各方在推行軍事安全互信機制政策時,必須更加注重臺灣民眾的感受。

三、美國因素

建立兩岸軍事安全互信機制是兩岸中國人之間結束軍事敵對的行為,必須透過兩岸之間的雙邊談判達成協議,這是一條基本原則。但是,從中、美、臺三邊軍事安全關係的角度看,兩岸建立軍事安全互信機制不僅是兩岸軍事關係的重大事件,也將對中美、美臺安全關係產生重要影響。美國雖然不是建立兩岸軍事安全互信機制的一方,但必將對此保持高度關注甚至敏感。作為有可能同時對臺海兩岸發揮重要影響的一方,美國也有足夠的實力與地位對兩岸軍事安全互信機制的建立發揮重大影響。在理論研究中把美國因素作為影響兩岸軍事安全互信機制一個重要變量,有助於加深我們對這一問題的認識和理解。

美國對兩岸建立軍事安全互信機制的關注源自於美臺之間傳統的安全合作關係。第二次世界大戰結束以後,美國為維護其在東亞的利益,以各種形式介入中國內戰。1949年國黨退臺,美國對新生的中華人民共和國採取了敵視和拒絕承認的態度,仍與臺灣國民黨當局保持著「外交」與軍事同盟關係。二十世紀七十年代,中美兩個大國開始接近,美國逐步接受了一個中國的立場,並承認中華人民共和國是中國的唯一合法政府,臺灣是中國的一部分。在此基礎上,中美兩國於1979年1月1日建交。但是,美國隨後又制定了所謂

「臺灣關係法」，以國內法的形式與臺灣保持著安全上的合作關係。1982年8月17日中美兩國簽訂了《聯合公報》，對解決美國售臺武器問題作了原則規定。但此後特別是冷戰後的實踐證明，美國政府並沒有也無意遵守《八一七公報》確定的解決售臺武器的基本原則。美臺之間這種由來已久的安全合作關係對兩岸建立安全互信機制產生了兩個方面的影響：對美國而言，始終將臺灣視為美國在東亞的重要戰略資產，兩岸建立軍事安全互信機制必須以不損害美國利益為前提。如果美國發現該機制的建立可能削弱美國對兩岸的控制或者使美國處於情況之外，一定會感到焦慮並阻止該機制的建立。另一方面，對臺灣當局而言，始終將美國視為最可靠的安全保障，建立兩岸軍事安全關係必須以不損害美臺傳統安全關係為限。如果得不到美國許可，或者認為可能會損害美臺安全合作，無論任何黨派在臺灣執政都不敢越雷池半步。

中美構建新型大國關係的未來前景將會影響到美國對兩岸軍事安全互信機制的態度。中美關係變遷歷來是影響美國對臺政策的重要因素。2012年2月，習近平主席訪美期間，提出要構建「前無古人，但後啟來者」的新型大國關係倡議，並得到美國積極響應。中美建立新型大國關係是在中國國力迅速崛起大背景下，中美兩國試圖破解歷史上後起大國與守成大國必然走向衝突這一難題而作出的戰略性選擇。中美新型大國關係的核心是不衝突不對抗、相互尊重、合作共贏。如果在中美共同建立新型大國關係進程相對順利，中美互信與合作逐步加深，共同利益不斷擴大，美國支持兩岸改善關係的願望將會加強。反之，如果這一過程前途渺茫，特別是如果中美在臺海周邊亞太地區熱點問題上互疑多於互信、衝突大於合作，美國能對兩岸建立軍事安全互信機制「開綠燈」的可能性會顯著降低。

兩岸在軍事安全互信機制問題的溝通模式及其結果也會影響到美國對該問題的態度。臺灣希望借助美國力量與大陸談軍事安全互

信機制，但美國其實並無意承充當兩岸的調解人和擔保人，而只願意發揮傳遞訊息、提供知識的角色。[8]然而這絕不意味著美國甘於置身事外。因此，儘管建立軍事安全互信機制需要兩岸雙方直接溝通談判，但在這一過程中如何滿足美國的關切，應該會成為影響美國對兩岸建立軍事安全互信機制態度的重要因素。另外，兩岸關於建立軍事安全互信機制問題的溝通結果也會影響美國態度。類似美國售臺武器問題、兩岸聯手維護中華民族固有領土主權和海洋權益等問題是否納入未來兩岸軍事談判的議題，會對美國態度產生直接影響。[9]

最後需要指出的是，儘管當前美國因素仍然影響巨大，但其作用發揮也是有限制的。首先，中美力量對比此消彼長的變化，決定了美國因素的影響力總體呈下降趨勢。最重要的是，美國為一己之私，利用中國內戰導致的分裂局面粗暴干涉中國內政的做法，既缺少法理依據也缺少道義支撐。如果美國不能從謀取一己私利的泥淖中解脫出來，轉而在創造臺海和平中發揮負責任大國的建設性作用，美國因素就不會從根本上改變非法、非正義的屬性，從而決定了其作用即使再大也終難持久，甚至走向消亡。

四、大陸的政策創新

大陸的政策創新是指黨和政府在為實現國家統一目標，在制定行動方案或行動準則中所體現的創造性、靈活性與包容性。作為兩岸力量對比處於絕對優勢地位的一方，大陸的政策創新對兩岸關係發展具有極大影響，也是推進兩岸建立軍事安全互信機制的重要動力。

在2004年的「5·17聲明」聲明中大陸就表示，只要臺灣當局摒棄臺獨主張，停止臺獨活動，兩岸就可恢復談判對話，建立軍事互

信機制。儘管在當時臺獨分裂勢力猖獗的條件下，兩岸不具備商談建立軍事安全互信機制的基本條件，但「5·17聲明」卻是以胡錦濤為總書記的中共領導集體對臺政策創新的重要文件。此後，大陸的一系列政策創新活動，為制止臺獨分裂活動、維護臺海和平、促成2008年以後兩岸關係和平發展局面發揮了重要作用。[10]

2008年兩岸關係步入和平發展軌道以後，以2012年12月31日胡錦濤發表《攜手推動兩岸關係和平發展　同心實現中華民族偉大復興》重要講話為代表，明確提出實現和平統一首先要確保兩岸關係和平發展的重要論斷，並且從推進政治互信、推進經濟合作、加強文化交流、擴大人民往來、協商涉外事務和解決政治軍事問題等6個方面提出了具體的政策主張，從而把兩岸關係和平發展重要思想貫徹到對臺政策的各個方面，形成了新的對臺工作政策體系。關於兩岸軍事安全互信機制問題，胡錦濤在「12·31講話」以及2012年的中共十八大報告中，都提出了鄭重呼籲。同一時期，國臺辦、國防部發言人多次表示，對於臺灣方面關心的軍事安全方面的具體問題，可以在兩岸探討建立軍事安全互信機制的時候進行討論。應當說，在軍事安全互信機制問題上，2008年以後大陸方面的政策創新是有目共睹的。儘管臺灣和美國仍有一些人不停地鼓吹所謂「大陸軍事威脅」，有的人還要求要求大陸單方面撤除對國軍事部署，並以此作為談判的條件 [11]，但是大陸始終以鄭重、理性、溫和、耐心的方式回應。從政策分析的角度看，2008年以後，大陸主動適應兩岸關係的新變化，迅速提出促進兩岸關係和平發展的新目標，並把和平發展的理念貫徹到包括政治、軍事在內的兩岸關係各領域，充分顯示其政策調整之徹底，從而使整個對臺政策顯現出高度的一致性、協調性與均衡性。相比較而言，臺、美方面則比較欠缺，臺灣當局所謂「先經後政」常常表現為「只經不政」，時時處處不忘彰顯兩岸軍事敵對關係，對軍事談判與對話退避三舍。美國方面雖一再表示支持兩岸和平對話，但也顧慮重重，難以落到政策與行動

上。

2012年11月中共領導集體順利換屆。各方紛紛從新一代領導集體的經歷、性格、權力構成等方面，分析這次換屆對中共未來對臺政策可能產生的影響，總的評價是積極的。比較有代表性的如蘇起認為：「中共的新領導、國力、思想會使北京在對臺政策上既能大開，也能大闔，既能更軟，也能更硬。過去不敢給的，可能會給；不敢拿的，可能會拿。」[12]果真如此，這意味著中共新一代領導集體在對臺政策創新方面將展現更大的魄力，從而有助於打破當前兩岸政治、軍事等領域的各種僵局，其中也包括建立軍事安全互信機制問題。在此，筆者無意排除大陸在軍事安全互信機制問題上表達更多善意的可能，只想補充強調這樣一個事實，即大陸對臺政策的創新曆來都是有條件的。首先，必須考慮到政策的原則性與持續性。無論何種情況下，中共都不會放棄國家統一的最終目標。根據這一目標破解兩岸關係和平發展時期兩岸面臨的政治軍事難題，必須以堅持「九二共識」、反對臺獨為政治基礎。其次，必須有臺灣方面的善意配合。如果未來臺灣方面再次產生一個敢於挑戰一個中國原則的行政當局，大陸對臺政策中「硬」的部分必將再次凸顯。最後，必須有良好的國際環境。國際環境特別是美國因素對中共對臺政策影響巨大。很難設想，如果沒有1979年中美建交所造成的國際環境改善特別是兩岸和平統一可能性的增大，中共會制定「和平統一」的政策。[13]同樣，如果沒有美國一連串不負責任、背信棄義的言行，1995—1996年臺海危機也許根本就不會爆發。

總之，兩岸關係和平發展的歷史條件為大陸的對臺政策創新提供了新機遇，但中共對臺政策創新從來都不是一個孤立的事件，在看到大陸的和平願望、創新動力以及政策創新空間的同時，各方也應清楚意識到自己的責任，把和平的願望體現在相向而行建立互信的實際行動上。

第二節 軍事對抗與兩岸軍事安全互信機制未來前景

研究兩岸軍事安全互信機制未來前景，不能撇開兩岸軍事對抗這一基本背景。在大陸鄭重提議商談建立軍事安全互信機制的新形勢下，臺灣當局屢次把「中共軍力擴張」、「中共迄今未放棄對臺動武」，作為影響亞太區域穩定以及臺灣未來發展「重大威脅」[14]，甚至把「放棄對臺動武」作為與大陸進行軍事交流的前提。如何看待這些指責？軍事對抗與軍事安全互信機制的關係究竟為何？本節首先闡述軍事對抗與建立軍事安全互信機制的辯證關係，然後透過分析兩岸和平發展新需要對軍事安全戰略提出的新要求，提出一種有益於建立軍事安全互信機制、創造兩岸永久和平的新型軍事安全戰略。

一、建立軍事安全互信機制的目的是結束兩岸軍事對抗

兩岸軍事對抗是1949年以來臺灣海峽兩岸中國領土和兩個由中國人組成的公權力機關運用武裝力量進行的對抗，它主要表現為兩岸自1949年以來所發生的各種衝突與戰爭，以及為準備戰爭而開展的戰略籌劃、軍隊建設、教育訓練、武器裝備研製與採購、軍事外交等各種軍事實踐活動。兩岸軍事對抗是兩岸敵對狀態尚未結束在軍事領域的表現。

應區別兩種不同性質的軍事對抗：一種是兩岸為爭奪中國「中央政府」的正統地位而導致的軍事對抗。1949年10月1日，中華人民共和國中央人民政府宣告成立，宣布「本政府為代表中華人民共和國全國人民的唯一合法政府」。當時，全國尚有1/3的地區處於

國民黨統治之下，在西南地區、中南和西北部分地區以及華東的閩南地區和沿海島嶼，還有140餘萬國民黨軍隊。「國民政府」從南京先後輾轉廣州、重慶、成都，12月8日遷往臺灣，繼續以中國「中央政府」名義自居，宣稱「主權」及於整個中國大陸，並占據中國在聯合國席位，與數十個國家保持「外交關係」。此後，兩岸在各自在「解放臺灣」、「反攻大陸」的口號下，進行了長達二十一年的軍事爭奪。1979年後，上述口號先後分別被「和平統一、一國兩制」、「三民主義統一中國」所取代。現在，儘管兩岸已經很久沒有發生衝突與戰爭，但兩岸仍存在兩個相互敵對、相互否認的公權力系統，由政治分裂而引發的軍事對抗也未結束。

另一種是由於臺獨勢力企圖使臺灣脫離中國而導致的兩岸軍事對抗。由於不同的歷史認知以及對現狀不滿等原因，一部分生活在臺灣的中國人產生了想把臺灣從中國領土主權中分離出去的想法。二十世紀九十年代中期至2008年，抱持這種想法的人一度占據了臺灣政壇，製造了一系列可能導致臺獨的事變，引發了兩岸軍事危機與對抗升級，從而結束了從1965年至1995年兩岸事實上無重大軍事危機與衝突的局面。

軍事的根本特性是對政治的從屬性。以上兩種軍事對抗，僅從軍事的角度很難區分，但只要稍具政治眼光，區分並不難。畢竟，「戰爭只不過是政治交往的一部分，而決不是什麼獨立的東西」，「戰爭有它自己的語法，但是它並沒有自己的邏輯」。[15]在現實中，以上兩種軍事對抗隨著臺灣當局的統「獨」傾向不同呈現十分複雜的組合。總體而言，前一種軍事對抗始終存在，但比重呈下降趨勢；後一種軍事對抗則呈現某種間歇性和階段性特徵。間歇性特徵取決於臺灣週期性選舉的結果，而階段性特徵則取決於臺灣當權者臺獨傾向與行為的影響力。

從理論上講，上述兩種性質的軍事對抗都可以透過建立軍事安

全互信機制得以結束。「世界上只有一個中國,中國主權和領土完整不容分割。1949年以來,大陸和臺灣儘管尚未統一,但不是中國領土和主權的分裂,而是上個世紀40年代中後期中國內戰遺留並延續的政治對立,這沒有改變大陸和臺灣同屬一個中國的事實。」[16]兩岸政治紛爭的這種性質決定了,1949年以來一直持續的兩岸軍事對抗,雖然在臺獨勢力執政期間增加了一些新的誘發因素,兩岸及國際環境的變遷、武器裝備的高科技化也使兩岸軍事對抗拓展到一些新領域、衍生出一些新問題 [17],但是兩岸軍事對抗仍是在一個國家內部發生的,也從未脫離內戰的範疇。[18]未來兩岸軍事安全互信機制如果能夠建立,其前提是共同承認兩岸軍事對抗的上述性質。即使依照臺灣方面「一個中國就是中華民國」的表述,也應理解為是對「臺灣獨立」、「兩個中國」、「一中一臺」的排除。因此,如果兩岸能夠在一個中國原則基礎上建立軍事安全互信機制,代表著兩岸共同承諾和平化解政治分歧,軍事對抗將正式走入歷史。

然而問題在於,在臺灣現行法律制度下,臺獨已經獲得了合法的存在權,不僅人民團體可以「主張分裂國土」[19],而且像陳水扁那樣的公職人員也可公然主張「一邊一國」、推行「去中國化」。儘管他的言行有違「中華民國憲法」關於「一個中國」的規定,但卻難以受到追究。「臺灣的前途和命運應由2300萬人決定」這種似是而非的口號成為台灣無人敢於挑戰的「神聖法則」。在這種情況下,即使將來兩岸能夠建立軍事安全互信機制,臺獨勢力仍會運用各種手段加以干擾破壞。同時,由於週期性選舉導致的臺灣總統「獨」傾向的不確定性,也可能使已經建立的軍事安全互信機製麵臨「人走茶涼」、「人去政息」的命運。上述情況的出現無疑會增大兩岸軍事安全互信機制建立的複雜性,使結束兩岸軍事對抗帶有更大的不確定性。

當然,不管形勢多麼複雜,如果未來兩岸能夠建立軍事安全互

信機制，代表著兩岸共同堅持一個中國原則、反對臺獨的政治互信已經達到一個更高水平。在這種情況下，臺獨勢力即使一時難以根除，其危害也有望限制在一個可控的範圍之內。因而，兩岸軍事對抗也能夠基本結束。

二、科學實施軍事對抗對建立和鞏固軍事安全互信機制具有積極作用

建立軍事安全互信機制是以和平談判的方式結束兩岸軍事對抗，進而為兩岸展開其他領域的談判與合作創造條件的軍事活動。提出建立軍事安全互信機制體現了大陸為兩岸人民謀福祉、為臺灣地區謀和平的真誠願望。但也應看到，如果放棄鬥爭、單純以合作求和平，和平可能會更加遙遠不可及。面對臺獨勢力的挑釁，針鋒相對甚至最後不惜以升級軍事對抗的方式遏制其無理要求，不僅是維護兩岸和平正義性、合法性的需要，也能夠喚起那些真正熱愛和平的人行動起來，為結束兩岸軍事敵對而鬥爭。

回顧兩岸軍事安全互信機制議題發展演變的歷史，有兩個熱議兩岸軍事安全互信機制的高潮時段，一個是1995—1996年臺海危機之後，另一個是2008年馬英九上臺以後，這兩個時間點都發生在因臺獨分裂活動引發的軍事對抗或軍事危機以後。應當說，這種時間上的因果關係實非偶然，而是對剛剛發生的軍事對抗與危機反思的結果。從這個意義上講，一定程度的軍事對抗對建立兩岸軍事安全互信機制並非沒有積極作用。

軍事對抗對兩岸軍事安全互信機制的積極作用，不僅表現在機制建立前能夠激發人們建立軍事安全互信機制以防止軍事對抗的需求，還表現在機制建立後為謀求和平紅利，同時也為避免發生雙方都不願看到的軍事對抗而不斷強化彼此遵守機制的願望，從而造成

鞏固機制、強化和平的效果。這裡發揮作用的其實有兩種信任,即積極信任與消極信任。

根據動機與來源不同,信任可以劃分為積極信任與消極信任。所謂積極信任,就是有情感的信任,即相互認同、自願承擔的信任,通常能給施信者帶來正向收益。A與B達成某種安排,A與B都確信,他們各自遵守這種安排的收益將大於其成本,而且A與B都清楚地知道對方的上述判斷,這樣A與B就建立了基本的互信。而消極信任,則是一種被動與被迫的信任,往往是處於外在壓力、權力不對等、制度和結構的壓力而「不得不」信,常常與懲罰等消極後果相聯繫。A不允許B做某事,並聲稱一旦B做某事,將施以某種懲罰,B清楚地知道A的立場,並認為如果做了某事,A將履行諾言,B就對A產生了消極互信。[20]消極信任大致相當於威攝。

就兩岸軍事安全互信機制而言,積極互信表現在雙方對機制建立以後和平紅利的期待和追求,消極互信則表現為兩岸為避免臺獨引發衝突而自覺顯現出反對臺獨、遵從機制安排的願望和行動。或許有人以為,這樣對臺灣是不公平的,因為它更多地表現為大陸對臺灣單方面的軍事威攝。其實這是一種誤解。首先,相比較而言,軍事安全互信機制肯定更多地表現為對大陸軍事行為的約束。因此,就軍事安全而言,臺灣方面作為弱小的一方其實獲利更多。其次,如果兩岸商談建立軍事安全互信機制,特別是在此後可能達成的和平協議中,相信兩岸將不僅就結束兩岸軍事對抗,也將就結束兩岸政治分歧進行更為深入具體的討論與規劃。這也就意味著,在「探討國家尚未統一特殊情況下的兩岸政治關係,作出合情合理安排」過程中,對一些具體問題,例如,何謂統一?何謂臺獨?何謂現狀?以及國家統一前臺灣當局擁有什麼權利等等,是需要雙方平等商談才能確定的。這就為臺灣方面透過兩岸平等協商保留和維護自身的政治權益提供了可能。而軍事安全互信機制一旦建立,兩岸將因為彼此在政治、軍事方面的權利與義務更加清晰、行為更具有

可預測性而受益，也同時平等地受到機制約束。總體來說，軍事方面對大陸的制約會更多一些。政治方面互有制約，只是向度不同。對臺灣方面可能主要表現為必須放棄和反對臺獨，對大陸方面可能主要表現為在國家統一前對臺灣方面權利地位必須給予「合情合理」的接受，從而在政治軍事各方面使臺灣的安全環境得以改善。軍事安全互信機制的上述不對稱性特徵，源自於兩岸力量的不對等、兩岸軍事對峙的高度政治性以及兩岸關注議題的差異性。[21]因此，除非執意堅持臺獨有理，否則不會產生所謂單方面的「不公平感」。最後，持這種看法的人完全抹殺了大陸為追求與維護兩岸和平所發揮的決定性作用。六十多年來兩岸絕大部分時間並沒有發生戰爭，大陸作為實力強的一方，對維護兩岸和平始終發揮著決定性作用。為什麼一提到和平的威脅時就指責大陸，而講到和平的成就時就不把它歸功於大陸呢？如果兩岸開戰，受害的豈止是臺灣！正因為認識到這一點，大陸率先提出「和平統一、一國兩制」的方針。二十世紀九十年代中期以後，面對不斷增長的臺獨威脅，大陸始終堅持民族大義、血濃於水，儘可能從政治、經濟、外交、文化等領域中尋找突破口，而把有限的軍事行動作為最後選擇，從而不斷發展聚集贊成兩岸關係和平發展的力量，為開創2008年以後兩岸關係和平發展的新局面發揮了重要作用。難道這不是大陸對兩岸和平的巨大貢獻嗎？

　　承認軍事對抗對建立軍事安全互信機制具有積極作用，並非出於對武力的迷戀，而是基於把軍事對抗作為爭取兩岸和平的手段，並且善於恰當運用這一手段為基礎的。具體地說，必須符合《反分裂國家法》的各項規定及要求。《反分裂國家法》關於運用軍事對抗等非和平方式遏制臺獨的基本要求可概括為：一是被動原則。《反分裂國家法》中關於「底線」的三種情況，都是大陸方面不可能主動去做的。也就是說，必須有臺獨的「分裂事實」或「重大事件」在先，才有「非和平方式」的問題。[22]二是把軍事對抗作為

最後選擇。所謂「非和平方式及其他一切必要措施」，並非僅指軍事手段，還可能包括政治、外交、經濟等制裁措施，而且一般應在這些方式都無明顯收效的情況下，才不得已使用升級軍事對抗的方式。三是把軍事對抗作為達成和平統一的手段。《反分裂國家法》把採取非和平方式的及其他必要措施的目的，歸結到「捍衛國家主權和領土完整」，未出現以前曾使用的「完成中國的統一大業」[23]。這表明即使採取「非和平方式」，也不是要一舉完成統一，而只是逼迫臺灣當局接受「兩岸同屬一個中國」。一旦臺灣當局承認「兩岸同屬一個中國」，大陸就會停止武力行動，屆時兩岸還是要回到談判桌上來。換句話說，用武目的不在於統一而在於反分裂。四是有理、有利、有節。有理就是要確實符合《反分裂國家法》關於「採取非和平方式」的規定，力爭獲得國際國內輿論支持。有利就是要充分考慮到軍事對抗的可行性，根據實際情況確定軍事對抗的策略、方式、方法、範圍與強度，確保行動效果。有節除了在目的上表現為以對抗求和平之外，還表現在對平民和外國人生命財產安全和其他正當權益的保護，儘可能不傷及無辜。

三、積極倡導有益於臺海和平的新型軍事安全戰略

2008年以後，兩岸共同選擇了一條和平發展之路，和平發展已經成為臺海各方共同追求的目標。然而，僅僅懷有和平的願望是一回事，能夠把和平的願望落實到所有政策特別是軍事安全戰略指導和具體的行動上又是一回事。能否主動適應兩岸關係和平發展的新形勢，創造並奉行有利於維護兩岸關係和平發展的新型軍事安全戰略，是考驗各方是否真誠為臺灣地區謀和平的試金石，也是未來能否建立兩岸軍事安全互信機制的關鍵。這種新型軍事安全戰略的基本特點是：把維護兩岸關係和平發展作為根本目標，既要關注如何

贏得戰爭，也要關注如何透過戰爭贏得和平，還要關注如何防止已經建立起來的和平轉化為新的戰爭。

依靠軍事實力謀取優勢、贏得戰爭是傳統軍事戰略的主要關注點。不僅立足應對最困難、最複雜、最嚴峻的情況需要依靠軍事實力，建立軍事安全互信機制鞏固兩岸和平同樣必須基於實力。兩岸之間的互信，說到底仍是基於兩岸實力對比和利益判斷而產生的一種互惠關係。建立兩岸軍事安全互信機制是以和平談判的方式解決兩岸軍事敵對問題，儘管不單純是軍事實力的較量，但離開實力作基礎軍事安全互信機制將無法建立，即使建立了也不能有效運行。所以，建立軍事安全互信機制並不是對發展軍事實力的否定，更不是要結束軍事鬥爭準備。

問題是，在兩岸和平的價值日益凸顯、兩岸關係和平發展成為各方政策選擇的新形勢下，那種單純依靠軍事實力謀取絕對優勢，或者以為只要能夠有效實施戰爭，那麼對方就會適時認輸，而後續和平就會自然降臨的想法，變得越來越失去合理性。如果說，戰爭是政治的繼續，是政策的工具的話，在兩岸關係和平發展本身就是政治，同時也是一項基本政策的新形勢下，戰爭就只能作為實現兩岸和平的一種工具和手段，準備和實施戰爭必須以為兩岸中華民族贏得更好的和平為根本出發點。

不僅如此，與上述對和平的追求相適應，兩岸關係和平發展的新形勢還要求這種新型軍事安全戰略必須擔負起解決如何把當前兩岸和平的良好局面制度化、長期化、穩定化的問題，防止已經建立起來的和平局面朝夕之間付諸東流。因此，透過建立軍事安全互信機制創造兩岸和平，是這種新型軍事安全戰略必須擔負的重要使命和重要組成部分。

以上述標準檢視各方在臺海地區的軍事安全戰略可以看到，儘管當前都不可能放棄實力政策，但在如何對待和平問題上，卻表現

出一些差異。

就大陸而言，早在2005年臺灣形勢緊張動盪之時，就制定了《反分裂國家法》。《反分裂國家法》將打擊目標聚焦於臺獨，將使用武力的目的止於反分裂而非國家統一，代表著大陸的軍事安全戰略上實現了向以武力為工具、以和平為目標的轉變，從而使《反分裂國家法》實實在在地成為一部兩岸關係和平發展的保障法。2008年兩岸關係發生重大積極性轉變以後，大陸進一步明確提出「實現和平統一首先要確保兩岸關係和平發展」[24]的論斷，多次鄭重呼籲建立兩岸軍事安全互信機制。同時，大陸軍方多次對建立兩岸軍事安全互信機製表示積極開放態度。上述主張和做法代表著大陸的臺海軍事安全戰略在實現以和平為指向的轉變後，進一步把抓住機遇、主動作為、創造條件、鞏固和平作為其重要內容。大陸在臺海地區軍事安全戰略的上述兩個轉變，實現了戰略與政略的高度結合，為軍事服從政治、軍隊服務於兩岸關係和平發展開闢了更為廣闊的舞臺。

相比較而言，2008年至今9年多來，雖然兩岸合作交流取得了歷史性的進步，政治互信也逐步鞏固，但面對大陸建立軍事安全互信機制的多次呼籲，臺灣、美國在臺海地區的軍事安全戰略仍然固守僵持對抗的老調，始終未向創造和平邁出一步。臺灣方面雖然把「有效嚇阻、防衛固守」的軍事戰略調整為「防衛固守、有效嚇阻」，但在軍事安全互信機制問題上態度消極，直至以各方面條件不成熟加以拒絕。美國方面雖然歷來聲稱希望兩岸和平，也認識到利用軍售維持兩岸軍力平衡已經越來越不可能，但仍不時以對國軍售干擾臺海和平。同時，在兩岸關係和平發展已成潮流的新形勢下，美國關注的重點已從防止兩岸衝突轉變為防止兩岸和解走得太快。當然，單純指責美國軍事安全戰略是沒有意義的，因為它根本受制於其「和而不解」、「只經不政」的基本政策，但透過上述分析確實能使人們進一步認清各方對待和平的真實態度。和解首先需

要合作。如果美國軍事安全戰略不作相應調整，兩岸軍事安全互信機制就只能是空中樓閣。

第三節 兩岸軍事安全互信機制未來的三種可能

在國家尚未統一的特殊情況下，兩岸關係和平發展是商談建立軍事安全互信機制的基本條件。如果離開這一條件，兩岸關係重回緊張與對抗狀態，軍事安全互信機制斷無建立之可能。這是被兩岸關係歷史發展所證實的事實。未來10至15年，如果兩岸關係能夠沿著和平發展的軌道順利發展，建立兩岸軍事安全互信機制問題將呈現以下三種可能：

一、僵持下去

僵持下去，是指兩岸軍事關係繼續保持那種短期內雖無戰爭之虞，但也無接觸、無談判、無進展的僵持狀態。鑒於兩岸至今尚未就軍事安全問題展開正式對話，儘管兩岸已開放民間交流多年，但就軍事層面論仍可稱之為寬泛定義的僵持狀態。

需要指出的是，軍事交流迄今雖未能打開，但在不同時期兩岸在軍事領域的僵持狀態是有程度區別的。臺北論壇基金會董事長蘇起認為，自1987年11月蔣經國下令開放部分民眾赴大陸探親以來，兩岸關係大致經歷了四個時期的變化。這些變化不是一般的用「起伏」，而是必須用「翻轉」才可以形容。如圖6-1所示，蘇起把兩岸關係分為政治、軍事、外交、經濟、及文化等五個面向。經濟與文化屬於軟的面向，由市場而不是政府來調節他們的起伏。至於政治面向則有硬中有軟、可硬可軟，或形軟實硬，或形硬實軟。這五

個面向的不同組合，就決定了那個時期的特色。

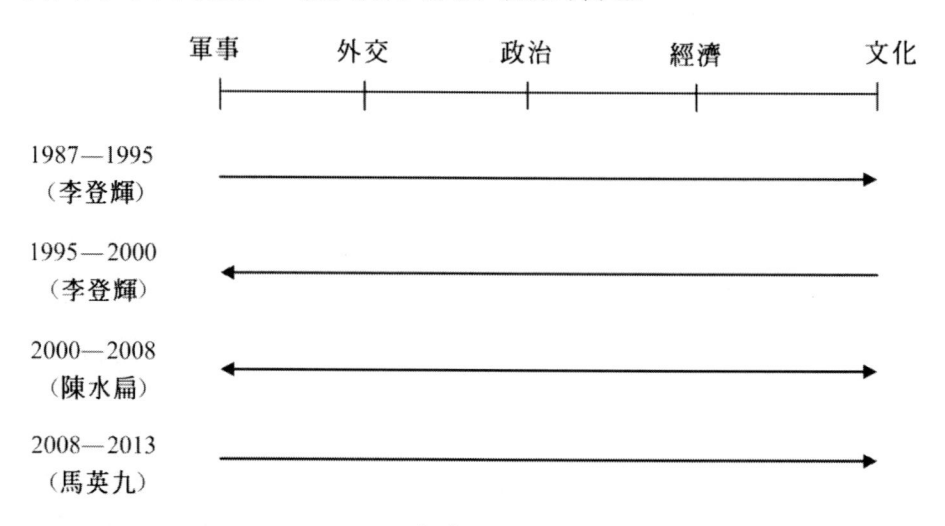

```
           軍事      外交      政治      經濟      文化
            |--------|---------|---------|---------|

1987—1995
（李登輝）    ────────────────────────────────────→

1995—2000
（李登輝）    ←────────────────────────────────────

2000—2008
（陳水扁）    ←──────────────────    ──────────────→

2008—2013
（馬英九）    ────────────────────────────────────→
```

圖6-1 兩岸關係五面向示意圖 [25]

　　按照蘇起的說法，1987年至1995年與2008年至2013年兩個時期，兩岸關係中的軍事、政治、外交、經濟、文化全部指向軟的方向，即這段時期不僅經濟與文化交流趨軟趨熱，而且連軍事與外交面向都由硬變軟。1995年至2000年，兩岸關係五個面向全部往硬的方向發展。2000至2008年，兩岸關係五個面向中則是「硬的更硬，軟的更軟」，也就是說，由政府主導的政治、軍事與外交面向，兩岸對立對抗益加尖銳，兩岸兩會商談完全停擺；而由市場主導的兩岸經濟與文化交流完全不受政府影響，反而越來越密切。

　　借用蘇起的說法，筆者進一步提出，如果我們把1987年以來兩岸軍事關係都劃分為寬泛的僵持狀態的話，那麼，1987年至1995年與2008年至2013年兩個時期可以稱之為軟僵持，而1995年至2000年與2000年至2008年兩個時期，則可以稱之為硬僵持狀態。

　　硬僵持狀態與軟僵持狀態的共同點是：都沒有結束軍事上的敵對狀態，且兩岸都沒有就結束軍事敵對問題進行正式對話或談判。其區別也是明顯的。蘇起以臺灣和美國公佈的從1990年代末至馬英

九第一任期大陸對臺導彈部署數量作為觀察指標，指出在1990年代初期，兩岸處於和解狀態，大陸雖已生產短程導彈，但多半出售到中東地區，部署在臺灣對面的屈指可數。李登輝康乃爾訪問後，中共對臺導彈才開始爬升。到陳水扁時期大約以每年100枚的速度增加。到馬英九上臺時，已超越1000枚。馬第一任期內，這個數字幾乎沒有改變，不再上升，但也沒下降。蘇起認為，這準確反映了2008年前北京對臺北的深刻疑慮。2008年後，疑慮消失，導彈數量立即停止上升，但也沒有降低到更早以前的狀態。

蘇起還以臺灣採購美國軍備作為另一觀察指標，指出馬英九上臺前，臺灣重大軍購案只實現過一次。馬英九上臺後，立即向美國重啟軍購議題。根據蘇起的觀察，北京雖然不悅，但只對華府施壓，而不曾向臺北進行任何遊說，顯然不願為此與臺北翻臉；每次軍購交易宣布後，大陸都會抗議，但強度都不高。

在兩岸軍事敵對尚未結束這一法律狀態之下，蘇起區分了事實上存在的兩種完全不同的對立圖景：一種是和平的對峙，另一種則是逐步升高乃至危機四伏的對峙。這兩種圖景，與筆者提出的軟僵持與硬僵持是對應的。

筆者認為，除蘇起提出的上述觀察指標以外，大陸對軍事安全互信機制議題的表態，以2008年為分界，也呈現顯著不同。2000年至2008年，大陸標準的表述是，「只要承認世界上只有一個中國，摒棄『臺獨』主張，停止『臺獨』活動，就可恢復兩岸對話與談判，正式結束敵對狀態，建立軍事互信機制，共同構造兩岸關係和平穩定發展框架。」甚至坦言，在陳水扁主張「以戰止戰」、加大武器採購及美日國軍事合作升級的背景下，兩岸在軍事領域不可能有任何互信機制與軍事緩衝區的建立，軍事對立狀態仍將持續。[26]不談判、不妥協、保持甚至升級對抗程度的意圖非常明顯。相反，2008年以後，大陸不僅在「胡六點」中主動提出建立軍

事安全互信機制，國臺辦、國防部發言人還多次表示，對於臺灣方面關心的軍事安全方面的具體問題，可以在兩岸探討建立軍事安全互信機制的時候進行討論。言下之意是，只要臺灣當局願意坐下來談，這些問題都有望得到解決。

未來在兩岸軍事對話與交流開啟以前，軍事上的僵持狀態大致也是如此。即總體上可稱之為僵持狀態，但具體又可分為軟僵持與硬僵持兩種狀態。在這兩種僵持狀態中，兩岸軍事對抗的程度有很大差異，其中，硬僵持必然伴隨著軍事對抗的升級與軍事危機。

二、談起來

談起來，是指兩岸就軍事安全問題啟動官方授權的安全對話，從而打造出一個能夠增進兩岸軍事安全互信的平臺和過程。官方授權極其重要，沒有官方正式授權的對話和談判，即使兩岸能夠透過一些非正式渠道，在某一特定條件下就軍事安全問題形成一些共同認知，甚至採取某些緩和兩岸軍事敵對的行動，也很難說建立了機制。因為，機制與默契的重要區別之一，並不在於二者實際效力的高低，而在於形式上的公開性與正式性。也就是說，機制是雙方（或多方）公開的、正式認可的具有可重複性的行為，而默契則不然。特別是在臺灣，由於藍綠陣營的兩岸政策存在重大差異，互不接受對方的兩岸政策，包括對方與大陸建立的各種形式的溝通平臺，如果沒有公權力機關正式授權的兩岸溝通平臺，一旦發生政黨交替，兩大陣營各自與大陸建立的溝通方式很難被另一方所繼承。這也是當前兩岸軍事緩和不可持久、軍事安全互信機制仍需建立的重要原因。

在臺灣現行民主體制下，未來無論什麼人、什麼政黨上臺，大陸都無法否認其作為臺灣現行公權力系統合法代表、兩岸關係談判

主體的基本資格。至於屆時是否將其視為可以談判的對象，大陸早已形成明確立場，多次鄭重表示，對於那些曾經主張過、從事過、追隨過臺獨的人，我們也熱誠歡迎他們回到推動兩岸關係和平發展的正確方向上來。[27]對臺灣任何政黨，只要不主張臺獨，認同一個中國，我們都願意同他們交往、對話、合作。[28]我們對臺灣同胞一視同仁，無論是誰，不管他以前有過什麼主張，只要現在願意推動兩岸關係和平發展，我們都歡迎。[29]也就是說，在兩岸談判交流中，中共唯一在意的是對方對一個中國的現實態度。眾所周知，臺灣問題舉世矚目，事關國家主權和領土完整，中共一定會信守承諾，絕不存在什麼雙重標準的問題。由此而論，未來兩岸如果就軍事安全問題談起來，以談判對象區分，可能是大陸與以國民黨為執政黨的臺灣當局談起來，也可能是大陸與以民進黨為執政黨的臺灣當局談起來。後一種可能的前提是，民進黨在接受一個中國原則問題上轉變立場。

未來兩岸一旦談起來，將能夠透過定期的或者常設的溝通平臺，就各自關心的軍事安全問題交換意見，這不僅可以互通訊息、避免誤判，還能夠增進理解，積累互信。只要這一平臺能夠持續，兩岸軍事安全領域的各種矛盾和問題就一定能夠得到妥善解決。

建立兩岸軍事安全互信機制，確保兩岸持久和平，是增進兩岸民眾安全福祉的大事，也是兩岸遲早必須面對的問題。當前，兩岸分管臺海事務的部門領導已經見面，兩會互設辦事處也在推進之中。這似乎顯示，開啟兩岸軍事安全對話，亦非絕無可能之事。未來的兩岸領導人會晤一旦實現，也將成為建立兩岸軍事安全互信機制對話的「開場曲」。

三、名亡實存

所謂名亡實存，是指這樣一種情況，即兩岸軍事安全互信機制所指涉的軍事問題得到機制化解決，但沒有冠之以「軍事安全互信機制」的名分，而是在其他的名義和進程之下解決的。

回顧兩岸軍事安全互信機制議題發展和演變的歷史可以看出，在不同的歷史條件下，各方曾經使用過多個詞彙指稱軍事安全互信機制議題。比如，大陸1979年在《告臺灣同胞書》中使用了「商談結束這種軍事對峙狀態」，1995年「江八點」中使用了「在一個中國的原則下，正式結束兩岸敵對狀態」，2004年「5·17聲明」使用了「軍事互信機制」，2008年「胡六點」至今全部使用「軍事安全互信機制」的標準提法。臺灣方面，李登輝時期曾使用過「停火協議」、「兩岸和平穩定機制」、「軍事預警制度」，陳水扁時期曾使用過「信心建立措施」、「軍事互信機制」、「海峽行為準則」、「和平穩定互動架構」，馬英九時期基本使用「軍事互信機制」的提法。美國學者也使用過「中程協議」（interim agreements）、「臨時性協議」（modus vivendi）、「信心建立措施」（Confidence Building Measures）等概念。雖然上述概念所蘊含的政治意涵和文化背景不同，但它們都是從不同的角度和範圍，指稱在兩岸軍隊之間建立某種制度化措施以緩和甚至化解兩岸軍事敵對這一現實問題。

本書使用了「兩岸軍事安全互信機制」這一大陸時下的標準提法，但筆者仍然以為，兩岸軍事安全互信機制是一個正在建構中的概念，在這一過程中，其名與實都可能發生變化。如果考慮到未來軍事安全互信機制的建立，是一個雙邊乃至多邊協商博弈的過程，就更無法排除提出和使用其他名稱的可能。這是名亡實存的一種表現方式。

名亡實存的另一種表現方式可以稱之為「碎片化」。兩岸軍事安全互信機制是對化解兩岸軍事敵對各種制度措施一攬子式的命名

方式,其中可能包括諸如「海峽中線」、海峽區域軍用艦機行為規則、進攻性武器部署、演習資訊交換、軍事熱線、互訪會晤等各種具體議題。考慮到以上眾多議題的高度複雜和巨大差異性,一攬子徹底解決的可能性雖不能排除,但逐個漸次解決的可能性更大。所以,兩岸軍事安全互信機制的建立可能表現為一個持續不斷、逐步積累的漫長過程,甚至存在逆轉的可能。在這種情況下,上述任何一個具體議題,無論以何種方式和名稱,在何種程度上取得突破,都可視之為建立兩岸軍事安全互信機制建立的重要步驟。屆時如果以名之不存而否認其實,則未免令人失笑。

提出名亡實存的可能,來自於筆者對兩岸軍事敵對問題必須亦必然得到合理解決的堅定信念。未來兩岸關係和平發展是一個長期的歷史過程,其中儘管有曲折,但兩岸軍隊同屬中華民族的武裝力量,理應共同避免同室操戈的悲劇,無限期敵對下去終非長久之計,他們必須亦必然會探索出一些和平相處之道。制度化的存在方式,是這種相處之道發展完善的必然選擇。

四、哪種可能性更大

儘管短期內兩岸軍事安全互信機制還難以取得突破性進展,但如果以未來10至15年為限,特別是在兩岸關係和平發展條件下,筆者仍然以為,在上述三種可能的前景中,談起來的可能性最大,或者說終究要談起來,取得突破性進展的可能亦顯著存在。名亡實存則是談起來的另一種表現形式。

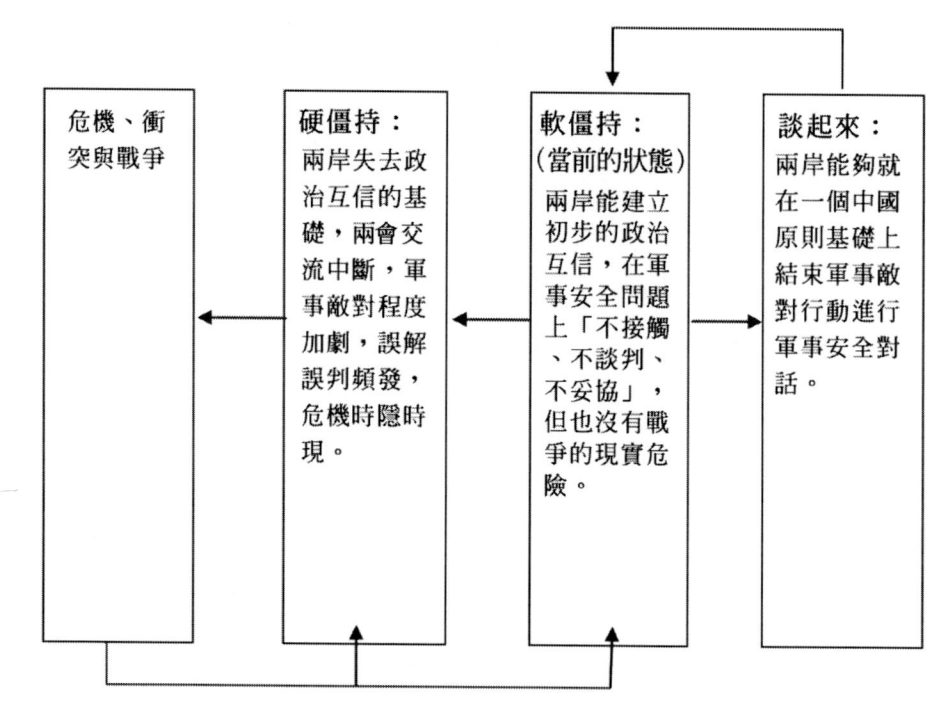

```
┌─────────────┐   ┌─────────────┐   ┌─────────────┐   ┌─────────────┐
│ 危機、衝    │   │ 硬僵持：    │   │ 軟僵持：    │   │ 談起來：    │
│ 突與戰爭    │◄──│ 兩岸失去政  │◄──│ （當前的狀態）│──►│ 兩岸能夠就  │
│             │   │ 治互信的基  │   │ 兩岸能建立  │   │ 在一個中國  │
│             │   │ 礎，兩會交  │   │ 初步的政治  │   │ 原則基礎上  │
│             │   │ 流中斷，軍  │   │ 互信，在軍  │   │ 結束軍事敵  │
│             │   │ 事敵對程度  │   │ 事安全問題  │   │ 對行動進行  │
│             │   │ 加劇，誤解  │   │ 上「不接觸  │   │ 軍事安全對  │
│             │   │ 誤判頻發，  │   │ 、不談判、  │   │ 話。        │
│             │   │ 危機時隱時  │   │ 不妥協」，  │   │             │
│             │   │ 現。        │   │ 但也沒有戰  │   │             │
│             │   │             │   │ 爭的現實危  │   │             │
│             │   │             │   │ 險。        │   │             │
└─────────────┘   └─────────────┘   └─────────────┘   └─────────────┘
```

圖6-2 建立兩岸軍事安全互信機制的未來前景圖

　　如圖6-2所示，從兩岸軍事關係本身看，僵持狀態，無論軟僵持還是硬僵持，都是一種不穩定的狀態。軟僵持的壓力來自於兩岸和平發展制度化的趨勢。兩岸政治互信的初步打開了兩岸各領域交流的總閘門。在經濟、社會、文化等領域兩岸聯繫日益密切，制度化趨勢不斷加強，而且政治領域與國際空間問題的溝通實際上也已經找到某些階段性替代措施的情況下，兩岸軍事安全領域「不接觸、不談判、不妥協」的僵持狀態不僅越來越顯得不合時宜，而且實際上已經阻礙了兩岸其他領域的交流與融合。隨著兩岸交流聯繫的發展，正式結束兩岸軍事敵對的需求會不斷高漲。

　　硬僵持的壓力來自於兩岸及國際社會愛好和平、避免衝突的需求和願望。正如1995至2008年所顯示的那樣，由於兩岸政治互信不復存在，兩岸軍事敵對實際呈現逐步積累的狀態，有時甚至處於危

機與衝突的邊緣。由溝通不暢導致的誤解與誤判頻發極大地加劇了這一事態。這顯然違背了兩岸人民的根本利益，也不符合國際社會對臺海和平的期待。如果追求和平與穩定力量取得優勢，隨著兩岸政治互信的修復，兩岸軍事關係就有可能從硬僵持轉化為軟僵持（正如2008年兩岸關係所顯示的那樣），甚至談起來的可能性也不能排除。當然，也不能排除兩岸軍事關係由硬僵持發展到衝突甚至戰爭的可能。

從力量對比看，大陸在兩岸關係中的主導權在增強。學界普遍認為，大陸的和平崛起已經毫無疑義。也有學者透過觀察十八大以後大陸領導層的新面貌指出，中共的新領導、國力、思想會使北京在對臺政策上既能大開，也能大闔，既能更軟，也能更硬。過去不敢給的，可能會給；不敢拿的，可能會拿。[30]兩岸關係發展的歷史表明，大陸始終是兩岸和平談判的主要推動方。一個時期以來，大陸雖沒有催促臺灣商討政治議題，但也經常強調，「先經後政、先易後難」不等於只經不政、只易不難；著眼長遠，兩岸長期存在的政治分歧問題終歸要逐步解決，總不能將這些問題一代一代傳下去；當前兩岸應積極為解決政治分歧創造條件。大陸還把商談建立兩岸軍事安全互信機制，協商達成兩岸和平協議，作為中共十八大提出的重要主張。因此，人們有理由相信，只要未來兩岸關係不發生逆轉，大陸將會在促成開啟包括軍事安全對話在內的兩岸政治對話方面，對臺灣施加更大的影響。

相比較而言，臺灣方面不太願意觸碰兩岸政治對話這一問題，可能的原因包括對力量對比的不自信、執政者的軟勢與猶豫不決、「在野黨」的反制，以及部分民眾對大陸的誤解等等。隨著兩岸交流的深入發展，特別是政治互信的逐步增強，可能會有越來越多的臺灣民眾逐漸認識到大陸的善意，對商談兩岸政治議題變得不那麼敏感，「執政黨」與「在野黨」的交流也可能更容易實現，從而在改善臺灣軍事安全環境方面形成一定共識。另外，臺灣總統直選，

以及立委選舉採用的單一選區兩票制等選舉制度，也有利於臺灣民意向中間理性的方向移動。所有這些都有可能成為推進兩岸軍事安全對話的有利因素。

美國方面，維護美國在臺海地區的利益是美國臺海政策的始終不變的目標。但是，現在和未來愈加明顯的兩個事態，可能使美國對兩岸建立軍事安全互信機制採取不干擾甚至樂見的態度。一是，隨著中美共同利益的增大，臺灣問題在美國對華整體戰略中的份量和影響在下降。這是一個不爭的事實和趨勢，許多人已經看到了。二是，建立兩岸軍事安全互信機制其實並不損害美國在臺海的利益，而是相反。對此有的人已經看到了，要使更多的人認識到這一點，需要大陸、臺灣和美國三方持續加強溝通。

建立兩岸軍事安全互信機制就是締造兩岸和平。締造兩岸和平是一項創舉，需要登高望遠的智慧與想像力。締造兩岸和平是一場競賽，需要以實力為後盾。締造兩岸和平是一門學問，需要專門的研究與設計。締造兩岸和平是一項事業，需要勇氣、擔當與執著。締造兩岸和平還是一種心理重建，需要理解、寬容，甚至一定程度的俠義與慷慨。為此，兩岸中國人以及國際社會都有責任以史為鑒，把握當下，改進政策，共同建立起軍事安全互信機制這個支撐兩岸永久和平與亞太地區安全穩定的橋樑。

注　釋

[1].此人是美國前勞工部長約翰·鄧洛普（John Dunlop）。參見[美]霍華德·雷法：《談判的藝術與科學》，宋欣，孫小霞譯，北京：北京航空學院出版社，1987年版，第172頁。

[2].楊開煌：《一中原則、「九二共識」到一中框架》，許世銓、楊開煌主編：《「九二共識」文集》，北京：九州出版社，2013年版，第204頁。

[3].蘇進強：《兩岸互信機制的回顧與前瞻》，中國評論新聞網，2013年11月1日。

[4].蘇起：《馬政府時期兩岸關係的概況與展望》，蘇起、童振源主編：《兩岸關係的機遇與挑戰》，臺北：五南出版社，2013年版，第9頁。

[5].同上，第12頁。

[6].黃嘉樹：《「九二共識」的意義與作用》，許世銓、楊開煌主編：《「九二共識」文集》，北京：九州出版社，2013年版，第148頁。

[7].三個前提條件是：一是民意高度支持；二是「國家」確實需要；三是「國會」監督。參見：《馬宣稱：「公投」沒過，就不會簽和平協議》，中國評論新聞網，2011年10月20日。

[8].美國學者卜睿哲認為，有太多因素限制美國有理由擔負主要的調停角色，在程序或實質上提供便捷。卜睿哲認為，美國或可充當傳遞訊息、提供知識的角色。知識上提供便捷和傳遞訊息，風險較小，可以紓緩兩岸互不信任和有瑕疵的決策系統之衝擊。同時，卜睿哲還認為兩岸之間應該直接對話。筆者觀察近年來美國在兩岸軍事安全互信機制上的行為模式，大致與卜睿哲提出的上述模式相符。筆者認為，限制美國在兩岸軍事安全互信機制問題上擔任調解人或者保證人的理由可能包括：（1）「六項保證」第3條規定，美國不會在臺北和北京之間扮演調解人的角色；（2）大陸不接受；（3）美國過去調停中國內戰的教訓；（4）由於美國在臺海和平問題上捲入太深，其作調停人、擔保人的資格也會受到質疑。

[9].2011年8月，筆者在參加中國國際戰略研究基金會在北京舉辦的第四次「中美關係中的臺灣問題」研討會時，美方學者曾抱怨，大陸學界一提到建立兩岸軍事安全互信機制，就要兩岸聯手共

護釣魚島、南海主權。可見美方對這一問題的疑慮。

[10].這一時期政策創新的詳細論述參見黃嘉樹：《中國新領導核心對臺政策的調整與新意》，中國評論新聞網，2006年3月24日。

[11].類似事例很多，最新報導是中評社臺北2014年3月6日電（記者　黃筱筠），臺灣「國防部長」嚴明今天在「立法院外交委員會」表示，兩岸要進行和平協議談判，或是軍備談判的先決條件是，大陸必須撤除武力對峙的情況，後續才能談。參見黃筱筠：《嚴明：大陸撤除武力對峙　才談和平協議》，中國評論新聞網，2014年3月6日。另外，在這次質詢中，立委江啟臣、「國防部長」嚴明把和平協議等同於「軍事協議」，其實混淆了這兩個具有不同法律意義的概念，說明他們使用法律用語的準確性和嚴謹程度方面遠遜於馬英九。原因可參見本書第二章第一節、第四章第二節關於「兩岸軍事安全互信機制的歷史地位」的分析。

[12].蘇起：《馬政府時期兩岸關係的概況與展望》，蘇起，童振源主編，《兩岸關係的機遇與挑戰》，臺北：五南出版社，2013年版，第22頁。

[13].1979年1月30日，鄧小平在美國訪問期間談到臺灣問題指出：「按照我們的心願，我們完全希望用和平方式來解決這個問題，因為這對國家和民族都比較有利，這在我們的人大常委會《告臺灣同胞書》中已經說得很清楚了。應該說，中美關係正常化以後這種可能性將會增大。當然，這並不完全取決於我們單方面的願望，還要看形勢的發展。」參見中共中央文獻研究室編：《鄧小平年譜（一九七五－－－一九九七）》（上），北京：中央文獻出版社，2004年版，第479頁。

[14].類似說法參見臺灣當局近年來公佈的「國防報告書」以及防務部門領導人談話。

[15].[德] 克勞塞維茨：《戰爭論》（上卷），中國人民解放軍軍事科學院譯，北京：解放軍出版社，1964年版，第731、732頁。

[16].胡錦濤：《攜手推動兩岸關係和平發展 同心實現中華民族偉大復興——在紀念〈告臺灣同胞書〉發表30週年座談會上的講話》，新華社北京2008年12月31日電。

[17].比如，「承諾放棄使用武力」問題、導彈部署問題、臺灣武器採購問題等，都是1949年以後兩岸分隔初期所沒有的，也是其他內戰國家少見的，表明兩岸軍事敵對領域之廣、程度之深。

[18].內戰是一場在同一個國家內兩個或更多的政治團體之間的戰爭，內戰可能為爭奪國家政權而進行，也可能由於一部分人要求把某一地區從國家中分離出來成立新的國家而發生。參見俞正山主編：《武裝衝突法》，北京：軍事科學出版社，2001年版，第42—43頁。

[19].由於2008年臺「大法官」第644號解釋宣告「人民團體法」中「不得主張共產主義、分裂國土」的規定「違憲」，「立法院」昨天初審透過刪除「人民團體法」第二條「人民團體之組織與活動，不得主張共產主義，或主張分裂國土」規定。參見《臺「人團法」刪「不得主張分裂國土」條款》，臺海網，2011年5月17日。

[20].唐永勝、徐棄郁：《尋求複雜的平衡：國際安全機制與主權國家的參與》，北京：世界知識出版社，2004年版，第27頁。

[21].筆者把國際間建立信任措施區分為對稱性與非對稱性兩種，並提出兩岸軍事安全互信機制具有非對稱性特徵。參見本書第二章第三節關於建立信任措施（CBMs）理論在兩岸軍事安全關係研究中的侷限性的論述。

[22].黃嘉樹：《中國新領導核心對臺政策的調整與新意》，中

國評論新聞網，2006年3月24日。

[23].這是2000年2月21日中國政府發佈的《一個中國的原則與臺灣問題》的表述。參見《人民日報》2000年2月22日。

[24].胡錦濤：《攜手推動兩岸關係和平發展 同心實現中華民族偉大復興——在紀念〈告臺灣同胞書〉發表30週年座談會上的講話》，新華社北京2008年12月31日電；胡錦濤：《堅定不移沿著中國特色社會主義道路前進 為全面建成小康社會而奮鬥》，《十八大報告輔導讀本》，人民出版社，2012年版，第45頁。

[25].本圖及本節關於蘇起的論述，參見蘇起：《馬政府時期兩岸關係的概況與展望》，蘇起、童振源主編：《兩岸關係的機遇與挑戰》，臺北：五南出版社，2013年版，第4頁。

[26].《台灣政局牽動兩岸關係微妙變化》，《人民日報》海外版，2005年3月4日，第3版。

[27].胡錦濤：《攜手推動兩岸關係和平發展 同心實現中華民族偉大復興——在紀念〈告臺灣同胞書〉發表30週年座談會上的講話》，新華社北京2008年12月31日電。

[28].胡錦濤：《堅定不移沿著中國特色社會主義道路前進 為全面建成小康社會而奮鬥——在中國共產黨第十八次全國代表大會上的報告（2012年11月8日）》，《十八大報告輔導讀本》，北京：人民出版社，2012年版。

[29].習近平：《共圓中華民族偉大復興的中國夢》，新華網，2014年2月18日電。

[30].蘇起：《馬政府時期兩岸關係的概況與展望》，蘇起、童振源主編：《兩岸關係的機遇與挑戰》，臺北：五南出版社，2013年版，第4頁。

附錄一

1975年《赫爾辛基最後文件》目錄[1]

歐洲的安全問題

〔1.a〕解釋指導參與國之關係的原則

Ⅰ.主權平等、尊重主權內含的權利

Ⅱ.放棄使用武力威脅或使用武力

Ⅲ.邊界不可侵犯

Ⅳ.國家的領土完整

Ⅴ.爭端的和平解決

Ⅵ.不干涉內政

Ⅶ.尊重人權和基本自由,包括思想、良知、宗教和信仰自由

Ⅷ.民族平等與自決權

Ⅸ.國家的合作

Ⅹ.依據忠誠與信念履行國際法

[1.b]實現前述一些原則的問題

[2.]信任建立措施與安全和裁軍特定面向的文件

Ⅰ.較大型軍事演習的事先宣布

其它軍事演習的事先宣布

觀察員的交換

較大型之軍事調動的事先宣布

建立信任的其它措施

Ⅱ.與裁軍有關的問題

Ⅲ.一般的考慮

經濟、科學和技術以及環境方面的合作

[1.]貿易

[2.]工業合作和共同利益的計劃

[3.]有關貿易和工業合作的規定

[4.]科學與技術

[5.]環境

[6.]其它方面的合作

地中海區安全與合作問題

人道和其它方面的合作

[1.]人道接觸

[2.]資訊

[3.]文化的合作與交換

[4.]教育的合作與交換

少數民族或區域文化

後續會議

注　釋

　　[1].吳萬寶：《歐洲安全暨合作組織：導論與基本文件》，臺北：韋伯文化國際出版有限公司，第91—92頁。

附錄二

兩岸和平談判暨建立軍事安全互信機制大事記（1949—2013）

1949年

1月1日　新華社發表毛澤東撰寫的《將革命進行到底》新年獻詞，宣布「1949年中國人民解放軍將向長江以南進軍，將要獲得比1948年更加偉大的勝利」。

同日　蔣介石發表聲明，提出要在保存法統、憲法和軍隊的條件下與共產黨和平談判，同時正式委任陳誠為臺灣省主席。

1月21日 蔣介石宣告「引退」，由李宗仁代理總統。

2月1日　國民黨黨部遷廣州，5日國民政府行政院亦遷廣州辦公。

4月1日　國民政府和平談判代表團到達北平，首席代表張治中。

4月11日　為促成和談成功，毛澤東致電前線指揮員，決定推遲一星期渡江，即由15日推遲至22日，同時也將攻擊太原的時間推遲至22日。

4月13日　以周恩來為首的中共代表團同以張治中為首的南京政府代表團舉行第一次正式談判，討論由中共代表團提出的和平協議方案。15日舉行第二次會議，會商《國內和平協定（最後修正案）》。會議決定派人帶文件回南京請示。

4月16日　毛澤東致電前線指揮員：「南京是否同意簽字，將取決於美國政府及蔣介石的態度。如果他們願意，則可能於卯哿（4

月20日）簽字，否則談判將破裂。」「你們的立腳點應放在談判破裂用戰鬥方法渡江上面，並保證於22日（卯養）一舉渡江成功。」

4月20日　南京政府覆電，拒絕接受《國內和平協定（最後修正案）》。

4月21日　毛澤東、朱德發佈《向全國進軍的命令》，人民解放軍第二、第三野戰軍百萬大軍在長江下流的千餘裡江面上開始橫渡長江。23日，解放軍解放南京。

5月6日　毛澤東在為中共中央起草的致粟裕、張震電報中特地指出，我軍「在占領奉化時，要告誡部隊，不要破壞蔣介石的住宅、祠堂及其他建築物」，「注意保護南京的孫中山陵墓，對守陵人員給以照顧」。

10月1日　中華人民共和國中央人民政府成立。

10月3日　國民黨政府「代總統」李宗仁發表文告，呼籲各國不要承認中華人民共和國，誣稱中國共產黨是「叛亂集團」，聲明「中華民國」是代表中國的唯一合法政府。

10月4日　美國國務院聲明，美國只承認國民黨政府為中國的合法政府。

10月24日午夜　解放軍第10兵團發起金門戰鬥，至27日戰鬥失利。國民黨軍稱金門大捷是「反共復國」的轉折點。

12月 8日「國民政府」宣布由成都遷臺灣。11日，國民黨黨部在臺正式辦公。

12月31日　中國共產黨中央委員會發佈《告前線將士和全國同胞書》，明確指出1949年人民解放軍已解放了除西藏以外的全部中國大陸，「中國人民的任務應是：解放臺灣，完成統一中國的事業，不讓美國帝國主義侵略勢力在我們的領土上有任何立足點」。

1950年

1月5日　美國得悉毛澤東訪蘇談判不順利的消息，國務院建議應在臺灣問題上避免過於刺激中共以導致其傾向蘇聯。同日，杜魯門總統發表關於臺灣問題的聲明稱：「美國對臺灣或中國領土從無掠奪的野心。現在美國無意在臺灣獲取特別權利或建立軍事基地。美國亦不擬使用武裝部隊干預其現在的局勢。」12日，美國國務卿艾奇遜發表講話，承認蔣介石並不是為軍事優勢所擊敗，而是為中國人民所拋棄。講話還指出，美國在西太平洋必須保衛的安全防線，是從阿留申群島經日本琉球到菲律賓，未提臺灣。

3月1日　蔣介石在臺北復行中華民國總統職權。

3月11日　毛澤東就爭取和平解決臺灣問題致電張治中，強調「先生現正從事之工作極為重要，尚希刻意經營，借收成效」。

6月1日　蔣經國派李次白秘密前往大陸試探國共和談問題。月底，蔣經國命令停止試探。

6月25日　朝鮮戰爭爆發。

6月27日　美國杜魯門總統發表聲明，「命令第七艦隊阻止對臺灣的任何進攻」，稱「臺灣未來地位的決定必須等待太平洋安全的恢復，對日和約的簽訂或經由聯合國的考慮」。

6月28日　毛澤東在中央人民政府委員會第8次會議上發表講話，堅決反對美帝國主義干涉朝鮮內政和侵略中國領土臺灣。

同日　周恩來外長發表聲明，指出美國政府出兵臺灣和干涉亞洲事務的活動，是對中國領土的武裝侵略，對《聯合國憲章》的徹底破壞，聲明宣布：「臺灣屬於中國的事實永遠不能改變。」「中國全體人民必將萬眾一心，為從美國侵略者手中解放臺灣而奮鬥到底。」

10月25日　蔣介石為慶祝臺灣光復節發表廣播談話，稱臺灣要擔負起「救國救民」的責任，鞏固臺灣基地，準備「反攻大陸」，消滅大陸政權，驅逐蘇聯暴力，重建「中華民國」為民有、民治、民享的「三民主義新中國」。

1951年

9月4日　舊金山對日和會開幕。8日，美、英等49國在排除中國參加的情況下，片面透過《對日多邊和約》及《美日安全條約》。11日，臺灣當局稱願與日本簽訂「雙邊和約」。18日，周恩來外長聲明，簽訂條約由於沒有中國政府參加，因而是非法的、無效的，是絕對不能承認的。

1952年

4月28日，臺灣當局與日本政府簽訂「臺日和平條約」，條約規定：「日本業已放棄對於臺灣及澎湖列島以及南沙群島及西沙群島之一切權利、名義與要求」。日本政府承認臺灣當局為「中國合法政府」。5月5日，周恩來聲明堅決反對該和約。

6月16日　蔣介石在慶祝「陸軍軍官學校」校慶典禮上講話，提出「黃埔軍人一期革命的任務是北伐打倒軍閥，二期革命的任務是抗戰，三期革命的任務是光復大陸。中共不滅，是國人的恥辱，剿共不利就是自殺」。這種提法成為為臺灣當局政治宣傳的口號。

1953年

2月2日　美國艾森豪威爾總統宣布，解除臺灣中立化，不再限制臺灣國民黨軍對大陸的軍事行動，第七艦隊仍留存臺灣海峽。5日，艾森豪威爾下令，停止第七艦隊在臺灣海峽的「中立巡邏」。同日，蔣介石發表聲明，稱這「實為美國最合理而光明的舉措」。

7月16日　國民黨以駐金門的部隊1萬多人，在海空軍掩護下進攻閩粵之間的交通要地東山島。

7月27日　《朝鮮停戰協定》在板門店簽字。

9月　　美臺簽訂「軍事協調諒解協定」，規定國民黨軍隊的整編、訓練、監督和裝備完全由美國負責，如果發生戰爭，國民黨軍隊的調動指揮必須得到美國的同意。協定中的地區包括臺灣、澎湖、金門、馬祖島及大陳島。

1954年

3月18日　從本日起，解放軍在浙東沿海區發起護漁戰，先後出動6艘護衛艦、10余艘炮艇和1個團航空兵，同以大陳島為基地的國民黨海空軍連續開展以爭奪浙江沿海島嶼的制海權、制空權為目標的戰鬥。

5月11日至22日　海軍航空兵第2師先後出動飛機39批102架次，在一江山島和南北漁山一線150公里半徑內與國民黨空軍交戰6次，擊落其飛機6架，解放軍僅傷2架。經過這場戰鬥，解放軍基本控制了浙東沿海的制海權、制空權。

7月16日　　臺灣當局公佈「光復大陸設計研究委員會組織綱要」。成立「光復大陸設計研究委員會」，陳誠任「主任」，專門設計研究「反攻大陸」及「光復大陸」後的行動方案。

7月23日　毛澤東在研究日內瓦會議的成果後致電周恩來指出，我們在朝鮮停戰後沒有及時提出「解放臺灣」的任務是不妥的。為打破美蔣的軍事和政治聯合，中共中央決定突出臺灣問題。24日，根據中央決定，《人民日報》發表了題為《一定要解放臺灣》的社論，隨後，朱德在「八一」建軍節、周恩來在中央人民政府第33次會議上的外交報告中，都強調了中國人民「一定要解放臺灣」的決心。

遵照中共中央「一定要解放臺灣」的指示，中央軍委決定，首先在浙江沿海，以空軍力量為主，結合海軍魚雷快艇，襲擊國民黨

軍艦艇，加強沿海炮擊，相擊攻取閩浙近海某些小島，轉變該地區海上形勢，而後攻占上下大陳島解放浙東島嶼，為解放臺灣創造有利條件。

9月3日　為在軍事上抗議美國干涉中國內政，解放軍福建前線部隊炮擊金門，主要打擊國民黨軍艦艇和炮陣地。22日再次炮擊金門，主要打擊國民黨軍指揮機關和軍事設施。兩次炮擊共擊沉、擊傷艦艇7艘，摧毀炮陣地9處。國民黨軍利用解放軍空軍尚未入閩，在9月間出動飛機千餘架次，對福建大陸實施報復性轟炸。解放軍高炮部隊堅決應戰，在防空作戰中使國民黨空軍遭受很大損失。

11月1日　從本日起至20日，解放軍空軍和海軍航空兵連續轟炸大陳島地區國民黨軍，國民黨空軍始終未敢出去迎擊。14日，解放軍海軍魚雷艇第31大隊第1中隊在浙東海面擊沉國民黨海軍「太平號」護航驅逐艦。

12月2日　美國與臺灣當局簽訂「共同防禦條約」。10日，蔣介石在換文時承諾，未得美國同意，不得對大陸發起進攻。條約規定美國有在臺灣、彭湖及其附近島嶼「部署美國陸、海、空軍之權利」。該條約原先議定美國「協防」的範圍包括金門、馬祖等外島，艾森豪威爾在審閱條約時將金、馬兩島刪去。

8日　周恩來外長發表《關於美蔣「共同防禦條約」的聲明》，宣布美國與臺灣簽訂的「共同防禦條約」是完全非法的和無效的，是美國強占中國領土，企圖用武力阻止中國人民解放自己領土臺灣的侵略性條約。

1955年

1月1日　彭德懷頒布《關於寬待放下武器的蔣軍官兵的命令》和《對國民黨起義、投誠人員的政策及獎勵辦法》的通告。

1月18日　解放軍首次以陸、海、空三軍聯合作戰方式，發起對

一江山島的攻擊，至翌日2時完全占領一江山島。

1月19日　艾森豪威爾在記者招待會上提出，由聯合國進行斡旋，以「停止中國沿海的戰鬥」。

1月24日　周恩來總理就美國在聯合國提出在中國沿海停火一事發表聲明，指出這實際是干涉中國內政。中國人民解放沿海島嶼，並未造成國際局勢的緊張，相反是美國侵占臺灣，庇護蔣介石集團，進行戰爭挑釁。周恩來指出，中國人民必須解放臺灣，美國必須停止對中國內政的干涉，其武裝力量必須從臺灣和臺灣海峽撤走。

2月5日　美國國務院宣布，美國政府已命令第七艦隊和其他部隊幫助國民黨從大陳島撤退。同時，杜勒斯透過外交途徑向蘇聯外長莫洛托夫表示，希望能勸說中國人民解放軍在國民黨軍撤離大陳時不要攻擊。8日至12日，國民黨軍2.5萬人並裹脅島上居民1.8萬人，由美國艦船運送，在美國海空軍掩護下由大陳島、北麂山撤往臺灣。浙東解放軍各部奉命未予攻擊。

2月7日　蔣介石在臺北講述國際形勢，稱大陸、臺灣都是中國領土，「中華民國」不能容人割裂，聯合國在大陸政權停火是不可思議的事情，除非審判侵略朝鮮、中國的蘇聯，否則聯合國就喪失了立場。臺灣是中國的領土，大陸必須「光復」。曲解臺灣的地位是別有用心的，「兩個中國」的主張荒謬絕倫。這是臺灣當局第一次對「兩個中國」問題表態。

4月23日　在萬隆會議的最後一天，周恩來代表中國政府就臺灣問題和中美關係發表了一個聲明，首度表示願意同美國政府坐下來談判遠東及臺灣的緊張局勢。

4月26日　杜勒斯國務卿在記者招待會上表示，願意同共產黨中國舉行雙邊談判。7月13日，美國透過英國向中國建議在日內瓦舉

行中美大使級會談。在中國政府表示同意後，8月1日，中美大使級會談在日內瓦正式開始，後來會談地址移至華沙。9月10日中美就兩國平民回國問題達成協議。達成平民回國協議後，中國提出應討論解除對華禁運問題和舉行更高級會談，美方卻提出先討論雙方在臺灣海峽「放棄使用武力」一事，從而使中美大使級會談長年陷入僵局。中美大使級會談是中美兩國在未建交的情況下進行雙邊接觸的主要渠道。會談一直延續到1970年2月中止，歷時15年，共談判136次。

5月13日　周恩來在大陸人大常委會擴大會議上作關於亞非會議的報告，指出：「解決臺灣問題有兩種可能的方式，即戰爭的方式和和平的方式。中國人民願意在可能的條件下，爭取用和平的方式解放臺灣。」

5月17日　陳誠對美國《時代》週刊記者發表談話稱，大陸侈談和平，實際無任何和平誠意。

5月29日　蔣介石對華盛頓《明星晚報》記者說，臺灣海峽局勢日益緊張，「我已準備應付一切」。美國如果和中共談判是不會有任何結果的。

6月2日　周恩來總理在接見印度尼西亞記者時說，中國願意在可能的條件下和平解放臺灣，中國願意和美國談判，歡迎其他關心此事的國家出來斡旋。中美間沒有戰爭，不存在停火問題，更不能以停火作為和談的先決條件。

6月4日　臺灣《中央日報》報導，蔣介石對美國記者稱，臺灣絕不與大陸談判，對任何方式的談判都堅決拒絕。

7月30日　周恩來總理在大陸人大二次會議作《目前國際形勢和中國外交政策》的報告中指出：在中國人民解放大陸和沿海島嶼的過程中，不乏和平解放的先例，只要美國不干涉中國的內政，和平

解決臺灣的可能性將會繼續增長，如果可能的話，中國政府願意和臺灣地方的負責當局協商和平解決臺灣的具體步驟。應當說明這是中央政府同地方當局之間的協商。所謂「兩個中國」的任何想法和做法都是中國人民堅決反對的。

1956年

1月30日　周恩來總理在全國政協二屆二次全體會議上，代表中國政府首次提出了「爭取和平解放臺灣」的口號。

5月28日　在人國人大一屆三次會議上週恩來總理代表中國政府正式宣布：願意同臺灣當局協商和平解放臺灣的具體步驟和條件，並且希望臺灣當局在他們認為適當的時代，派遣代表到北京或者其他適當的地點，跟我們開始這種商談。

6月29日　臺灣行政院長俞鴻鈞在臺灣稱，中共的和平攻勢在於瓦解西方，臺灣絕對不會妥協，堅決「反共」到底。

7月16日　周恩來在北京接見原國民黨「中央通訊社」記者曹聚仁先生，首次提出實行第三次國共合作，強調我們對臺灣不是招降，而是要彼此商談，只要政權統一，其他都可以坐下來共同商量安排的。

8月　中共中央第八次代表大會政治報告明確指出：「願意用和平談判的方式，使臺灣重新回到祖國的懷抱，而避免使用武力。如果不得已而使用武力，那是在和平談判喪失了可能性，或者是在和平談判失敗了之後。」

10月10日　蔣介石為慶祝「雙十」節發表《告軍民同胞書》，鼓吹軍人要以一當十，奮勇當先，消滅中共，實現「中華民國憲法」。救「國」高於一切，一切為了「反共」。攻擊中共提出的「愛國一家」是駭人聽聞的口號，中共是蘇聯的附庸。

12月6日　周恩來總理在印度答記者問時說：蔣介石及其集團是

中國人，作為中國人，我們不願看到中國人之間永久分裂。這是我們認為他們應該而且最後會回到祖國的原因，也是我們盡一切力量促成臺灣和平解放的原因。

1957年

4月16日 周恩來總理在歡迎蘇聯最高蘇維埃主席團主席伏羅希洛夫訪華的酒會上，向客人介紹了國民黨將領衛立煌以後說，國共兩黨過去已經合作過兩次。毛澤東接著說，我們還準備進行第三次合作。這是中共領導人再次強調進行第三次國共合作。

本月 臺灣「立法委員」宋宜山從香港經廣州抵京，與周恩來、李維漢等晤談。同年，國共兩黨在年初透過試探性秘密接觸後，中國共產黨提出了更寬大的政策：（1）兩黨透過對等談判，實現和平統一；（2）臺灣成為中國政府統轄下的自治區，享有高度的自治；（3）臺灣的政務歸蔣介石領導，大陸不派人前往干預，而國民黨可派人到北京參加對全國政務的領導；以上以美國軍事力量撤離臺灣海峽為先決條件。蔣介石雖然派人到大陸，只是為了摸清情況，根本無談判誠意。

10月10日至23日 國民黨「八全」大會在臺北舉行，確定了「反共復國」的總方略，提出了「建設臺灣、策進反攻」的口號和行動綱領。認為國民黨在臺統治已逐漸鞏固，因此應由「保衛臺灣，進而建設臺灣，並由建設臺灣而策進反攻大陸」。會議對中共提出的關於第三次國共合作的建議進行大肆攻擊和汙蔑，說成是「統戰陰謀」、「和平攻勢」。

1958年

4月27日 福州軍區司令員韓先楚、政委葉飛根據總參電示，上報炮擊封鎖金門的作戰方案。

7月17日 根據中東事件爆發後的國際形勢和臺灣海峽的形勢，

中央軍委作出加強東南沿海軍事鬥爭的決定。本日，彭德懷傳達中央軍委、毛澤東決定，要求空軍和地面砲兵立即開始行動。

8月23日　17時30分，解放軍砲兵以突然性的火力轟擊金門，不到一個小時就發射砲彈2萬發，當天殺傷國民黨軍約500餘人，其中擊斃國民黨金門防衛司令部副司令趙家驤、吉星文、章杰。

10月5日　為反對美國製造「兩個中國」的陰謀，擴大美蔣矛盾，毛澤東指示福建前線部隊「偃旗息鼓，觀察兩天」。中共中央軍委隨即作出「打而不登，封而不死」的決定。

10月6日　由毛澤東起草的《中華人民共和國國防部告臺灣同胞書》發表，宣布：「從十月六日起，暫以七天為期，停止炮擊。」「建議舉行談判，實行和平解決。」從此，炮擊金門進入打打停停階段。

13日　毛澤東起草的以國防部長彭德懷名義下達的對福建人民解放軍的命令公開發表，宣布「金門炮擊，從本日起再停兩星期，藉以觀察敵方動態，並使金門軍民同胞得到充分補給」。「金門海域，美國人不得護航。如有護航，立即開炮」。

21日　美國國務卿杜勒斯抵達臺灣，隨後同蔣介石進行了兩天會談。23日，發表了會談公報，宣布國民黨軍隊「減少金、馬駐軍」，改「反攻大陸」口號為「光復大陸」。稱「光復大陸」的主要途徑為「實行孫中山先生之三民主義，而非憑藉武力。」

10月25日　由毛澤東起草的《中華人民共和國國防部再告臺灣同胞書》發表，指出：「我已命令福建前線，逢雙日不打金門的飛機場、料羅灣的碼頭、海灘和船隻」，仍以不引進美國人護航為條件。」

10月31日　中共中央軍委決定：「今後雙日對任何目標一律不打炮」，從此開始了「雙日不打、單日打」的階段。

1959年

1月9日　中共中央軍委指示解放軍福建前線部隊「今後逢單日不一定都打炮」。此後單日的炮擊也逐漸減少，目標選擇在無人的海灘。金門國民黨軍以同樣方式回炮。

2月6日　中華人民共和國國防部發佈命令，2月8日是中國人民的傳統春節佳日，2月7日至9日停止炮擊3天。此後每逢節日，國防部和解放軍福建前線均宣布對金門諸島停止炮擊，以示關懷。

1960年

5月22日　美國加緊推行「兩個中國」，引起中共高度重視。中共中央召開政治局黨委擴大會議，討論了「同臺灣來往」的問題，確定了對臺問題的新的政策思想。為了使蔣介石瞭解中共新的對臺政策，周恩來於24日會見了張治中等民主人士，請張致信蔣介石，要求信一定要送到蔣氏父子手中。說我們的對臺政策是：臺灣寧可放在蔣氏父子手裡，不能落到美國人手中。臺灣必須統一於中國。具體是：一、臺灣回歸祖國後，除外交必須統一於中央外，所有軍政大權、人事安排等悉委於蔣介石，陳誠、蔣經國亦悉由蔣意重用；二、所有軍政建設經費不足之數悉由中央撥付；三、臺灣的社會改革可以從緩，必俟條件成熟並徵得蔣之同意後進行；四、互約不派特務，不做破壞對方團結之舉。周恩來將毛澤東和中央的意見概括為「一綱四目」。「一綱」是：只要臺灣回歸祖國，其他一切問題悉尊重蔣介石與陳誠的意見妥善處理。1963年初，上述內容透過張治中致陳誠的信轉達給臺灣當局。

5月26日　周恩來總理會見來華訪問的蒙哥馬利，提出改善中美關係的先決條件：一、美國承認臺灣是中國的一部分。二、美軍撤出臺灣和臺灣海峽。我們願意同美國坐下來談。如果美國把軍隊從臺灣和臺灣海峽撤走，我們就沒有理由使用武力。留下的問題只是中國的內政問題，我們力爭和平解放臺灣，這是我們努力的方向。

如果臺灣不干,並且使用武力,那麼我們就只好用武力解決。

6月17日和19日　為抗議艾森豪威爾訪問臺灣,解放軍福建前線砲兵兩次大規模炮擊金門,目標為灘頭、空曠無人地區和無工事山頭。國民黨守軍砲兵也像徵性地回擊。雙方均無傷亡。

1961年

12月　遵照中共中央軍委指示,福建前線解放軍部隊停止對金門的實炮射擊,只在單日打宣傳彈。國民黨軍也基本以宣傳彈回擊。

1962年

本年　　毛澤東和周恩來首次委託章士釗到香港與臺灣人士對話,因遭蔣介石拒絕,未果。

1964年

本年　　毛澤東和周恩來委託章士釗到香港與臺灣方面人士對話,再次試圖架設溝通兩岸的橋樑,但又遭到蔣介石拒絕。

1965年

6月20日　原「國民政府代總統」李宗仁及夫人郭德潔、秘書程思遠自美國返回北京。27日,毛澤東接見李宗仁夫婦和程思遠先生時指出:跑到海外、願意回大陸的國民黨人士,我們都歡迎。他們回來,我們都以禮相待。

1971年

4月28日　　美國國務院發言人宣布,希望國共兩黨能夠直接談判,並稱臺灣地位尚未解決。

4月29日　尼克松發表談話,說美國正在有分寸地謀求在對臺灣承擔義務的同時,謀求與中華人民共和國建立正常關係。

同日　蔣介石對美國記者說，不要誤入中國的圈套，稱臺灣不受「姑息逆流」的影響，對「光復大陸」充滿信心。

4月30日　臺灣當局「外交部長」召見美國駐臺灣「大使」，要求澄清對臺灣「法律」地位和對大陸的態度。

5月4日　《人民日報》就美國國務院發言人4月28日談判稱臺灣、澎湖主權未定一事指出，這是明顯地干涉中國內政的行為，重申中國政府對臺灣問題的一貫立場和中國人民一定要解放臺灣的決心。

7月9日至11日　美國特使基辛格秘密訪華，在同周恩來會議時表示，美國承認臺灣屬於中國，不再提「臺灣地位未定論」，不支持臺獨，也不支持臺灣當局「反攻大陸」，希望臺灣問題和平解決，美國不再與中國為敵，在聯合國將支持恢復中國的席位，但不支持驅逐蔣介石的代表權。16日，雙方同時發表公告，宣布尼克松將訪華。臺灣當局對此堅決反對，並下令舉行軍事演習。

10月25日　第26屆聯合國大會透過恢復中華人民共和國合法席位的決議。臺灣「中華民國」的代表在宣布被驅逐前聲稱「退出聯合國」。

1972年

2月21日至28日　尼克松訪華，中美發表《中美聯合公報》。美國方面聲明：認識到臺灣海峽兩邊的中國人都認為只有一個中國，臺灣是中國的一部分。美國政府對這一立場不提出異議。同時，美方「確認從臺灣撤出全部美國武裝力量和軍事設施的終極目標」。

1975年

3月19日　根據第四屆大陸人大常委會第二次會議決定，最高法院特赦釋放全部293名在押的戰爭罪犯，其中包括原蔣介石集團的戰犯290名。

4月5日　蔣介石在臺北病逝。嚴家淦任「總統」，蔣經國接任國民黨主席，事實上由蔣經國執掌政權。

9月22日　中國司法機關決定對在押的95名美蔣特務和49名武裝特務船船員，全部寬大釋放。

1976年

11月14日　蔣經國在國民黨「十一全」大會上作行政報告，提出與大陸「不接觸、不談判、不妥協」的「三不」政策，實行蔣介石對大陸的遺策。

1977年

2月28日　廖承志在首都各界人士和在北京的臺灣省同胞紀念臺灣省人民「二·二八」起義30週年座談會上講話重申：我們的一貫政策是愛國一家，愛國不分先後，對於一切願意走愛國道路的人們，我們都表示歡迎，以禮相待，既往不咎，立功受獎。我們還歡迎來大陸看一看，保證他們的安全和來去自由。

1978年

8月12日　《中日和平友好條約》在北京簽字。臺灣當局表示反對。

12月16日　中美發佈關於建立外交關係的聯合公報，宣布自1979年1月1日起兩國建立外交關係。美國承認中華人民共和國是中國的唯一合法政府；該公報重申《上海公報》中雙方一致同意的各項原則，並強調美國政府承認中國的立場，即只有一個中國，臺灣是中國的一部分。同日，中美兩國政府分別就兩國建交發表聲明。美國政府在聲明中宣布將於1979年1月1日通知臺灣，結束美國與臺「外交關係」；美臺「共同防禦條約」也將予以終止；美國將在4個月後從臺灣撤出餘留的軍事人員。

同日　蔣經國就中美建交發表聲明，向美國提出強烈抗議，指責美國「背信毀約」，聲稱「反共光復大陸立場絕不改變」。

22日　中共中央十一屆三中全會發表公報，其中談到對臺政策指出：隨著中美關係正常化，中國神聖領土臺灣回到祖國懷抱、實現統一大業的前景，已經進一步擺在我們面前。全會歡迎臺灣同胞、港澳同胞、海外僑胞，本著愛國一家的精神，共同為祖國統一和祖國的建設事業做出積極貢獻。

1979年

1月1日　大陸人大常委會發表《告臺灣同胞書》，提出瞭解決臺灣問題和實現「和平統一祖國」的方針政策，指出：「臺灣海峽目前仍然存在著雙方的軍事對峙，這只能製造人為的緊張。我們認為，首先應當透過中華人民共和國政府和臺灣當局之間的商談結束這種軍事對峙狀態，以便為雙方的任何一種範圍的交往接觸創造必要的前提和安全的環境。」

同日　中國國防部長徐向前宣布，自即日起，停止炮擊大、小金門、大擔、小擔、馬祖等島嶼。

1月3日　蔣經國在國民黨中常會上就大陸人大常委會提出的實現祖國和平統一的號召宣稱：絕對不相信、絕不能上當。4月4日蔣經國正式提出「不接觸、不談判、不妥協」的「三不」政策。

1月5日　鄧小平會見來華的二十七名美國記者並接受採訪。在談話中指出：「我們當然力求用和平方式來解決臺灣回歸祖國的問題，但是究竟可不可能，這是一個很複雜的問題。在這個問題上，我們不能承擔這麼一個義務：除了和平方式以外不能用其他方式來實現統一祖國的願望。我們不能把自己的手捆起來，如果我們把自己的手捆起來，反而會妨礙和平解決臺灣問題這個良好願望的實現。」

1月30日　鄧小平訪問美國，在出席六個團體聯合舉行的招待會時強調：按照我們的心願，我們完全希望用和平方式來解決這個問題，因為這對國家對民族都比較有利，這在我們的人大常委會《告臺灣同胞書》中已經說得很清楚了。應該說，中美關係正常化以後，這種可能性將會增大。當然，這並不完全取決於我們單方面的願望，還要看形勢的發展。

4月10日，美國總統卡特簽署《臺灣關係法》。

8月2日　蔣經國回答南非《中肯》週刊駐臺北記者提問時稱：「統一是中國人民的共同願望，但中國的統一，必須以自由民主為基礎。」這是蔣經國首次就統一問題提出的條件。

10月19日　鄧小平在全國政協和中共中央統戰部招待各民主學派和工商聯代表的宴會上講話指出：「我們和國民黨曾有過兩次合作的歷史，現在希望同臺灣當局共同為祖國的統一攜手邁進。」

12月1日　蔣經國在國民黨中央軍事會議上講話時稱，對大陸作戰七分政治，三分軍事，七分心理，三分物質，根本目標是「光復大陸」。

12月10日　國民黨召開十一屆四中全會，蔣經國致辭，宣稱「三民主義建設必再擴大」，「光復大陸努力決不稍懈」。會上針對內部有人提出國共接觸「不妨一試」的主張指責說，這是「極大的錯誤」。

1980年

1月16日　鄧小平在中共中央幹部會上作《目前的形勢和任務》的報告中提出，80年代的三大任務之一就是臺灣回歸祖國，實現祖國統一。

7月15日行政院長孫運璿在「國家建設研究會」開幕詞中說：臺灣「不是不與中共談判，而是一旦談判中共必然提出許多條件，

而這些條件我們絕對不能接受」。23日，他又表示之所以不能談，是要堅持「我們的先決條件」。

1981年

1月12日 蔣經國主持軍事會議，聲稱絕不與中國談判是臺灣當局「永不改變的決策」，也不與中共通商、通航、通郵。會議透過了「以三民主義統一中國」的決議。

9月30日 大陸人大常委會委員長葉劍英向新華社發表談話，進一步闡明關於實現祖國和平統一的九點方針政策。

10月7日 蔣經國在國民黨中常會就中共和談建議發表講話，宣稱「根本就沒有所謂兩黨『合作』之可言」，重申永遠不與中共談判。

10月9日 首都各界隆重舉行集會，紀念辛亥革命70週年。胡耀邦在表講話中以共產黨負責人身份邀請蔣經國和臺灣其他黨政軍人士和各界人士回大陸和故鄉看看。

10月29日 蔣經國在臺灣一次民眾集會上明確表示，「臺灣海峽雖然把臺灣和大陸分開，但是在歷史上、生活上、精神上，我們都是在一起的」。

1982年

7月22日 蔣經國在接見參加「國建會」正副領隊時宣稱，臺灣拒絕與中共談判、接觸，是因為只要稱有表示與中共試試談談，臺灣軍心民心就會動搖，所以這是萬萬試不得的事情，不管人家如何批評，臺灣的基本立場決不能改變。

7月24日 廖承志致函蔣經國，呼籲國共兩黨舉行和平談判，完成祖國統一。

8月17日 中美兩國發表《八一七公報》，就解決美國售臺武器

問題作出原則規定。

10月15日　孫運璿在「立法院」答詢時聲稱：臺灣絕不能與大陸談判，和談是另一種戰爭，中共從未放棄「犯臺企圖」，臺獨搞分裂，必須徹底掃除。

1983年

3月9日　鄧小平會見美籍華人李政道教授，在聽取他與臺灣當局要人接觸的介紹時，詢問了蔣經國的身體情況，指出：蔣經國真是想通了，可以做一些對他們蔣家最有利的事情，包括對他父親，在中國歷史上可以寫得好一些。

6月26日　鄧小平在會見美國新澤西州西東大學教授楊力宇時，詳細闡述了按照「一國兩制」統一祖國的設想，其中指出統一後，臺灣可以有自己的軍隊，只是不能構成對大陸的威脅。

7月29日　臺灣外交部就鄧小平和楊力宇談話發表聲明，稱絕不與中共談判，要自由世界記住西藏的教訓，誣衊中國共產黨無信用可言。

1984年

3月24日　臺灣當局召開的「國大」一屆七次會議發表宣言，提出四項主張：一、中國乃全體中國人民之中國。二、「中華民國」為中國之唯一代表，美國對大陸中共存幻想實屬不智。三、不承認中英關於香港問題任何協議。四、「三民主義統一中國」勢在必成。

5月15日　六屆大陸人大二次會議《政府工作報告》第一次正式把「一個國家、兩種制度」的設想作為基本國策提出。

10月8日　蔣經國發表《三民主義統一中國必勝必成》專文，重申其「三不」政策「在任何情況下絕不變更」。

10月22日　鄧小平在中共中央顧問委員會第三次全體會議講話中談到不承諾放棄使用武力問題，強調「這是一種戰略考慮」。

1985年

　　3月29日　全國政協主席鄧穎超會見來京採訪人大和政協會議的港澳記者時說：「希望臺灣能派出有代表性的人士或者來北京，或者在其他地方和我們談，我們願意聽取他們的意見。」

　　5月23日　中央軍委在北京召開擴大會議，決定撤銷福州軍區，該區部隊精簡後歸南京軍區領導。

1986年

　　3月21日　解放軍駐福建地區部隊發言人宣布：為了進一步緩和臺灣海峽地區的局勢，促進祖國和平統一，我部已奉命於一九八五年停止向臺灣和金門、馬祖諸島空飄海漂宣傳品。發言人同時指出，臺灣有關方面至今仍向大陸飄（漂）散大量有傷和氣的傳單。這是不符合兩岸同胞意願的。我們希望臺灣當局盡快改變這一類不順民心的做法。

　　12月12日　北京集會紀念「西安事變」50週年，呼籲國民黨捐棄前嫌，為祖國統一獻力。

1987年

　　10月14日　國民黨中常會透過五人小組的探親研究結論報告，原則同意除現役軍人及現任公職人員外，凡在大陸有血親、姻親、三等親以內的親屬者，可登記赴大陸探親；每人每年一次為限，每次可停留3個月。

1988年

　　1月13日　中國國民黨中央主席蔣經國在臺北去世。李登輝繼任「總統」。

2月21日 李登輝正式就任「總統」、國民黨中央「代主席」後舉行首次記者會，一方面強調必須以新觀念來處理兩岸關係問題，另一方面又聲稱其一切政策措施，將以臺灣「安全做出發點」，對於兩岸的民間交流目前「不會去倡導」，「三不」政策「不會去改變」，也不會接受「一國兩制」的安排。

1989年

4月3日 吳學謙副總理在回答臺灣《中國時報》記者提問時說，我們不希望看到主張獨立的傾向繼續發展，我們願意同臺灣當局繼續保持接觸並就如何實現祖國和平統一問題儘早實現談判。

9月26日 中共中央新領導人舉行中外記者招待會。江澤民重申不承諾放棄使用武力。李鵬強調兩岸經濟差距不能成為祖國不能統一的理由；兩岸統一沒有時間表，因為兩岸都是現實主義。

1990年

5月15日 李登輝接見訪問大陸返臺的丁守中等立委時稱，「國家統一不是兩黨的事，黨對黨不可以談，政府對政府可以談，這才是對等的立場」。

5月20日 李登輝發表「就職演說」稱，如果中共推行民主政治及自由經濟制度，放棄在海峽使用武力，不阻撓臺在一個中國的前提下開展對外關係，則臺願以對等地位建立雙方溝通管道和全面開放交流，奠定彼此間互相尊重、和平共榮的基礎，期於各觀條件成熟時，依據海峽兩岸中國人的公意，研討國家統一事宜。

6月11日 江澤民就解決臺灣問題發表講話，對李登輝表示「臺灣和大陸是中國不可分割的領土」、「中國的統一和富強是所有中國人共同的期望」，願意「建立雙方溝通渠道」、「研究國家統一事宜」等表示欣賞，同時重申，只要雙方坐下來，真正本著一個中國的原則商談祖國統一，而不是搞「兩個中國」、「一中一臺」、

「一國兩府」，一切問題都可以提出來討論、商量。所謂「一國兩府」，實質是「兩個中國」、「一中一臺」，是走向分裂，不是邁向統一。

10月7日　臺灣「國家統一委員會」成立，李登輝兼任主任委員。

10月18日　臺灣「行政院大陸委員會」成立。

10月21日　臺灣的海峽交流基金會（簡稱「海基會」）成立。辜振甫為董事長，許勝發、陳長文為副董事長。

12月12日　中共中央召開的全國對臺工作會議結束。會議重申，實現祖國統一，寄希望於臺灣當局，更寄希望於臺灣人民，國共兩黨應儘早接觸談判，當務之急是要加強兩岸的聯繫，盡快實現雙向、直接的「三通」。

1991年

2月12日，臺行政院長郝柏村在年終記者會中指出，5月終止「動員戡亂時期」後，臺當局「反共」基本「國策」與立場不變。除非兩岸停火或簽訂「停火協議」，否則兩岸還是處於交戰狀態。

2月23日　臺灣「國統會」透過「國家統一綱領」。該「綱領」強調「大陸與臺灣均是中國的領土，促成國家的統一，應是中國人共同的責任」，提出「統一」分近程、中程、遠程三個階段「逐步達成」，表示同意要「開放兩岸直接通郵、通航、通商」，「推動兩岸高層人士互訪」；但又提出一些不合理條件，稱統一應以「對等」為原則，「在交流中不危及對方的安全與安定，在互惠中不否定對方為政治實體，在國際間相互尊重，互不排斥」等，實際上是欲使臺灣成為與大陸平起平坐的「獨立政治實體」。

4月24日　解放軍駐福建部隊發言人奉命宣布對金門等島嶼國民黨軍官兵廣播喊話。

4月30日　李登輝舉行記者會，宣布「動員戡亂時期」於5月1日零時終止。

6月7日　中共中央臺辦負責人受權就海峽兩岸關係與和平統一問題發表談話，呼籲國共兩黨就正式結束兩岸敵對狀態、逐步實現和平統一進行談判。

同日「行政院」發言人邵玉銘稱，中共臺辦負責人發表正式談話是對臺灣終止「動員戡亂」的回應，但中共的「三通」、「黨對黨談判」、「一國兩制」主張沒有新意，臺不能接受。

7月10日　李登輝接受《華盛頓時報》記者訪問時稱：「只要中共堅持將我們視為地方政府，並且以軍事進犯威脅我們……就不會有直接談判。」李登輝在回答問題時，多次使用「中華人民共和國」。

12月16日　海峽兩岸關係協會在北京成立，汪道涵任會長。

1992年

5月14日「陸委會副主委」馬英九在「兩岸簽署和平協定評估公聽會」上，對兩德基礎條約在兩岸能否移植表示存疑，認為可把協定視為前瞻性的指標，循序漸進，從零星的協議先建立雙方的互信。馬英九認為，兩岸關係的發展需要一個「創造性的模糊」，留一個雙方各說各話的空間，「國統綱領」的「一國兩區」，就是「創造性的模糊」。

8月1日　臺「國統會」對「一個中國」的涵義作出結論，主要內容是：海峽兩岸均堅持一個中國之原則，但雙方所賦予之涵義有所不同；臺灣固為中國一部分，大陸亦為中國一部分；1949年起中國處於分裂狀態，由兩個政治實體分治海峽兩岸。

10月12日　在中國共產黨十四大報告中，江澤民總書記重申：中國共產黨願意同中國國民黨儘早接觸，以便創造條件，就正式結

束兩岸敵對狀態、逐步實現和平統一進行談判。在一個中國的前提下，什麼問題都可以談，包括就兩岸正式談判的方式問題同臺灣方面進行討論，找到雙方都認為合適的辦法。

1993年

1月　中共中央軍委根據新的形勢和國家安全的需要，制定了新時期軍事戰略方針，將軍事鬥爭準備的重點由「三北」方向轉到東南沿海，強調把軍事鬥爭準備的基本點放在打贏現代技術特別是高技術條件下的局部戰爭上。

4月27日至29日　海協會長汪道涵和臺灣海基會董事長辜振甫在新加坡舉行歷史性會談，雙方簽訂了四項協議。

8月31日　國務院新聞辦公室和國務院臺灣事務辦公室聯合發表《臺灣問題與中國的統一》白皮書，以翔實史料充分論證了臺灣是中國的一部分，系統地說明了臺灣問題的由來、現狀和兩岸關係發展的情況，明確闡述了中國政府對解決臺灣問題的方針政策和對國際事務中涉及臺灣問題的原則立場。

9月16日　臺陸委會發表《對中共〈臺灣問題與中國的統一〉白皮書的看法》。全文共有「前言」、「我們的看法」、「我們的期望」三部分。主要內容有：只有中國問題，沒有臺灣問題；中共不等於中國；「中華民國」是國際社會的一員，中共不能代表臺灣人民；中共「一國兩制」的立場是中國統一的最大障礙；海峽兩岸應以和平方式解決統一問題；唯有民主、自由、均富才能徹底解決中國問題。

1994年

11月10日　江澤民在接受新加坡記者聯合採訪時表示，為了逐步實現臺灣與中國大陸的和平統一，我願意同李登輝先生接觸會晤，這是中國的內部事務，只有在中國人之間進行，會晤的場合要

與此相稱，不能在任何國際會議或其他的國際活動的場合見面。

1995年

1月28日　國民黨中央舉行辭歲迎春茶會，李登輝致辭，提出臺今年「五大施政目標」，並稱兩岸談判一百次也要談。

1月30日　江澤民主席發表題為《為促進祖國統一大業的完成而繼續奮鬥》的重要講話，就現階段發展兩岸關係、推動祖國和平統一進程提出八項主張。關於進行海峽兩岸和平統一談判，江澤民提出了分步走的設想，作為第一步，雙方可先就「一個中國的原則下，正式結束兩岸敵對狀態」進行談判，並達成協議。在此基礎上，共同承擔義務，維護中國的主權和領土完整，並對今後兩岸關係的發展進行規劃。

3月5日　在北京召開的八屆大陸人大第三次會議中，解放軍人大代表郭玉祥表示，在開展兩岸學術、文化、體育交流之際，適時開展兩岸軍事交流也可以考慮。開展兩岸軍事交流可從軍事人員互訪做起。

4月8日　李登輝發表講話，提出「在兩岸分裂、分治的基礎上追求統一」等六條主張。

5月22日　美國政府不顧中方的堅決反對和多次嚴正交涉，宣布允許李登輝赴美進行所謂「私人訪問」。6月9日　李登輝在美國康奈爾大學發表題為《民之所欲，長在我心》的演講，進行製造「兩個中國」的分裂活動。

美、臺破壞兩岸關係的活動直接導致第二次汪辜會談不能按原計劃進行。7月、8月、10月，解放軍在臺灣附近海域連續進行導彈、火炮實彈射擊訓練與演習。

8月2日　李登輝在「國大」臨時會上聲稱，兩岸簽訂百年和平條約是最好的辦法。

10月20日　連戰在「立法院」答詢時認為，兩岸領導人互訪不違反「國統綱領」，稱對兩岸領導人會談抱樂觀其成的態度。

11月14日　中國外交部發言人在記者招待會上強調，兩岸領導人的會晤只能在一個中國的前提下進行，也不需要借助任何國際場合。根據兩岸關係的現狀來看，還不具備兩岸領導人會見的任何條件。

1996年

1月6日　臺陸委會召開諮詢委員會議，討論兩岸協商問題，認為大陸政策應堅持原則、靈活策略及務實交流，並建議兩岸軍方開展民間交流，主張臺灣當局以「邦聯」或「聯邦」回應大陸「一國兩制」。

3月8日　因本月23日臺灣將舉行第一次「總統直選」，為打擊臺獨勢力，從即日起至3月25日，解放軍在東南沿海開始三個波次的大規模演習。在演習期間，臺灣軍方進入緊急戒備狀態，美國總統下令出動航空母艦1艘前往臺灣附近海域顯示力量。臺灣股市暴跌，資金抽逃嚴重，外匯儲備損失100億美元。

3月23日　在臺灣總統選舉中，李登輝、連戰當選。

5月20日　李登輝發表「就職演說」，指出海峽兩岸都應正視處理結束敵對狀態這項重大問題，以便為追求「國家統一」做出關鍵性貢獻。李還表示願訪問大陸，並與中共最高領導見面，直接交換意見。

6月26日　江澤民接受西班牙《國家報》記者採訪。當記者問及海峽兩岸關係時，江澤民說：舉行海峽兩岸和平統一談判是我們的一貫主張。

7月23日　李登輝接見參加「兩岸關係與亞太格局」研討會部分人士，並與美國前安全事務顧問布熱津斯基等談臺灣問題，李表示

要繼續推動結束兩岸敵對狀態，追求簽訂和平協定。

10月8日　海協會常務副會長唐樹備在回答臺灣「中央社」記者提出的兩岸怎樣才能恢復商談的問題時說：我們希望臺灣方面為兩岸的商談，包括為海協與海基會商談的恢復，創造一個合適的政治氣氛，那就是臺灣應停止在國際上製造「兩個中國」、「一中一臺」的活動。在這方面臺灣當局至今沒有採取任何實際行動，相反的還繼續推動「參與聯合國」、「北向外交」等活動，在此情況下，進行兩會商談、兩岸的政治性商談，氣氛還是不合適的。

11月17日　李登輝接見美國聯邦參議員訪問團時再次聲稱，他願意到中國內地從事「和平之旅」，並與大陸領導人晤談。

12月7日　臺「國家發展會議」兩岸關係議題組，參照國際間結束敵對狀態的做法，提出簽署結束兩岸敵對狀態停戰協定的內容要件，其中包括宣布放棄以武力解決一切爭端、架設熱線並互派代表、軍事演習與軍事建制調動事先通報，以及設立監督委員會進行查證工作等。

1997年

2月1日　中共中央臺辦、國務院臺辦發言人發表談話，指出臺灣當局最近召開的所謂「國家發展會議」，避而不談「一個中國」和國家統一，將兩岸關係定位為「兩個對等政治實體」。這代表臺灣當局進一步背離一個中國原則，拒絕統一，在分裂的道路上越走越遠。

2月23日　臺「新聞局」發佈《透視「一個中國」問題》說帖，稱「一個分治的中國」才是政治現實，大陸「強迫」國際社會接受一個中國原則的做法幾乎等同於「口頭吞併中華民國」。

7月8日　唐樹備指出，兩岸統一需要時間，但絕對不允許以未統一為藉口分裂中國的主權，希望臺灣當局拿出誠意，兩岸在適當

的氣氛下進行政治談判，逐步發展兩岸關係，最終達到國家的統一。

9月12日 江澤民在中共十五大報告中，再次鄭重呼籲：作為第一步，海峽兩岸可先就「在一個中國的原則下，正式結束兩岸敵對狀態」進行談判，並達成協議；在此基礎上，共同承擔義務，維護中國的主權和領土完整，並對今後兩岸關係的發展做出規劃。

10月20日 李登輝稱兩岸可望於明年2月上旬恢復對話，但拒絕「三通」。

民進黨主席許信良認為，因應大陸政治談判的最好對策是主動提出「三通」談判。

12月14日 連戰稱，在處理兩岸關係上一「要和平」，二「要交流」，三「要雙贏」，不統、不「獨」、不對立；統一無時間表和固定形式；兩岸間的政治議題應先從較低階層開始。

12月15日 蔣仲苓表示，國軍「效忠的是中華民國政府，而不是臺灣獨立國」。

1998年

1月27日 國務院總理李鵬在春節團拜會上發表講話，希望臺灣當局以實際行動促進「三通」的早日實現，並儘早回應我在一個中國原則下兩岸進行談判的鄭重呼籲。

2月10日 後來出任白宮國家安全委員會亞太事務主任的美國密歇根大學教授李侃如提出，兩岸應先達成一個可能維持五十年的「中程協議」，引起各方的高度重視。

3月8日，美國前助理國防部長約瑟夫·奈在《華盛頓郵報》發表文章，提出了美國明確宣示「一個中國」立場、大陸應讓臺灣享有更多空間、臺灣絕不採取任何臺獨步驟等三項策略，以防止臺海

發生衝突。

2月5日　海協會常務副會長唐樹備接受記者採訪，就兩會聯繫與接觸問題指出，在今年兩岸關係發展中，進行政治談判已是一個不容迴避的內容，及時進行政治談判的程序性商談是兩會重開商談時一個不可迴避的問題。

4月17日行政院長蕭萬長在「立法院」表示，他基本上贊同和中共交換演習資訊，建立「軍事互信機制」以避免因為誤判而引發戰爭。這是臺灣當局首度公開表示，願與大陸談判建立「軍事互信機制」。

4月22日　美國國防部官員表示支持蕭萬長關於建立兩岸軍事互信機制的建議。

5月21日　美國副助理國防部長坎貝爾在美國戰略與國際研究中心（CSIS）主辦的研討會上指出，他發現兩岸在1995年與1996年臺海危機期間「竟然完全沒有高層的溝通管道」，因此強烈建議雙方建立某種機制以發揮「危機溝通」的功能。此後媒體報導顯示透露，早在1996年年底開始舉行的美臺「蒙特雷會談」中，當時美方負責人坎貝爾就提出希望臺海兩岸建立「軍事互信機制」，安排哈佛大學教授傳授有關理論和實務，但臺方以兩岸軍事互信機制缺乏客觀環境為由拒絕了美方要求。

6月15日　李登輝在接受美國《時代》雜誌專訪時首度公開建議，在兩岸軍事方面，雙方應該建立某種機制，以便能在產生誤解前相互知會。

6月17日　國家主席江澤民在接受美國記者訪問時就臺灣問題指出，希望臺灣當局從兩岸同胞的長遠福祉出發，以實際行動積極回應大陸有關兩岸政治談判的建議。

6月27日　國家主席江澤民和來訪的美國總統克林頓在北京舉行

會談。

6月30日　正在上海訪問的美國總統克林頓在參加上海市民的座談會時公開重申，美國「不支持臺灣獨立」，「不支持『一中一臺』、『兩個中國』」，「不支持臺灣加入必須由主權國家才能參加的國際組織」。

7月7日　臺國防部軍事發言人孔繁定針對「兩岸建立軍事預警制度」做出三項說明：第一，其目的是促使臺方與大陸軍事透明化，避免誤判而引發戰爭；第二，國防部將遵照「政府」既定政策，持續推動兩岸關係發展，因此目前採用「防衛固守、有效嚇阻」的軍事戰略；第三，國防部將在兼顧「國防安全」的原則下，除繼續透過軍事記者會和「國防」資訊網站主動公開「國防」訊息外，現正在蒐集冷戰時期，東西方敵對集團為避免戰爭而設立軍事預警制度的例子，加以研究，以作為參考。

7月13日　美國前國防部長佩里在洛杉磯與臺「外交部長」胡志強見面時，提議兩岸建立「第二管道」。

7月15日　臺「國防部長」蔣仲苓表示：建立軍事預警制度，不是臺方一廂情願可以做的事情，固然可以開展研究，但這牽涉到兩岸態度，因此一切言之過早，只有等「國統綱領」進程進入中程階段之後才有可能。

10月14日　應海協會邀請，海基會董事長辜振甫率領的海基會參訪團抵達上海，開始為期6天的參訪行程。

10月20日　李登輝在接見海基會赴大陸參訪成員時稱，「一個中國」的定義、「兩岸分治」及「外交空間」等兩岸歧見問題短期內不會消失，最務實的方法就是坦誠面對「一個分治的中國」，相互尊重，繼續平等往來和對話。

12月31日「行政院大陸委員會主委」張京育在年終記者會上呼

籲認真考慮臺灣的提議，建立軍事互信的機制，讓兩岸軍事預算透明化，並不以對方為演習對象。他特別指出，「軍事互信可說是終止敵對的一部分」，使兩岸之間減少猜忌。

1999年

1月18日 大陸學者王在希在紐約提議和臺北建立軍事熱線。

1月28日 錢其琛在「江八點」發表四週年及《告臺灣同胞書》發表二十週年紀念會講話呼籲兩岸進行政治談判，並強調臺灣問題不能無限期拖延下去。

2月9日 臺「國防部長」唐飛在國防部召開記者招待會表示，兩岸建立預警機制非一廂情願可以做到，須等到政治對話發展到某一程度時方能推動。

3月24日 美國負責亞太事務的助理國務卿陸士達在《臺灣關係法》20週年研討會上表示，鑒於兩岸尋求和平解決歧異將是一個很漫長的過程，期間或可考慮以若干「中程協議」維持兩岸關係的發展動力。這是美國官方首度就兩岸關係的發展提出具體看法。

4月9日 李登輝在「國家統一委員會」上提出「加強對話、恢復協商、擴大交流、縮小差距」四項主張，表示歡迎汪道涵來訪，接續去年的建設性對話，進而促成兩岸領導人會晤；兩岸應該盡速恢複製度化協商，以解決雙方交流所衍生的問題，逐步建立兩岸和平穩定的機制。

4月25日 海協會會長汪道涵接受《亞洲週刊》訪問，在回答兩岸是否可以推動軍方高層互訪問題表示：「在一定的條件下，我想是可以的，為甚麼這麼說呢？如果說我們大家協商或者談判的時候，既然是一個統一的中國，軍隊當然可以互訪。鄧小平已經說得很清楚，允許臺灣保留軍隊，那時的軍隊，兩岸是國防的友軍，既然是友軍，為甚麼不能互訪？我想到那時是可能的。」

4月30日　海峽交流基金會董事長辜振甫就預定秋天在臺北舉行的汪辜會談問題表示：如果大陸方面提出建議，那麼，臺灣方面也將同意就軍事問題進行磋商。另外，關於成為海峽兩岸之間的最大的對立因素的中國增強導彈和臺灣配備戰區導彈防禦系統問題，辜振甫指出：「戰區導彈防禦系統始終是防禦性的，尚處於研究階段。」與此同時，辜振甫指出：「如果汪道涵會長提出這一問題，則加以說明。」

7月9日　李登輝接受《德國之聲》專訪時提出「兩國論」，兩岸交流被迫中斷，兩岸軍事敵對加劇。

8月9日　臺「陸委會主委」蘇起稱，將兩岸關係定位在「特殊的國與國關係」而不是內政關係，不僅是陳述一個簡單的事實，而且也是為未來兩岸政治談判做準備。

2000年

2月21日　國務院新聞辦、國務院臺辦聯合發表《一個中國的原則與臺灣問題》白皮書，首次全面、系統闡述中國政府關於一個中國原則的基本立場和政策，特別強調如果出現臺灣被以任何名義從中國分割出去的重大事變；如果出現外國侵占臺灣；如果臺當局無限期拒絕透過談判和平解決兩岸統一問題，中國政府只能被迫採取一切可能的斷然措施，包括使用武力來維護中國的主權和領土完整，完成中國統一大業。

3月18日　臺灣變更領導人的選舉活動結束，民進黨候選人陳水扁當選。

4月1日　國臺辦新聞局長張銘清表示，除非臺灣新領導人接受一個中國原則，否則大陸不會接受任何「密使」或「代表」。

5月20日　陳水扁、呂秀蓮宣誓就職。陳水扁發表《臺灣站起來，迎接向上提升的新時代》，對兩岸關係提出所謂「四不一沒

有」主張。

6月2日 行政院長唐飛在「立法院」作首次施政報告，強調「以堅強的國防為後盾，促使兩岸軍事透明化，以避免誤判情資而導致戰爭，將透過安全對話與交流，建立兩岸軍事互信機制，展開包括政治議題在內的全面性對話，全面檢討三通政策」。

6月7日 美國助理國務卿幫辦謝淑麗指出，兩岸問題要靠雙方努力透過經濟交流和政治對話為彼此的關係建立更正面的基礎，此外，美方也希望兩岸建立軍事互信機制，最終減少雙方的武器。

9月17日「國防部長」伍世文在一次演講中稱，國防部將依「政府」兩岸政策，視中共態度與反應，逐步推動兩岸信心建立機制（CBMs）。但建立「軍事互信機制」應視中共是否對我放棄敵意，以及提出不以武力進犯的具體承諾，始有進行相關協議的可能。

10月16日 國務院新聞辦發表《2000年中國國防白皮書》，重申了武力解決臺灣問題的「三個如果」條件，強調中國堅決反對任何國家向臺灣提供戰區導彈防禦系統、部件、技術或援助，堅決反對任何國家以任何形式把臺灣納入其戰區導彈防禦系統。

2001年

3月23日 國家主席江澤民接受《華盛頓郵報》專訪時強調，臺灣問題一直是影響中美兩國關係發展的重要問題。臺灣問題遲遲未能解決，美國負有很大責任。

4月9日 陳水扁在接見美國參議員洛克菲勒時表示，臺海至今並無信任建立措施，如果臺海發生類似（中美南海撞機）事件，後果將不堪設想，因此「臺海信任建立措施」的設置非常重要。

4月23日 美國宣布對臺出售總額達60億美元的武器，這是美國政府繼1990年之後又一次向臺灣大規模出售武器。

4月24日　中國駐美大使楊潔篪就美國政府向臺灣出售先進武器向美方提出強烈抗議。

同日　美國總統布希接受美國媒體採訪稱，如果中國大陸用武力解決臺灣問題，美國將以必要力量幫助臺灣自衛。又稱，「美國支持『一個中國』的政策，臺灣宣布獨立不符合美國這一政策」。

4月30日　美國學者蘭普頓在臺灣稱，信心建立措施與中共對臺基本戰略矛盾，除非臺灣在政治上讓中共有安全感，才可能有所謂信心建立措施。

5月27日「國防部副部長」陳必照在「美國國防戰略檢討與未來臺海安全」座談會上指出，臺灣應與大陸建立「信心建立機制」，以維護臺海情勢安定。

6月7日　中國外交部發言人指出，只要臺灣接受一個中國原則，兩岸即可就如何緩和當前的臺海緊張局勢進行商談，包括撤離中國在福建部署的導彈等任何議題均可透過談判方式解決。

7月12日　國務院副總理錢其琛在會見「新黨大陸事務委員會代表團」時提出「一國兩制」的七項內容，其中第二項為「繼續保有軍隊」。

9月9日　臺灣媒體報導，臺灣軍方正著手建構「兩岸軍事互信機制」項目研究計劃，擬訂兩岸軍事互信機制三十四個議題，區分近程、中程、遠程，分配參謀本部進行評估作業，並指派參謀本部作戰次長室負責。

2002年

1月5日　陳水扁在會見「美中安全檢討委員會訪華團」時，希望美國在兩岸之間能扮演穩定者、平衡者與勸促者的角色，為兩岸搭起和平接觸與對話的平臺。

2月20日 「國防部長」湯曜明指出，國防部將致力於兩岸軍事透明化，全力支持「政府」與中共對話交流，建立兩岸「軍事信任措施」。

5月9日 陳水扁在金門大擔島宣示，將推動民進黨「中國事務部主任」率團訪問大陸，以促進彼此的瞭解與政黨的和解。同時，也邀請大陸領導人，到大擔的茶坊「喝茶、談天」。

7月23日 臺灣國防部在例行新聞發佈會說明新版「國防報告書」內容，首度以專門章節把兩岸軍事互信機制問題作為「國防政策」和「國防重要施政」提出。

8月3日 陳水扁透過電視直播方式向在東京召開的第二十九屆世界臺灣同鄉會聯合會致開幕詞，公然提出臺灣「主權獨立」，與大陸是「一邊一國」。

10月10日 陳水扁發表「雙十節」祝詞，要求大陸「將部署在海峽對岸的四百枚導彈撤除，並公開宣示放棄武力犯臺」。

11月8日 中共中央總書記江澤民在中共十六大政治報告中呼籲，在一個中國原則基礎上，儘早恢復兩岸對話和談判，重申臺灣問題不能無限期地拖延下去。

12月3日 中國駐美大使楊潔篪在亞洲協會早餐會上發表演講指出，中國部署導彈是國家安全問題，不是針對臺灣，美國應給予理解和支持。

12月9日 國務院新聞辦發表《2002年中國的國防》，強調將以最大誠意、盡最大努力爭取和平統一的前景，但決不放棄使用武力；指出中國武裝力量堅決捍衛國家主權和統一，有決心、有能力制止任何分裂行徑；表示中國堅決反對任何國家向臺灣出售武器或與臺灣進行任何形式的軍事結盟。

2003年

1月1日　陳水扁發表元旦祝詞稱，海峽兩岸應以「建立和平穩定互動架構」作為現階段共同努力的重大目標。以後逐步形成所謂「一個原則、四大議題」：一個原則是確立和平原則，四大議題包括建立協商機制、對等互惠交往、建構政治關係、防止軍事衝突。

9月2日　陳水扁在「九三軍人節」錄像談話中聲稱，「中華民國是一個主權獨立的國家，對岸的中華人民共和國也是」。這是陳水扁首次在軍隊中散佈「一邊一國」論調。

5月19日　喬治·華盛頓大學外交學院舉辦陳水扁就職三週年研討會，學者沈大偉指出，臺灣兩岸應建立軍事互信機制，例如大陸應停止軍區演習、兩岸亦可設立熱線通訊或恢復「海峽中線」。

2004年

1月16日　陳水扁公佈「3·20公投」的兩個題目，以和平為幌子，炒作所謂「大陸武力威脅」、「飛彈部署」等議題。

1月17日　國臺辦發言人就陳水扁公佈所謂「3·20公投」議題指出，這是對臺灣和平與穩定的單方面挑釁，其實質是要為今後利用「公投」實現臺獨做準備。

3月20日　臺灣「總統」選舉結束，藍綠對選舉結果產生爭議，後「中選會」宣布陳水扁、呂秀蓮獲勝。兩項「公投」因投票人數不過半而告破產。

4月12日，美國學者李侃如與戴維·蘭普頓在《華盛頓郵報》發表文章，鼓吹兩岸須建立防止戰爭的新框架。

5月17日　中共中央臺辦、國務院臺辦授權就當前兩岸關係問題發表聲明，就恢復兩岸對話與談判，正式結束敵對狀態，建立軍事互信機制，構造兩岸關係和平穩定發展框架等問題闡明立場。

6月2日　主管亞太事務的助理國務卿凱利對「5·17聲明」中關於

「兩岸建立軍事互信機制」的建議進行了正面回應。

10月10日　陳水扁發表「雙十講話」，頑固堅持「一邊一國」立場，聲稱「以九二香港會談為基礎」，作為協商談判的準備，實際上否認「九二共識」存在；還以「保障臺海永久和平」為幌子，提出建立兩岸「軍事信任措施」、「海峽行為準則」等欺騙性主張。

12月13日　臺當局公佈「國防報告書」，除煽動大陸對臺「威脅」外，將陳水扁有關「海峽行為準則」等兩岸軍事互信機制的內容列入其中。

12月27日 中國國務院新聞辦公室發表《2004年中國的國防》白皮書指出，只要臺灣當局接受一個中國原則、停止臺獨分裂活動，兩岸雙方隨時可以就正式結束敵對狀態，包括建立軍事互信機制進行談判；如果臺灣當局鋌而走險，膽敢製造重大臺獨事變，中國人民和武裝力量將不惜一切代價，堅決徹底地粉碎臺獨分裂圖謀。

2005年

3月4日，胡錦濤在參加全國政協十屆三次會議民革、臺盟、臺聯聯組會時，就新形勢下發展兩岸關係提出四點意見：堅持一個中國原則決不動搖；爭取和平統一的努力決不放棄；貫徹寄希望於臺灣人民的方針決不改變；反對臺獨活動決不妥協。

3月14日，第十屆大陸人大第三次會議表決透過《反分裂國家法》，其中第八條規定，臺獨分裂勢力以任何名義、任何方式造成臺灣從中國分裂出去的事實，或者發生將會導致臺灣從中國分裂出去的重大事變，或者和平統一的可能性完全喪失，國家得採取非和平方式及其他必要措施，捍衛國家主權和領土完整。

4月29日「胡連會」新聞公報發表，提出「促進正式結束兩岸敵對狀態，達成和平協議，建構兩岸關係和平穩定發展的架構，包

括建立軍事互信機制，避免兩岸軍事衝突」。

5月3日「國防部長」李杰針對「胡連會」上胡主席正面回應建立軍事互信機制問題表示，他不排除遵奉「政府」命令與對岸談判。李杰在答覆記者問時還表示：「軍方其實還有很多籌碼，只是外界不知道而已。」

5月12日 胡錦濤與宋楚瑜舉行正式會談，會談後發佈的公報提出六點共識，其中第三條指出，「兩岸應透過協商談判正式結束敵對狀態，並期未來達成和平協議，建立兩岸軍事互信機制，共同維護臺海和平與安全，確保兩岸關係和平穩定發展」。

7月16日 馬英九當選國民黨主席。

9月1日　　國務院新聞辦發表《中國的軍控、裁軍與防擴散努力》指出，中國反對任何國家以任何方式在導彈防禦方面向中國臺灣提供幫助或保護。

2006年

3月21日 國民黨主席馬英九在美國哈佛大學演講時承諾，如上臺將在「九二共識」原則下，建立兩岸軍事互信機制。

5月20日 臺灣當局發表「國家安全報告」，鼓吹建立兩岸軍事互信，提出了一系列具體措施。

8月29日 臺公佈「國防報告書」，將未能建立「兩岸軍事互信機制」歸咎於「中共欠缺善意」和「頒布《反分裂國家法》」。

10月24日 馬英九在日前接受美國媒體專訪時表示，如果贏得2008年「大選」，將在2012年前與大陸簽署兩岸和平協定，並且在和平協定中以保證不臺獨，交換北京不武力犯臺的保證。但他也表示，兩岸和平協定的前提是，北京必須撤除800枚瞄準臺灣的導彈。

2007年

3月18日 中國國民黨主席馬英九提出「兩岸談判階段論」，主張臺灣應依「安全機制、共同市場、國際空間」的順序，盡速與對岸展開談判。

2008年

3月22日 臺灣第12屆「總統選舉」結束。馬英九與蕭萬長以58.45%得票率當選。

3月26日 國家主席胡錦濤應約同美國總統布希通電話。胡錦濤讚賞布希總統和美國政府多次表示堅持一個中國政策、遵守中美三個聯合公報、反對臺獨、反對「入聯公投」、反對臺灣加入聯合國及其他只有主權國家才能參加的國際組織的明確立場，希望中美雙方繼續為維護臺海和平穩定共同努力。

4月10日，國務委員兼國防部長梁光烈上將與美國國防部長蓋茨透過兩國國防部直通電話進行了首次通話。梁光烈強調，臺海局勢依然敏感複雜，希望美方恪守一個中國原則，堅持中美三個聯合公報的立場，停止售臺武器和美國軍事聯繫，與中方一道共同維護好臺海和平穩定與中美關係大局。

4月12日 中共中央總書記胡錦濤在博鰲會見蕭萬長率領的臺灣兩岸共同市場基金會代表團一行。

4月29日 胡錦濤會見中國國民黨榮譽主席連戰和夫人及隨行的訪問團成員國，提出了「建立互信、擱置爭議、求同存異、共創雙贏」的十六字方針。

5月20日 臺灣當局舉辦領導人交接儀式，馬英九發表「就職」演說。

6月3日「國防部長」陳肇敏在「立法院」答詢時表示，關於建

立兩岸軍事互信機制，國防部已訂出政策綱領草案，初期希望公佈「國防報告書」，預先公告演習活動，保證不率先攻擊，並遵守核武「五不政策」，同時主動公佈海峽行動準則。陳肇敏指出，軍事互信機制將分近程、中程、遠程三階段進行；近程上，推動非官方接觸，優先解決事務性議題；中程上，推動「官方」接觸，降低敵意，防止軍事誤判；遠程則是確保兩岸永久和平。

6月13日 胡錦濤會見臺灣海基會董事長江丙坤和海基會代表團成員，指出協商談判是實現兩岸關係和平發展的必由之路。

6月16日「立法院長」王金平會見江丙坤時稱，兩岸協商簽署協議應送「立法院」審查，有必要制定「兩岸地區訂定協議處理草案」。

馬英九參加臺陸軍官校84週年校慶並首次對國軍講話，馬以「嚇阻任何侵略的國防力量」取代過去的「大陸假想敵」，並將國軍信念從「為臺灣而戰」改回「為中華民國而戰」。

7月19日 馬英九接受CNN專訪稱，「改善兩岸關係」、「為臺灣將來的和平繁榮奠基」是他任內最大目標，同時也希望大陸能撤除瞄準臺灣的導彈。

9月17日 美國戰略暨國際問題研究中心（CSIS）資深研究員葛來儀發表研究報告稱，兩岸「信心建立的機會之窗已經打開」。

10月3日，美國政府決定向臺出售「愛國者-3」反導系統等先進武器，導致原本應於2008年10月舉行的中美第十次防務磋商被暫時凍結。

10月10日 國軍《青年日報》聲稱，兩岸直航勢必觸及臺灣「國防」最敏感的神經——「臺海中線」問題，故必須以「國家安全」為最高原則。

10月18日「印度暨全球事務」雜誌刊出專訪馬英九的內容，馬

在回答提問時說,與大陸建立軍事互信機制或和平協議沒有時間表。

11月3日至7日 海協會長陳雲林赴臺進行「陳江會」,簽署《海峽兩岸空運協議》等4項協議。

11月5日 美國民主黨候選人歐巴馬當選美國新一屆總統後重申,維持中美三個聯合公報和《臺灣關係法》的「一個中國」政策,並希望兩岸透過對話,和平解決分歧。

12月3日 馬英九接受「中央廣播電臺」採訪,並透過鳳凰網與大陸網友交流,表示希望在「一中憲法」及「九二共識」基礎上,「步步為營」推動兩岸關係順利發展。

同日 馬英九在「外籍記者聯誼會」上表示,兩岸需要建立信心機制,特別是軍事互信機制;「不排除與大陸領導人會面的可能性」,但「目前沒計劃」。

12月12日 馬英九在美國《華盛頓時報》發表文章,呼籲大陸認真考慮撤除對臺部署導彈,強調臺灣將努力與大陸建立軍事互信機制,並創造有利於簽署和平協議的條件。

12月31日 胡錦濤在紀念《告臺灣同胞書》發表30週年座談會上發表題為《攜手推動兩岸關係和平發展 同心實現中華民族偉大復興》的講話。

2009年

1月7日 針對胡錦濤在「12·31講話」關於探討建立軍事安全互信機制的提議,臺灣防務部門領導人陳肇敏表示,「我們很樂意能夠這樣」,國防部將配合相關政策,並依相關因應計劃,按近程、中程、遠程規劃執行,未來並依兩岸發展情況,進行研議與修正。

1月12日 中國海軍護航編隊在亞丁灣為4艘商船護航,其中包

括臺灣「宇善號」，創兩岸60年來首例。

　　3月16日　臺「國防部長」陳肇敏在「立法院」就推動兩岸軍事交流接受質詢時首度提出，「國軍」與對岸進行軍事交流的前提，必須包括中共先放棄對臺動武、撤除對臺飛彈、去除「一中」框架等三要素。

　　4月1日，國家主席胡錦濤在倫敦會見美國總統歐巴馬，兩位元首表示將致力於發展兩軍關係，推動兩軍關係繼續改善和發展。在兩國領導人共同關心和雙方防務部門共同努力下，雙方軍事交流出現回暖。

　　4月22日　馬英九透過視訊在美國智庫舉行的「臺灣關係法」30週年研討會發表講話。

　　8月22日　美國戰略暨國際問題研究中心（CSIS）資深研究員葛來儀等學者赴臺訪問，倡議兩岸在「九二共識」基礎上，盡快展開軍事互信機制談判。

　　9月24日　美國副國務卿史坦伯格在華府智庫演講時，首度公開表示支持兩岸建構信心建立機制。

　　9月28日　　美國防部主管亞太安全事務的助理部長葛雷森柏在「臺美國防工業會議」上就兩岸建立軍事互信機制問題表示，美國不排斥，也不下指導棋。

　　10月20日　臺防務部門公佈「2009年國防報告書」，指責大陸目前仍未調整對國軍事部署，也未改變其《反分裂國家法》採取「非和平方式」處理兩岸問題的條文，使得軍事互信未能進一步推展。

　　11月13日「兩岸一甲子」學術研討會在臺北舉行。

　　11月17日　　中國國家主席胡錦濤與美國總統歐巴馬在北京會談，並發表《中美聯合聲明》。

11月22日「美國在臺協會」主席薄瑞光在臺表示，美方在兩岸進行政治性對話方面沒有任何推促意涵，完全沒有時間表。

11月25日　馬英九表示，兩岸交流一定會觸及政治和軍事議題，但目前談判時機尚未成熟，要等經濟民生議題獲得良好解決後才可能觸及。

12月24日「國安會秘書長」蘇起提出「和中、友日、親美」的「國安」戰略主軸。

2010年

1月30日　美國政府通知國會決定向臺灣出售「黑鷹」直升機、「愛國者-3」反導系統、「魚鷹」級掃雷艇、「魚叉」導彈、多功能訊息分發系統等武器，總價值近64億美元。中方隨即向美方提出嚴正抗議。

2月11日「美國在臺協會」主席薄瑞光為美國對國軍售辯護，同時，他對兩岸未來的政治議題談判等問題表示悲觀，稱如果要期望兩岸接近，就不要給雙方談判設定時間表，那樣會事與願違，只能使兩岸漸行漸遠。

3月4日　上年4月遭索馬里海盜劫持的臺灣「穩發161號」漁船平安脫困，經過22天航程，傍晚返抵高雄港。大陸海軍協助提供伙食及油料，並護送漁船到斯里蘭卡外海。

3月16日行政院長吳敦義在「立法院」指出，兩岸如果要進入軍事互信的談判，必須有兩個前提，第一個前提就是一定要確保臺灣安全；第二個，在第一個前提下，接下來就可以循序漸進進行談判，像如何避免「海峽中線」因彼此的飛機或船隻誤觸時保持冷靜、避免開火等可以先談。另外，還有些是自我節制，如大陸的潛艇別進入臺灣本島周圍，以免引起臺灣人民的恐慌。也就是在確保「國防安全」、避免擦槍走火事件發生這兩個前提下才有可能進一

步洽談。

3月17日　國臺辦發言人楊毅表示，大陸方面贊成兩岸適時就建立軍事安全互信機制問題進行探討。

3月25日　國臺辦主任王毅接受《亞洲週刊》專訪時指出，大陸沒有政治談判的時間表。有關政治分歧的解決，不妨先從兩岸學者專家的討論開始。在堅持一個中國原則基礎上，任何問題都可以談。

4月6日　臺灣原總政戰部主任許歷農率二十三位退役將領赴北京參訪。

4月20日　前「總政戰部副主任」陳興國接受中評社訪問時提出五個可以促進兩岸建立軍事互信機制的步驟，其中包括交換軍校生、大陸不要太在意美國對國軍售、大陸象徵性地撤除一些對臺飛彈、設立軍事緩衝區等。

5月5日　馬英九日前接受美國有線新聞網（CNN）專訪時稱，臺灣「決不會（never）要求美國人為臺灣打仗」。

5月7日　馬英九接受《華盛頓郵報》專訪時表示，兩岸關係已達到一種運作無礙的「現狀」，彼此致力於維護和平，但「兩岸在找到政治共通點之前還有漫長的路要走」。

5月10日　針對馬英九日前表示「決不會」要求美國為臺灣而戰，美國副國務卿史坦伯格在布魯金斯研究會指出，美國的政策目標就是讓兩岸持續對話溝通，以和平方式解決問題，以避免衝突發生。

5月12日　馬英九接受《日本經濟新聞》專訪時表示，臺灣與大陸洽談《海峽兩岸經濟合作架構協議》（ECFA）是當前最重要課題，希望能在6月簽署。與大陸建立軍事互信機制及簽訂和平協定，不是最優先的課題。

5月16日　前「國安會秘書長」蘇起接受《聯合報》專訪時指出，兩岸已建立近20條溝通管道，除大部分事務性公開聯繫機制外，還有少數「秘密政治管道」，李登輝、陳水扁執政時期，「兩岸密使」幾乎是半公開秘密。

5月26日　臺「國防部副部長」楊念祖在美國表示，軍事互信機制不是臺國防部的政策、臺灣沒有要推動軍事互信機制。同日，臺國防部發言人說，軍事互信機制協商條件尚未成熟，「政府」未預設時間表，楊念祖發言與臺當局政策一致。

6月9日「美國在臺協會」前主席卜睿哲接受《聯合報》專訪，認為戰爭機會趨近零，但還是有可能發生。美國不會直接介入，而是退後一步（stayback）提供建議，採取較積極的作法去預防爭端，讓兩岸能在某些議題上進一步合作，產生更穩定的關係。或許有些會讓大陸不高興，覺得「這是內部事務」，但美國還是會堅持自己的作法。

7月30日　國防部發言人耿雁生表示，實現兩岸關係的和平發展，必須在一個中國原則的基礎上，商討正式結束兩岸敵對狀態，達成和平協議，構建兩岸關係的和平發展框架。兩岸可以就軍事問題適時進行接觸和交流，探討建立軍事安全互信機制問題，按照「先易後難、循序漸進」的方式推進。兩岸軍事部署，可以在兩岸探討建立軍事安全互信機制時討論。發言人同時指出，撤飛彈困難不大，主要是堅持一個中國，在一個中國前提下，兩岸都是一家人。

8月2日　淡江大學美洲研究所教授陳一新發表文章說，北京應該瞭解，一方面想要與臺灣建立軍事互信機制，一方面又想要求美國停止對國軍售，絕對是行不通的。

8月4日「陸委會主委」賴幸媛在美國企業研究院發表演說及接受提問時表示，大陸本來就不應該以武力方式處理兩岸問題，撤彈

是理應的作為，不是協商議題，也更不應該有任何政治前提。賴幸媛明確指出，大陸必須尊重與正視「中華民國」存在之事實，放棄武力對臺的政策和思維，兩岸間才可能建立完全的互信基礎和進一步推展長遠和平的兩岸關係。

8月6日　馬英九在接見美國戰略暨國際研究中心（CSIS）兩岸信心建立措施訪問團時表示，在簽訂ECFA的過程中，雙方所進行的談判與協商，基本上也是一種廣義的信心建立措施。

9月16日　臺灣媒體報導，美方日前透過臺「駐美代表」袁健生，對近年來赴大陸參訪的國軍退役高級將領絡繹於途表達關切，希望臺當局就此作出說明。

同日　2010年海峽兩岸海上聯合搜救演練在廈門、金門附近海域舉行。

9月22日　溫家寶總理在美國指出，隨著兩岸關係的發展，相信（大陸）最終會撤走對臺導彈。

10月13日　國臺辦發言人楊毅在回應馬英九期待大陸撤除對臺導彈部署時指出，大陸方面主張，兩岸應該透過適當方式就軍事問題包括兩岸軍事部署問題進行接觸交流，探討建立兩岸軍事互信機制問題，以利於穩定臺海局勢，降低軍事安全顧慮。

11月28日　馬英九在接見「2010年中共解放軍國際學術研討會」與會國際學者專家時重申，臺灣必須強固本身的「國防」力量，但不會與大陸從事軍備競賽，將在「中華民國憲法」架構下，維持「不統、不獨、不武」的現狀，並在「九二共識」的基礎上發展兩岸關係。

12月8日　華府智庫戰略暨國際研究中心（CSIS）資深研究員葛來儀在一個研討會上透露，美國官員曾抱怨，兩岸間諮商與談判的情節和深度，並未被充分告知。

2011年

1月1日　馬英九在元旦講話中稱，兩岸炎黃子孫應該透過深度交流，增進瞭解，培養互信，逐步消除歧見，在中華文化智慧的指引下，為中華民族走出一條康莊大道。

1月3日　臺媒稱，為了適應兩岸關係緩和新局面，國軍方決定不再將「雷霆2000」多管火箭炮部署外島，而是退守本島。

1月19日　國家主席胡錦濤與美國總統歐巴馬會晤後發表聯合聲明，美方表示奉行一個中國政策，遵守中美三個聯合公報的原則，並讚揚兩岸簽署ECFA，支持兩岸關係和平發展，期待兩岸加強經濟、政治及其他領域的對話與互動，建立更加積極穩定的關係。

2月2日　美國亞太事務助理國務卿坎伯表示，美國支持任何有助增加臺海兩岸互信的發展，歡迎兩岸接觸，這符合美國及兩岸利益；但美國對於兩岸談判進程沒有特定看法，應由兩岸自行決定，非常重要的是要雙方都能接受。

2月7日　馬英九在「行政部會首長」新春茶話會上，要求「政府機關文書」用語，應稱「對岸」或「大陸」，不應稱呼為「中國」。

2月11日　馬英九會見前「美國在臺協會」臺北辦事處長包道格時稱，美國總統歐巴馬在日前「胡奧會」後記者會中特別提到《臺灣關係法》，讓人感覺美國軍事合作還會繼續，馬英九還表達了獲得F-16C/D戰機、柴油潛艇的願望。

2月17日　馬英九在接受美國《華盛頓郵報》專訪時稱，兩岸目前應是60年來最穩定的情況。

2月27日　針對臺灣媒體報導馬英九連任將推動兩岸建立軍事互信機制，「總統府」予以否認，強調目前兩岸交流仍以先經後政為原則，繼續加強經貿往來，此時非討論建立兩岸軍事互信機制適當

時機。

3月9日 海基會成立20週年慶祝大會開幕，馬英九、吳敦義、王金平等與會。馬提出推動兩岸和平必須考慮的原則，分別為「人民」、「和平」、「民主」，希望兩岸在「互不承認主權」的前提下，「互不否認治權」。

3月31日 國務院新聞辦公室舉行發佈會，國防部新聞發言人耿雁生表示，大陸的軍事部署不是針對臺灣同胞的，兩岸可以在適當的時候就軍事問題進行接觸和交流，探討建立兩岸軍事安全互信機制。

4月27日 陳水扁任內最後一任「國防部長」蔡明憲出版回憶錄，其中披露國軍早在2008年就成功研發中程導彈。

5月7日 臺灣防務部門表示，臺灣海軍陸戰隊協助臺灣海巡部門駐東海、南沙新兵實施專長訓練，以提升海巡官兵守備能力。媒體報導「海軍陸戰隊將進駐東、南沙」與事實不符。

5月10日 胡錦濤在釣魚臺國賓館會見中國國民黨榮譽主席吳伯雄，並提出四點意見。

5月12日 馬英九在臺北與美國智庫戰略暨國家研究中心（CSIS）舉行視頻會議，強調兩岸和平制度化、臺灣在國際社會的貢獻，以及「國防」與「外交」「三道防線」可保障臺灣「長治久安」。

6月16日 馬英九表示，蔣介石最大的貢獻是制定並實施「中華民國憲法」，因為這部「憲法」是一部涵蓋全中國人的「憲法」，更是現在處理兩岸關係的重要依據。

8月23日 蔡英文發表「十年政綱」「國家安全戰略」篇和兩岸經貿篇，首次系統、全面地論述兩岸議題。

9月21日　美國政策正式宣布3項對國軍售案，包括F-16A/B升級案、F-16飛行員訓練案及各型軍機零件採購案，總金額達58.32億美元。

10月9日　紀念辛亥革命100週年大會在北京人民大會堂隆重舉行，胡錦濤發表重要講話。

10月10日　臺灣當局舉行系列「雙十」慶典活動，高規格紀念「建國百年」；民進黨拒絕參加。

10月17日　馬英九在「黃金十年」記者會上公開表示，在堅持「國內民意高度堅持、國家確實需要、國會監督」三個前提下，未來10年中「審慎斟酌是否洽簽『兩岸和平協議』」，並「將循序推動兩岸互設辦事機構」。在輿論持續反彈情況下，10月20日，馬英九又表示一定會先交付人民「公投」，「公投」未過，就不會推動簽署。10月24日，馬英九進一步提出十大保障，十大保障又細分為「一個架構」、「兩個前提」、「三個原則」、「四個確保」。

11月17日　國臺辦主任王毅在「重慶·臺灣周」開幕式致辭時強調，「九二共識」不容否認，兩岸關係不容倒退，臺海和平不容得而復失，兩岸同胞的福祉不容遭到破壞，希望兩岸同胞以自己的實際行動為繼續保持兩岸關係和平發展做出應有的努力。

12月27日　馬英九出席將官晉升典禮時強調，「不統、不獨、不武」中的「不武」要越制度化越好。

2012年

1月12日　赴臺觀選的前「美國在臺協會」臺北辦事處長包道格發表認同「九二共識」、質疑「臺灣共識」的講話，稱馬英九若連任「代表一個相對繁榮且具有建設性的狀態可以持續」。

1月14日　第13屆臺灣總統選舉落幕，爭取連任的國民黨候選人馬英九以領先民進黨候選人蔡英文近80萬票的優勢當選。臺灣第8

屆立委選舉結果揭曉，總計113席立委席次中，國民黨獲得64席，民進黨、「臺聯黨」、親民黨、無黨團結聯盟、無黨籍及未經政黨推薦者分別獲40席、3席、3席、2席、1席。

2月1日「美國在臺協會主席」薄瑞光與馬英九見面後，表示美方不能排除以「臺美貿易暨投資架構協定」（TIFA）、免簽以及軍售作為交換條件，迫使馬英九在牛肉議題上鬆動。

2月8日　馬英九表示，兩岸即使沒有簽和平協議，還是可以透過別的途徑，把兩岸和平發展的現狀制度化，現在簽了16個協議，每一個協議其實都是廣義的和平協議。

2月14日　國家副主席習近平在會見美國總統歐巴馬時表示，臺灣問題事關中國主權和領土完整，始終是中美關係中最核心、最敏感的問題，希望美方恪守中美三個聯合公報精神，以實際行動維護兩岸關係和平發展局面和中美關係大局。歐巴馬重申堅持基於美中三個聯合公報的一個中國政策，不支持臺獨主張，希望看到臺灣海峽兩岸關係和平發展趨勢繼續發展。

2月15日　國臺辦發言人範麗青表示，兩岸之間任何政治、軍事問題，都可以坐下來談。若由於臺灣方面原因，一時還談不起來，雙方都應該珍惜並共同維護兩岸關係的良好氣氛。

3月14日　臺「國防部長」高華柱接受「立法院」質詢時轉述馬英九的觀點稱，兩岸再建立政治互信之前，不會談軍事互信。

3月23日　針對日前國民黨榮譽主席吳伯雄在與中共中央總書記胡錦濤會晤時明確「兩岸同屬一中」，「總統府」發言人與「陸委會主委」賴幸媛稱，「一國」就是「中華民國」，「兩區」就是「臺灣」與「大陸地區」。這一個定位在20多年前「修憲」及相關「立法」的時候就已確定，歷經前「總統」李登輝、陳水扁到馬英九都沒有任何改變。此後，馬英九在也多次確認這一定位。

7月28日　全國政協前主席賈慶林在第八屆兩岸經貿文化論壇開幕式上發表講話，提出「一個中國框架」。

8月5日　馬英九針對釣魚島爭議拋出「東海和平倡議」，強調和平處理釣魚島爭端。

8月20日　馬英九接受日本媒體「日本放送協會」(NHK)專訪時，重申「主權在我、擱置爭議、和平互惠、共同開發」立場，期盼臺、日雙方透過協商方式解決爭端，並表示不會與大陸合作處理釣魚島問題。

10月4日至8日　謝長廷以臺灣維新基金會董事長名義訪問大陸，並與國務委員戴秉國、中臺辦主任王毅、海協會會長陳雲林等見面。

10月10日　馬英九在「雙十演說」中宣稱將通盤檢討修正「兩岸人民關係條例」，盡速推動兩岸互設辦事機構，以照顧兩岸廠商、學生，服務兩岸人民，並把這個工作當作未來兩岸工作的重點。

11月2日　馬英九接受《亞洲週刊》專訪時，重申「中華民國憲法」在法理上仍是代表全中國的「憲法」。馬英九還指出，簽署和平協議並非最優先施政項目，並強調兩岸事實上已經和平，兩岸簽署的18項協議每一項基礎都是和平。

11月8日　中共十八大在北京召開。首次把堅持「九二共識」寫入黨的代表大會正式文件，提出兩岸雙方應增進維護一個中國框架的共同認知，希望雙方共同努力，探討國家尚未統一特殊情況下的兩岸政治關係，作出合情合理安排；商談建立兩岸軍事安全互信機制，穩定臺海局勢；協商達成和平協議，開創兩岸關係和平發展新前景。

同日　針對中共十八大報告提及商談建立兩岸軍事安全互信機

制等議題，臺灣軍方發言人羅紹和表示，兩岸建立軍事互信機制的主客觀條件還不成熟，也還不到推動時機。

11月9日　馬英九出席海基會和政治大學國際關係中心主辦的「九二共識」20週年學術研討會，以見證人立場詳細說明「九二共識」形成過程，強調「九二共識」絕非政治符號，而是白紙黑字、歷史事實。

11月15日　習近平在中共十八屆一中全會上當選為中共中央總書記，馬英九以國民黨主席身份致電祝賀。習近平隨即回覆，對馬英九的賀電表示衷心感謝，並表示由衷期望國共兩黨把握歷史機遇，深化互信，築牢兩岸關係和平發展的政治、經濟、文化和社會基礎，推動兩岸關係和平發展不斷取得新成果，共同開創中華民族美好未來。

12月10日　馬英九接受臺灣《工商時報》專訪表示，大陸應先提出兩岸和平協議的實質內容，說明和平協議應扮演何種角色，可否讓兩岸關係比現在做得更好。馬英九還表示，臺灣對大陸早已作「合情合理的安排」。

2013年

1月1日　馬英九發表2013年元旦祝詞指出，兩岸交流越制度化，兩岸的和平也就越鞏固。

3月11日　對於大陸學者日前表示，兩岸應建立以民間合作為起點、人道主義為核心的南海海上互信機制，臺灣「國防部長」高華柱表示，人道救援可以，不過軍事交流的政策沒有改變。

4月10日「臺日」簽署「漁業協議」，歷經17年的臺灣與日本漁業會談落幕。

5月10日　由新同盟會會長許歷農率領的16位高階退役將領參訪團訪問大陸，展開為期8天的「和平之旅」。

6月7日　國家主席習近平與美國總統歐巴馬在加州安納伯格莊園舉行會晤，就構建中美新型大國關係等重大問題進行磋商。

6月13日　中共中央總書記習近平在人民大會堂會見中國國民黨榮譽主席吳伯雄和中國國民黨訪問團全體成員。習近平就推動兩岸關係不斷發展提出4點意見。吳伯雄強調，兩岸都用一個中國架構定位兩岸關係，而不是「國與國」的關係。

6月20日　以「強化認同互信、探索政治安排」為主題的兩岸關係研討會「北京會談」在京舉行。

6月24日　由大陸中華文化發展促進會與臺灣兩岸統合學會共同主辦的「築信研討會」在京舉行。這是兩岸專家學者及退役將領首次公開討論兩岸軍事安全議題。

7月20日　馬英九連任中國國民黨主席。中共中央總書記習近平向中國國民黨主席馬英九發出賀電，馬英九則覆電表示感謝。

9月8日　臺灣政壇爆發「關說案」。

10月6日　中共中央臺辦、國務院臺辦主任張志軍在印尼巴厘島與臺灣方面大陸事務主管部門負責人王郁琦簡短寒暄，雙方同意建立直接聯繫，加強交流溝通，並推動雙方主管部門負責人互訪。

10月11日至12日　首屆兩岸和平論壇在上海舉行。論壇以「兩岸和平、共同發展」為主題，設立兩岸政治關係、涉外事務、安全互信、和平架構四項議題。中共中央臺辦、國務院臺辦主任張志軍以嘉賓身份出席論壇開幕式並致辭。

10月24日　馬英九接受美國《華盛頓郵報》專訪表示，對於和平協議問題，臺灣民眾擔心會變成討論統一的問題，所以最好經過一次「公民投票」；軍事互信機制議題同樣具有敏感性，目前臺灣內部還沒有共識。

10月30日　　美國國務院發言人表示，美國希望兩岸減少緊張、改善關係的努力將繼續。臺海兩岸是否、何時、怎樣進行政治對話，這是由臺海兩岸當局自己決定的事情。

　　11月23日　　大陸宣布劃設東海防空識別區，臺灣當局謹慎回應。

　　12月1日　《開羅宣言》發表70週年紀念活動在兩岸同步舉行。

參考文獻

一、主要參考書目

1.[美] Alan D.Romberg：《懸崖勒馬——美國對臺政策與中美關係》，賈宗宜、武文巧譯，北京：新華出版社，2007年。

2.[美]阿爾文·托夫勒：《戰爭與反戰爭》，嚴麗川譯，北京：中信出版社，2007年。

3.北京聯合大學臺灣研究院：《八年來臺灣政治發展的省思與前瞻——第三屆北京臺研論壇論文集》，2008年，北京。

4.[美]彼得·帕雷特：《現代戰略的締造者：從馬基雅維利到核時代》，時殷弘等譯，北京：世界知識出版社，2006年。

5.[美]布里·斯塔奇，馬克·波義耳等：《外交談判導論》，陳志敏等譯，北京：北京大學出版社，2005年。

6.卜睿哲：《臺灣的未來——如何解開兩岸的爭端》，林添貴譯，臺北：遠流出版事業股份有限公司，2010年。

7.柴成文、趙勇田：《板門店談判》，北京：解放軍出版社，1989年。

8.蔡華堂：《現代局部戰爭結束問題研究》，西安：陝西師範大學出版社，2005年。

9.陳雲林主編：《當代國家統一與分裂問題研究》，北京：九州出版社，2009年。

10.《鄧小平文選》第3卷，北京：人民出版社，1993年。

11.戴超武：《敵對與危機的年代——1954—1958年的中美關

係》，北京：社會科學文獻出版社，2003年。

12.董玉洪：《臺灣軍隊透視》，北京：九州出版社，2001年。

13.[美] 弗蘭西斯·福山：《信任——社會美德與創造經濟繁榮》，彭志華譯，海口：海南出版社，2001年。

14.高倚天：《臺海兩岸軍事互信問題研究》，國防大學碩士學位論文，2006年，未刊。

15.[美]戈登·克雷格，亞歷山大·喬治：《武力與治國方略——我們時代的外交問題》，時殷弘等譯，北京：商務印書館，2004年。

16.郭定宇：《李登輝執政告白實錄》，臺北：成陽出版股份有限公司，2001年。

17.郭化若：《孫子兵法譯註》，上海：上海古籍出版社，1984年。

18.葛劍雄：《統一與分裂——中國歷史的啟示》，北京：中華書局，2008年。

19.國務院臺灣事務辦公室編：《中國臺灣問題外事人員讀本》，北京：九州出版社，2006年。

20.國務院臺灣事務辦公室編：《新聞發佈會集》（2000—2006年度），九州出版社，2007年。

21.海峽兩岸關係協會編：《兩岸對話與談判重要文獻選編》，北京：九州出版社，2008年。

22.[英]赫德利·布爾：《無政府社會——世界政治秩序研究》（第二版），張小明譯，北京：世界知識出版社，2003年。

23.何春超：《國際關係史資料選編（1945—1980）》，北京：

法律出版社，1988年。

24.黃國昌：《中國意識與臺灣意識》，臺北：五南圖書出版公司，1992年。

25.黃嘉樹：《國民黨在臺灣（1945—1988）》，海口：海南出版公司，1991年。

26.黃嘉樹、劉杰：《兩岸談判研究》，北京：九州出版社，2003年。

27.Johan Jorgen Hoist， Audrius Butkevicius：《新時代小國的防衛策略》，林哲夫、李崇僖譯，臺北：前衛出版社，2001年。

28.《建國以來毛澤東軍事文稿》（上、中、下卷），北京：軍事科學出版社、中央文獻出版社，2010年。

29.景躍進、張小勁：《政治學原理》，北京：中國人民大學出版社，2006年。

30.軍事科學院軍事歷史研究部：《中國人民解放軍的七十年（1927—1997）》，北京：軍事科學出版社，1997年。

31.軍事科學院戰略研究部：《戰略學》，北京：軍事科學出版社，2001年。

32.[加] 卡列維·霍爾斯蒂：《戰爭與和平：1648—1989年的武裝衝突與國際秩序》，王浦劬等譯，北京：北京大學出版社，2005年。

33.[德]克勞塞維茨：《戰爭論》（上、下卷），中國人民解放軍軍事科學院譯，北京：解放軍出版社，1964年。

34.[英]勞特派特修訂：《奧本海國際法》（下卷，第一分冊），王鐵崖、陳體強譯，北京：商務印書館，1972年。

35.[英]勞特派特修訂：《奧本海國際法》（下卷，第二分冊），王鐵崖、陳體強譯，北京：商務印書館，1973年。

36.李鵬：《臺海安全考察》，北京：九州出版社，2005年。

37.李曉莊：《兩岸關係與美國因素》，香港：夏菲爾國際出版公司，2001年。

38.廖國良、李士順、徐焰：《毛澤東軍事思想發展史》，北京：解放軍出版社，1991年。

39.劉成：《和平學》，南京：南京出版社，2006年。

40.劉華秋：《軍備控制與裁軍手冊》，北京：國防工業出版社，2000年。

41.劉家新，齊三平：《戰爭法》，北京：中國大百科全書出版社，2007年。

42.劉杰：《機制化生存：中國和平崛起的戰略抉擇》，北京：時事出版社，2004年。

43.[美]羅伯特·基歐漢、約瑟夫·奈：《權力與相互依賴》（第三版），門洪華譯，北京：北京大學出版社，2002年。

44.羅慶生：「國防政策與國防報告書」，臺北：揚智文化事業股份有限公司，2000年。

45.馬德寶：《現代戰爭與和平基本問題研究》，北京：國防大學出版社，2002年。

46.[美]瑪莎·芬尼莫爾：《干涉的目的：武力使用信念的變化》，袁正清、李欣譯，上海：上海世紀出版集團，2009年。

47.倪世雄：《當代西方國際關係理論》，上海：復旦大學出版社，2007年。

48.牛軍：《冷戰時期的美蘇關係》，北京：北京大學出版社，2006年。

49.牛仲君：《衝突預防》，北京：世界知識出版社，2007年。

50.潘振強：《國際裁軍與軍備控制》，北京：國防大學出版社，1996年。

51.逄先知、金沖及主編：《毛澤東傳（1949—1976）》（上、下），北京：中央文獻出版社，2003年。

52.全國臺灣研究會編：《臺灣問題實錄》（上、下），北京：九州出版社，2002年。

53.全國臺灣研究會編：《臺灣2008》，北京：九州出版社，2009年。

54.[日]入江昭：《20世紀的戰爭與和平》，李靜閣等譯，北京：世界知識出版社，2005年。

55.邵宗海：《兩岸關係——陳水扁的大陸政策》，臺北：生智文化事業有限公司，2001年。

56.[美]斯蒂芬·範·埃弗拉：《戰爭的原因》，何曜譯，上海：上海世紀出版集團，2007年。

57.宋光宇：《臺灣史》，北京：人民出版社，2007年。

58.宋連生、鞏小華編著：《穿過臺灣海峽的中美較量》，昆明：雲南人民出版社，2001年。

59.蘇格：《美國對華政策與臺灣問題》，北京：世界知識出版社，1998年。

60.孫岩：《臺灣問題與中美關係》，北京：北京大學出版社，2009年。

61.《臺港澳大辭典》編輯委員會編：《臺港澳大辭典》，北京：中國廣播電視出版社，1992年。

62.臺灣國防部「國防報告書」編纂小組：《中華民國八十七年國防報告書》，臺北：黎明文化事業股份有限公司，1998年。

63.譚一青：《唇舌之劍——中國近代以來的軍事談判》，北京：中國青年出版社，1997年。

64.唐永勝、徐棄郁：《尋求複雜的平衡：國際安全機制與主權國家的參與》，北京：世界知識出版社，2004年。

65.滕建群：《國際軍備控制與裁軍概論》，北京：世界知識出版社，2009年。

66.王建民：《臺灣軍力》，廈門：鷺江出版社，2000年。

67.王杰：《國際機制論》，北京：新華出版社，2002年。

68.王英津：《國家統一模式研究》，北京，九州出版社，2008年。

69.王逸舟：《當代國際政治析論》，上海：上海人民出版社，1995年。

70.王永誌主編：《2005世界年鑒》，臺北：「中央通訊社」，2004年12月。

71.王裕民：《兩岸建立軍事互信機制之研究》，淡江大學國際事務與戰略研究所碩士在職專班碩士論文，2008年，互聯網。

72.汪徐和、任向群：《20世紀十大談判》，北京：世界知識出版社，1998年。

73.翁明賢、吳建德：《兩岸關係與信心建立措施》，臺北：華立圖書股份有限公司，2005年。

74.吳冷西：《憶毛主席——我親身經歷的若干重大歷史事件片段》，北京：新華出版社，1995年。

75.吳萬寶：《歐洲安全暨合作組織：導論與基本文件》，臺北：韋伯文化國際出版有限公司，2003年。

76.夏潮基金會編：《一個中國原則面面觀》，臺北：海峽學術出版社，1999年。

77.夏立平：《亞太地區軍備控制與安全》，上海：上海人民出版社，2002年。

78.[法]夏爾·盧梭：《武裝衝突法》，張凝等譯，北京：中國對外翻譯出版公司，1987年。

79.[美]小約瑟夫·奈：《理解國際衝突——理論與歷史》，張小明譯，上海：上海世紀出版集團，2005年。

80.新華社國際部編：《中東問題100年（1897—1997）》，北京：新華出版社，1999年1月。

81.辛旗：《跨世紀的思考：以臺灣問題為焦點的綜合研究》，北京：華藝出版社，2002年。

82.許江瑞，趙曉東：《軍事法教程》，北京：軍事科學出版社，2003年。82.

83.徐能武：《國際安全機制理論與分析》，北京：中國社會科學出版社，2008年。

84.徐焰：《金門之戰》，北京：中國廣播電視出版社，1992年。

85.徐焰：《中國國防導論》，北京：國防大學出版社，2006年。

86.徐焰:《帷幄春秋》,北京:國防大學出版社,2007年。

87.楊光斌:《中國政府與政治導論》,北京:中國人民大學出版社,2004年。

88.楊光海:《國際安全制度及其在東亞的實踐》,北京:時事出版社,2010年。

89.楊奎松主編:《冷戰時期的中國對外關係》,北京:北京大學出版社,2006年。

90.楊奎松:《國民黨的「聯共」與「反共」》,北京:社會科學文獻出版社,2008年。

91.張春:《美國思想庫與一個中國政策》,上海:上海人民出版社,2006年。

92.張春英主編:《海峽兩岸關係史》(第一卷—第四卷),福州:福建人民出版社,2004年。

93.張暉、吳鳳明:《20世紀十大停戰協定》,北京:解放軍出版社,2000年。

94.張景恩:《國際法與戰爭》,北京:國防大學出版社,1999年。

95.張亞中:《兩岸統合論》,臺北:生智文化事業有限公司,2000年。

96.趙春山、邵宗海、楊開煌:《兩岸關係論叢—乙亥到己卯年》,臺北:華泰文化事業公司,2000年。

97.鄭海麟:《海峽兩岸關係的深層透視》,香港:明報出版社有限公司,2000年。

98.鄭海麟:《臺灣問題考驗中國人的智慧》,香港:香港海

峽兩岸關係研究中心，2000年。

99.鄭也夫：《信任論》，北京：中國廣播電視出版社，2006年。

100.周敏、王笑天：《東方談判謀略》，北京：解放軍出版社，1990年。

101.周志懷主編：《新時期對臺政策與兩岸關係和平發展》，北京：華藝出版社，2009年。

102.資中筠：《戰後美國外交史——從杜魯門到雷根》，北京：世界知識出版社，1994年。

103.資中筠、何迪編：《美臺關係四十年（1949—1989）》，北京：人民出版社，1991年。

104.《增進兩岸軍事互信研究》，廈門大學臺灣研究院「臺灣研究新跨越」學術研究會，2010年，廈門。

105.《增進兩岸政治互信研究》，廈門大學臺灣研究院「臺灣研究新跨越」學術研究會，2010年，廈門。

二、主要報刊

《人民日報》

《參考消息》

《中國新聞週刊》

《臺灣研究》

《臺灣研究集刊》

《兩岸關係》

《臺灣週刊》

《現代國際關係》

《軍事歷史》

《兵器知識》

《中國評論》（香港）

《亞洲週刊》（香港）

《聯合報》（臺灣）

《青年日報》（臺灣）

《中國時報》（臺灣）

《自由時報》（臺灣）

《中華戰略學刊》（臺灣）

《國防雜誌》（臺灣）

《海軍學術月刊》（臺灣）

《空軍學術月刊》（臺灣）

《全球防衛雜誌》（臺灣）

《尖端科技》（臺灣）

《海峽評論》（臺灣）

《中國大陸研究》（臺灣）

《問題與研究》（臺灣）

《遠景基金會季刊》（臺灣）

三、主要網站

國務院臺灣事務辦公室：http：//www.gwytb.gov.cn/

中國評論新聞網：http：//gb.chinareviewnews.com/

中國新聞網：http：//www.chinanews.com/

新華網：http：//www.xinhuanet.com/

臺海網：http：//www.taihainet.com/

聯合早報網：http：//www.zaobao.com/

鳳凰網：http：//www.ifeng.com/

聯合新聞網：http：//udn.com/

中時電子報：http：//news.chinatimes.com/

全球防衛資訊網：http：//www.diic.com.tw/

「中央通訊社」：http：//www.cna.com.tw/

自由時報電子報：http：//www.libertytimes.com.tw/

財團法人「國家」政策研究基金會：http：//www.npf.org.tw/

財團法人兩岸交流遠景基金會：http：//www.future-china.org/

臺灣政治大學國際關係研究中心：http：//iir.nccu.edu.tw/

「行政院」「大陸委員會」：http：//www.mac.gov.tw/

「中華民國」國防部：http：//www.mnd.gov.tw/

「中華民國」「總統府」：http：//www.president.gov.tw/

史汀生研究中心：http：//www.stimson.org/

戰略與國際研究中心：http：//csis.org/

國家圖書館出版品預行編目(CIP)資料

兩岸軍事安全互信機制研究 / 史曉東 著. -- 第一版.
-- 臺北市：崧燁文化，2018.12

　面；　公分

ISBN 978-957-681-679-6(平裝)

1.軍事政策 2.兩岸關係

591.92　　　　107022007

書　名：兩岸軍事安全互信機制研究
作　者：史曉東 著
發行人：黃振庭
出版者：崧燁文化事業有限公司
發行者：崧燁文化事業有限公司
E-mail：sonbookservice@gmail.com
粉絲頁　　　　　　網　址
地　址：台北市中正區重慶南路一段六十一號八樓815室
8F.-815, No.61, Sec. 1, Chongqing S. Rd., Zhongzheng
Dist., Taipei City 100, Taiwan (R.O.C.)
電　話：(02)2370-3310　傳　真：(02) 2370-3210
總經銷：紅螞蟻圖書有限公司
地　址：台北市內湖區舊宗路二段 121 巷 19 號
電　話：02-2795-3656　傳真：02-2795-4100　網址：
印　刷：京峯彩色印刷有限公司（京峰數位）

　　本書版權為九州出版社所有授權崧博出版事業股份有限公司獨家發行電子書繁體字版。若有其他相關權利及授權需求請與本公司聯繫。

定價：650 元

發行日期：2018 年 12 月第一版

◎ 本書以POD印製發行